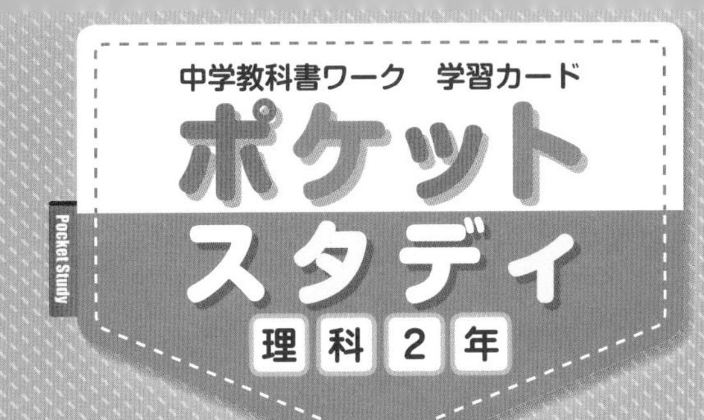


次の化学式が表す物質は何？

$H_2$

1

次の化学式が表す物質は何？

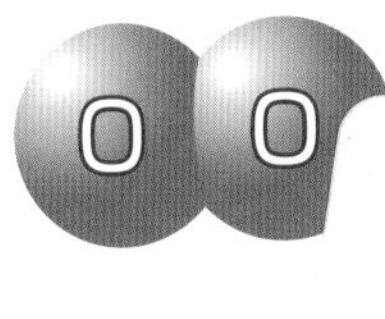


$O_2$

2



次の化学式が表す物質は何？

$N_2$

3

次の化学式が表す物質は何？

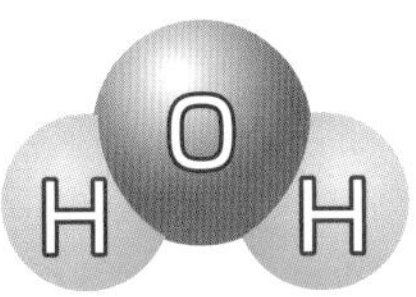


$H_2O$

4

次の化学式が表す物質は何？

$CO_2$

5

次の化学式が表す物質は何？

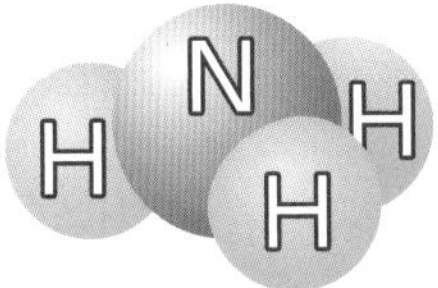


$NH_3$

6

次の化学式が表す物質は何？

NaCl

7

次の化学式が表す物質は何？

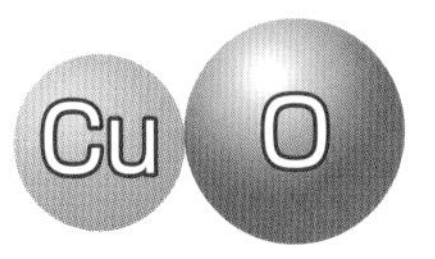


CuO

8

次の化学式が表す物質は何？

FeS

9

## 水素

水素を化学式で表すと？

水素原子の記号はHだよ。「水そうに葉(水素：H)」と覚えるのはどう？

## 使い方

- ミシン目で切りとり，穴をあけてリングなどを通して使いましょう。
- カードの表面の問題の答えは裏面に，裏面の問題の答えは表面にあります。

## 窒素

窒素を化学式で表すと？

窒素の「窒」には，つまるという意味があるよ。窒素だけを吸うと，息がつまってしまうよ。

## 酸素

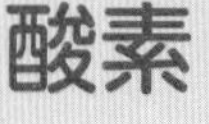

酸素を化学式で表すと？

酸素原子の記号はOだよ。「酸素を吸おう！（酸素：O)」と覚えよう。

## 二酸化炭素

二酸化炭素を化学式で表すと？

「二酸化炭素」は，二つの酸素と炭素の化合物だね。

## 水

水を化学式で表すと？

水の化学式は，「葉におを水を！」と覚えるのはいかが？

## 塩化ナトリウム

塩化ナトリウムを化学式で表すと？

塩化ナトリウムは食塩のことだけれど，塩化の「塩」は塩素のことを表しているよ。

## アンモニア

アンモニアを化学式で表すと？

アンモニアの化学式は，「アンモニアのにおい，ひさん…」と覚えるのはどう？

## 硫化鉄

硫化鉄を化学式で表すと？

「硫」は硫黄のことを表しているよ。「イエスと言おう！（S：硫黄)」と覚えよう。

## 酸化銅

酸化銅を化学式で表すと？

酸化銅は酸素と銅が結びついているよ。銅原子は，「親友どうし(Cu：銅)」と覚えよう。

次のつくりを何という？

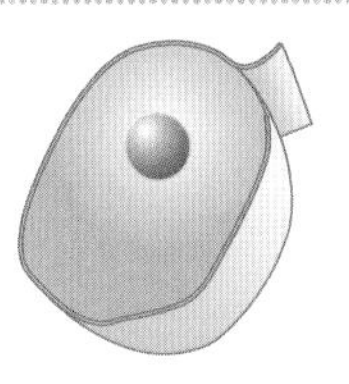

生物のからだをつくる，一番小さなつくり

10

次のからだのつくりを何という？

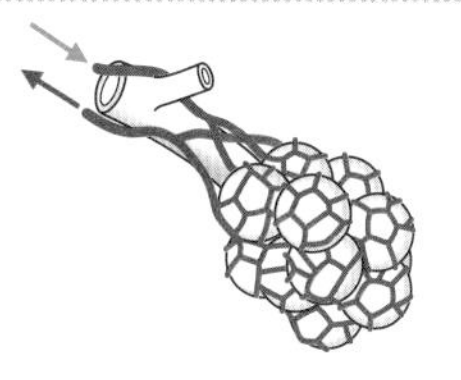

気管支の先にある小さなふくろ

11

次のからだのつくりを何という？

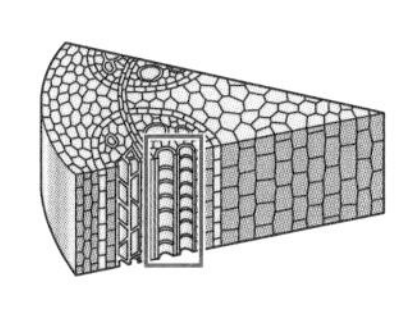
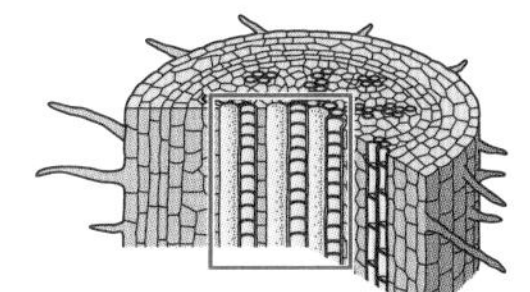

水や無機養分などが通る管

12

次のからだのつくりを何という？

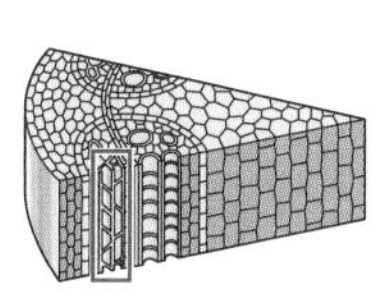
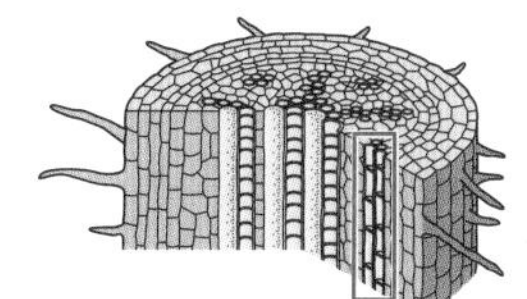

葉でつくられた養分が通る管

13

次のからだのはたらきを何という？

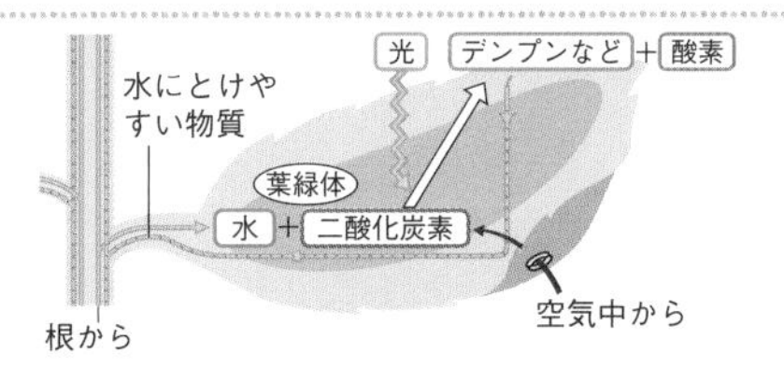


植物が光を受けて養分をつくるはたらき

14

次のからだのはたらきを何という？

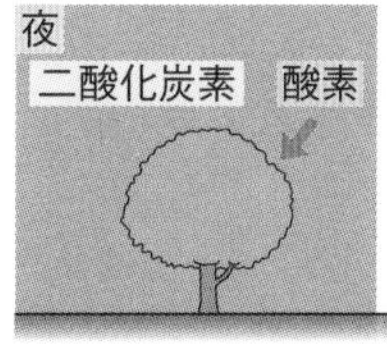

酸素をとり入れて二酸化炭素を出すはたらき

15

次のからだの現象を何という？

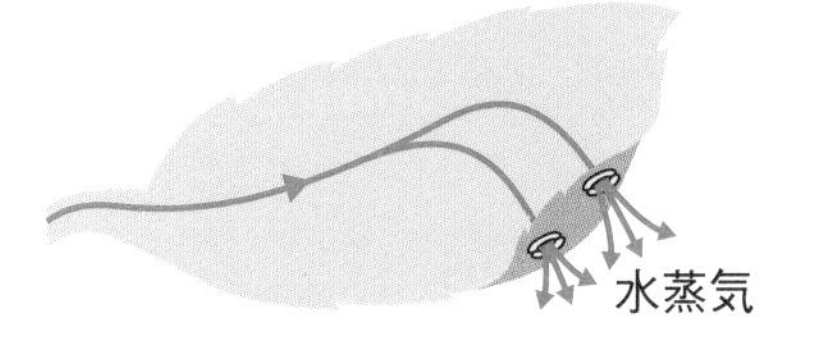


植物の気孔から水蒸気が出ていくこと

16

次のからだのはたらきを何という？

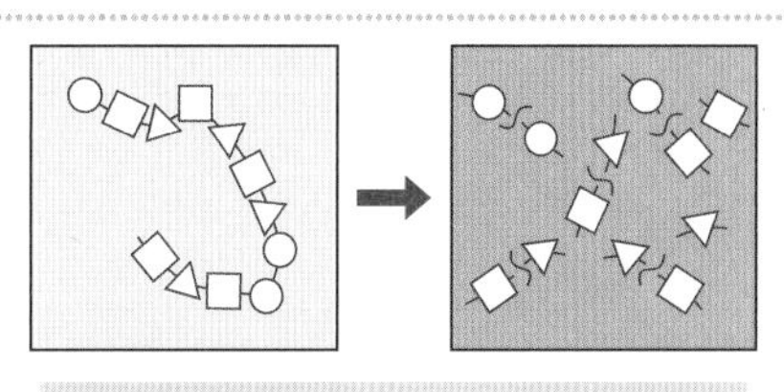

動物が養分を吸収しやすい形に変えるはたらき

17

次のからだのはたらきを何という？

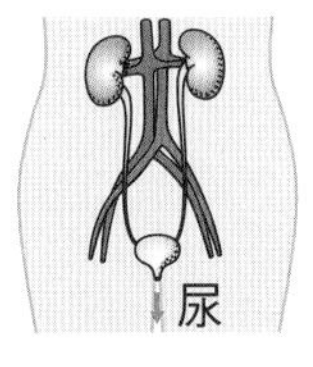


動物が不要な物質をからだの外に出すこと

18

次のからだのはたらきを何という？



意識とは無関係に起こる動物の反応

19

## 肺胞

肺胞のまわりにある毛細血管で，酸素と二酸化炭素がやりとりされるよ。

肺胞はどのようなからだのつくり？

## 師管

師管は根から茎・葉までつながったつくりだね。

師管は何が通る管？

## 呼吸

呼吸はすべての生物が生きていくために行っているはたらきだよ。

呼吸はどのようなからだのはたらき？

## 消化

動物は養分をそのままからだに吸収できないから，消化しているんだね。

消化はどのようなからだのはたらき？

## 反射

反射は意識して起こる反応より，ずっと早く反応できるんだね。

反射はどのようなからだのはたらき？

## 細胞

ほとんどの細胞は，顕微鏡を使って観察しないと見えないくらい小さいよ。

生物のからだで，細胞はどれぐらい小さなつくり？

## 道管

道管を通るものは，「水道管」と，「水」をつけて覚えよう。

道管は何が通る管？

## 光合成

光合成は「光」を使って，植物が生きていくために必要なものをつくりだしているね。

光合成はどのようなからだのはたらき？

## 蒸散

蒸散をすることで，植物は根から水を吸い上げているよ。

蒸散はどのようなからだの現象？

## 排出

「肝腎(じん)要」の「肝臓」と「腎臓」が，排出に関係しているよ。

排出はどのようなからだのはたらき？

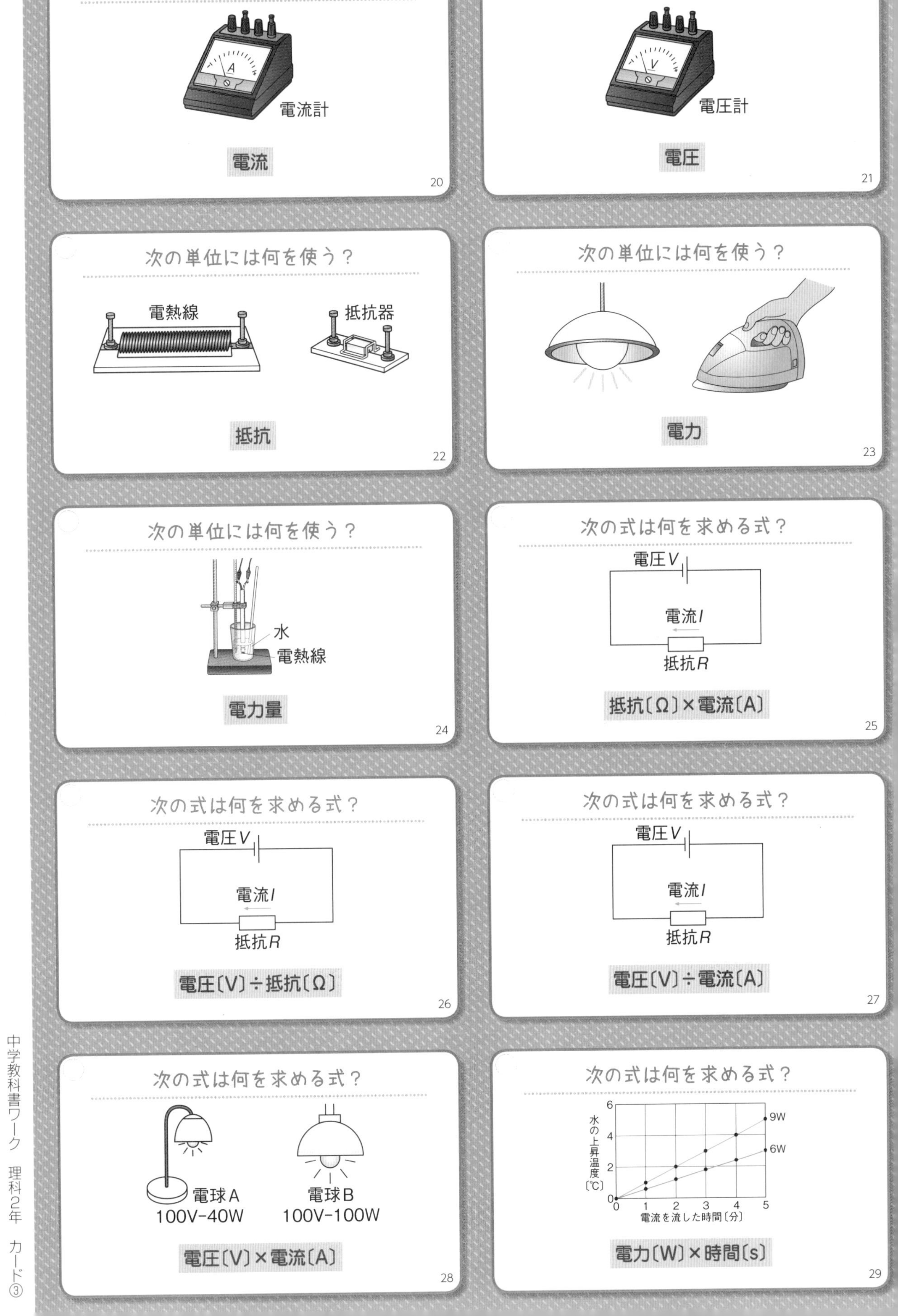
次の単位には何を使う？
電流計
電流
20
次の単位には何を使う？
電圧計
電圧
21
次の単位には何を使う？
電熱線
抵抗器
抵抗
22
次の単位には何を使う？
電力
23
次の単位には何を使う？
水
電熱線
電力量
24
次の式は何を求める式？
電圧V
電流I
抵抗R
抵抗〔Ω〕×電流〔A〕
25
次の式は何を求める式？
電圧V
電流I
抵抗R
電圧〔V〕÷抵抗〔Ω〕
26
次の式は何を求める式？
電圧V
電流I
抵抗R
電圧〔V〕÷電流〔A〕
27
次の式は何を求める式？
電球A
100V-40W
電球B
100V-100W
電圧〔V〕×電流〔A〕
28
次の式は何を求める式？
水の上昇温度〔℃〕
電流を流した時間〔分〕
9W
6W
電力〔W〕×時間〔s〕
29

## ボルト(V)

ボルトは何の単位？

一般的な単1，単2，単3，単4の乾電池。どれも電圧は1.5Vなんだって。

## アンペア(A)

アンペアは何の単位？

アンペアは，フランスのアンペールさんにちなんでつけられたんだって。

## ワット(W)

ワットは何の単位？

「ワッと驚く電気の力」と覚えるのはどう？

## オーム(Ω)

オームは何の単位？

「Ω」はギリシャ文字のオメガだよ。O(オー)を使わないのは，0(ゼロ)と似ているかららしいよ。

## 電圧〔V〕

電流と抵抗から電圧を求める式は？

オームの法則を確かめよう。$V = R \times I$ と表せたね。「オーム博士はブリが好き」と覚えよう。

## ジュール(J)

ジュールは何の単位？

ほかに，ワット時(Wh)やキロワット時(kWh)も使うことがあるよ。

## 抵抗〔Ω〕

電流と電圧から抵抗を求める式は？

オームの法則の式を変形しよう。
「オウ(Ω)ムがバ(V)イオリンを割(÷)った。あ(A)〜あ」と覚えよう。

## 電流〔A〕

電圧と抵抗から電流を求める式は？

オームの法則の式を変形しよう。
「あ(A)，バ(V)イオリンを割(÷)ったオウ(Ω)ムだ！」と覚えよう。

## 電力量〔J〕

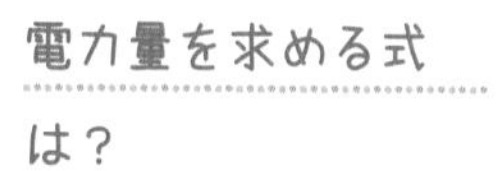

電力量を求める式は？

「住(J)民がワ(W)ッとか(×)けこむ病(秒)院」と覚えるのはどう？

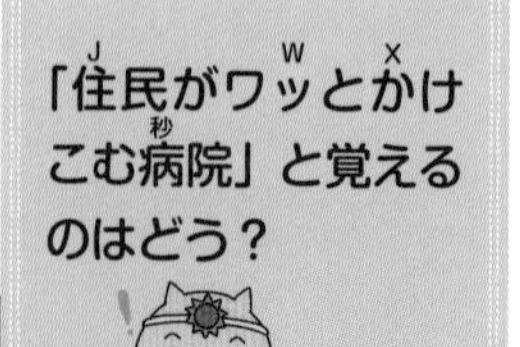

## 電力〔W〕

電力を求める式は？

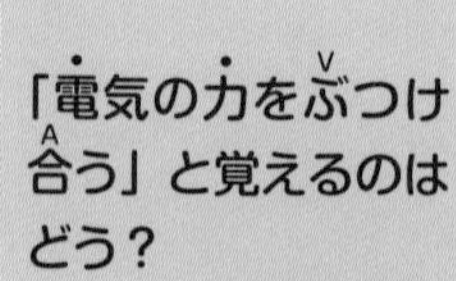

「電気の力をぶ(V)つけ合(A)う」と覚えるのはどう？

次の前線を何という？

地表面

暖気が寒気の上にはい上がるように進む前線

30

次の前線を何という？

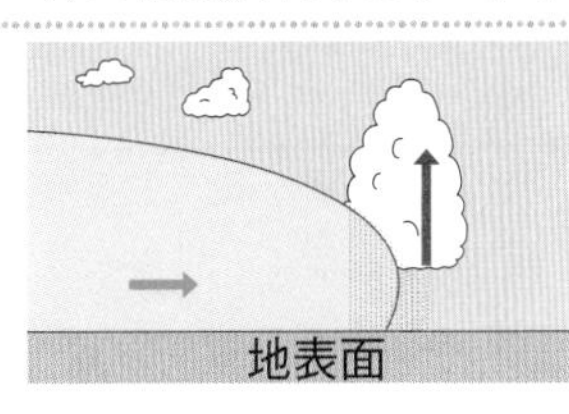


寒気が暖気をおし上げるように進む前線

31

次の前線を何という？

寒気と暖気がぶつかり合って，ほとんど位置が動かない前線

32

次の前線を何という？

寒冷前線が温暖前線に追いついてできる前線

33

次の空気の動きを何という？

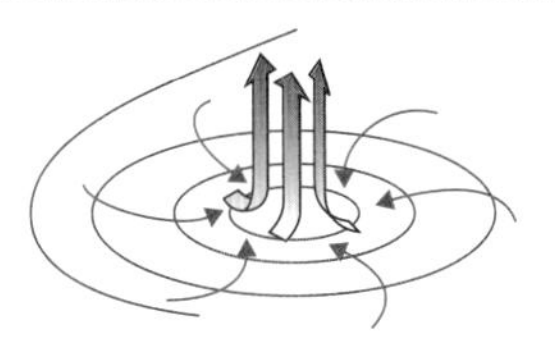

地上から上空へ向かう空気の動き

34

次の空気の動きを何という？

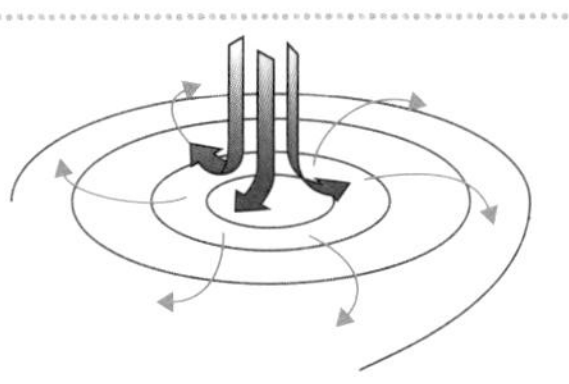

上空から地上へ向かう空気の動き

35

次の空気の動きを何という？

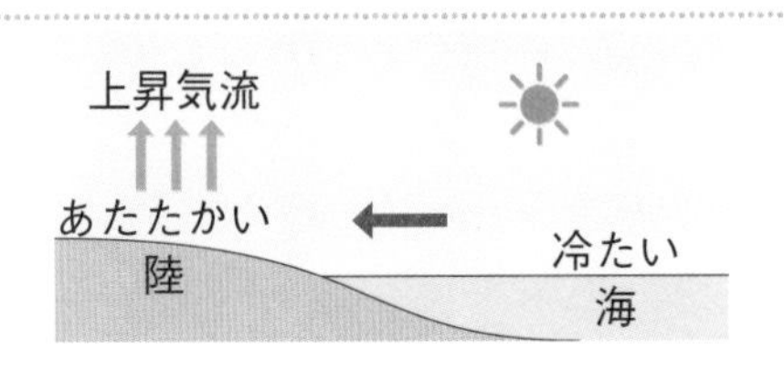


晴れた日の昼，海から陸に向かう風

36

次の空気の動きを何という？

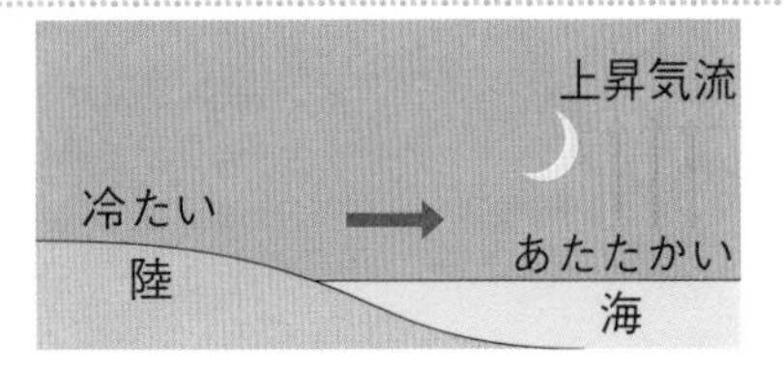


晴れた日の夜，陸から海に向かう風

37

次の空気の動きを何という？

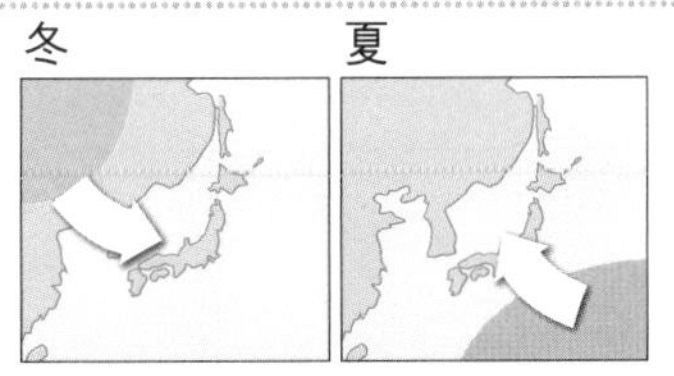


大陸と海洋のあたたまり方のちがいによる，季節に特徴的な風

38

次の空気の動きを何という？

日本付近の上空に１年中ふく，強い西風

39

## 寒冷前線

寒冷前線はどのように進む前線？

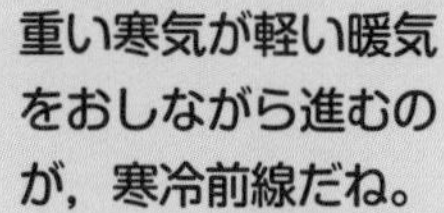

重い寒気が軽い暖気をおしながら進むのが，寒冷前線だね。

## 温暖前線

温暖前線はどのように進む前線？

軽い暖気が重い寒気をおしながら進むのが，温暖前線だね。

## 閉そく前線

閉そく前線はどのようにしてできる前線？

漢字では「閉塞（へいそく）」だよ。2つの前線の間が閉まり，塞（ふさ）がれた前線なんだね。

## 停滞前線

停滞前線はどのような前線？

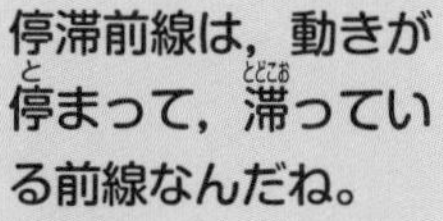

停滞前線は，動きが停（と）まって，滞（とどこお）っている前線なんだね。

## 下降気流

下降気流はどのような空気の動き？

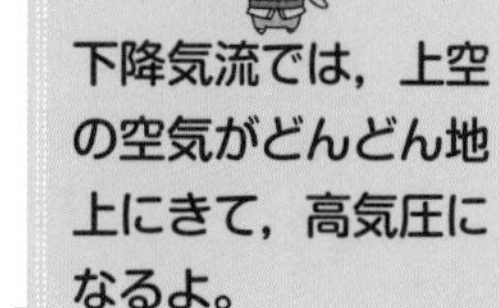

下降気流では，上空の空気がどんどん地上にきて，高気圧になるよ。

## 上昇気流

上昇気流はどのような空気の動き？

上昇気流では，地上の空気がどんどん上空にいって，低気圧になるよ。

## 陸風

陸風はどのような風？

「海に入っていた人も，夜は陸に上がろうね。（夜に陸風）」と考えよう。

## 海風

海風はどのような風？

「海に行ったら，昼に海に入ろう。（昼に海風）」と考えよう。

## 偏西風

偏西風はどのような風？

「偏」はかたよるという意味だよ。西にかたよった風が偏西風だね。

## 季節風

季節風はどのような風？

夏の季節風は，大きな海（太平洋）からふくんだ。夏に海のイメージがあると覚えやすい？

教育出版版

# 理科2年 もくじ

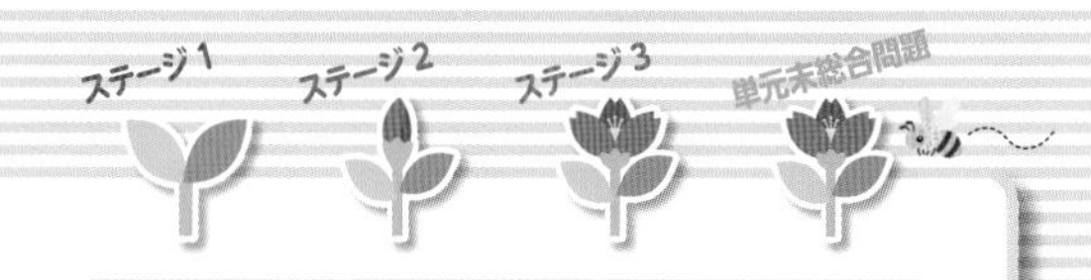




写真提供：アフロ，アーテファクトリー，気象庁

解答 p.1

# 確認のワーク ステージ1 1章 化学変化と物質の成り立ち(1)

## 教科書の要点

同じ語句を何度使ってもかまいません。

(　)にあてはまる語句を，下の語群から選んで答えよう。

### 1 化学変化

教 p.6〜12

(1) 物質が変化することにより，もとの物質とは異なった別の物質が生じる変化を(①★　　　)あるいは**化学反応**という。

(2) 1種類の物質が2種類以上の別の物質に分かれる化学変化を**分解**という。また，加熱による分解を(②★　　　)という。

状態変化では，もとの物質と変わらない。

**まるごと暗記** もとの物質とは異なる物質が生じる変化を化学変化という。

### 2 電気分解

教 p.12〜16

(1) 少量の水酸化ナトリウムをとかした**水**に**電流**を流すと，**陰極側**に(①　　　)が，陽極側に**酸素**が発生する。このとき発生した気体の体積の比は，水素：酸素＝(②　　　)である。

(2) 水などに電流を流して物質を分解することを(③　　　)という。

**プラスα** 塩酸を電気分解すると，陽極側に塩素，陰極側に水素が発生する。

### 3 物質のつくり

教 p.17〜22

(1) 物質の性質を示す最小の単位を(①★　　　)という。分子の種類によって，結びつく原子の種類や数がちがっている。

(2) 物質をつくっていて，**それ以上分けることのできない**小さな粒子を(②★　　　)という。

(3) 現在知られている原子の種類は約110種類あまりで，原子の種類を(③★　　　)といい，世界共通の元素記号で表す。

(4) 元素を原子番号の順に並べた表を(④★　　　)という。

**ワンポイント** 原子には次の性質がある。
- 化学変化によってそれ以上分割することができない。
- 化学変化によって新しくできたり，なくなったり，他の種類の原子に変わったりしない。
- 種類によって大きさや質量が決まっている。

### 4 単体と化合物

教 p.23〜25

(1) **1種類の元素**からできている水素や酸素，銅や鉄のような物質を(①★　　　)という。

(2) **2種類以上の元素**からできている物質を(②★　　　)という。

**ワンポイント** 周期表は，性質が似た物質が縦に並ぶようにつくられている。

混合物は空気や食塩水などのように，いくつかの物質が混ざり合ったものだよ。

**語群**
1 熱分解／化学変化　2 電気分解／2：1／水素
3 原子／元素／分子／周期表　4 化合物／単体

★の用語は，説明できるようになろう！

同じ語句を何度使ってもかまいません。

□にあてはまる語句を，下の語群から選んで答えよう。

## 1 水の電気分解

教 p.12～16

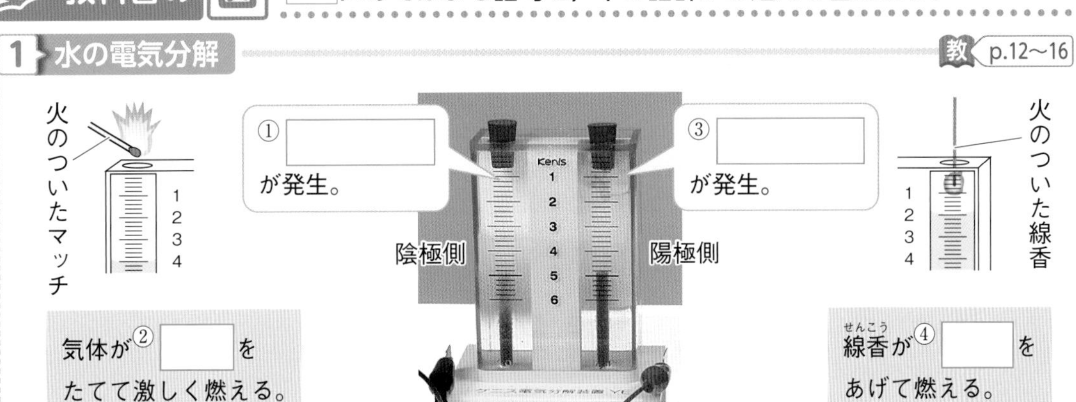


## 2 原子の性質

教 p.19

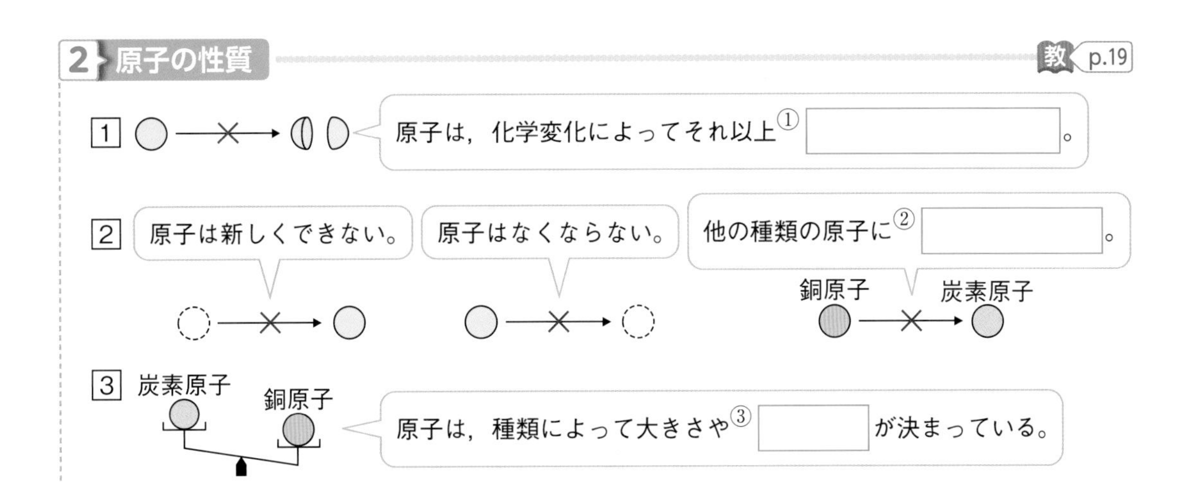


## 3 いろいろな原子の記号

教 p.20

| | 名前 | 記号 |
|---|---|---|
| 非金属 | 水素 | ① |
| | 炭素 | C |
| | 酸素 | ② |
| | 塩素 | ③ |

| | 名前 | 記号 | 名前 | 記号 |
|---|---|---|---|---|
| 金属 | ナトリウム | ④ | 銅 | ⑤ |
| | マグネシウム | Mg | 亜鉛(あえん) | Zn |
| | アルミニウム | Al | 銀 | Ag |
| | 鉄 | Fe | 金 | Au |

## 4 物質の分類

教 p.24

物質
- ①□
- 純粋(じゅんすい)な物質(ぶっしつ)
  - ②□ 例：水素，酸素，窒素(ちっそ)，塩素，炭素，硫黄(いおう)，金，銀，銅，鉄，アルミニウムなど
  - ③□ 例：水，二酸化炭素，アンモニア，塩化水素，酸化銀，塩化ナトリウム，エタノール，メタンなど

**語群**
1 酸素／水素／音／炎　2 変わらない／質量／分割することができない
3 Na／O／H／Cu／Cl　4 化合物／混合物／単体

わからない用語は，教科書の要点の★で確認しよう！

解答 p.1

# 定着のワーク ステージ2　1章　化学変化と物質の成り立ち(1)

**1 酸化銀の熱分解**　右の図のように，酸化銀を加熱し，発生した気体を捕集(ほしゅう)して火のついた線香を入れた。これについて，次の問いに答えなさい。

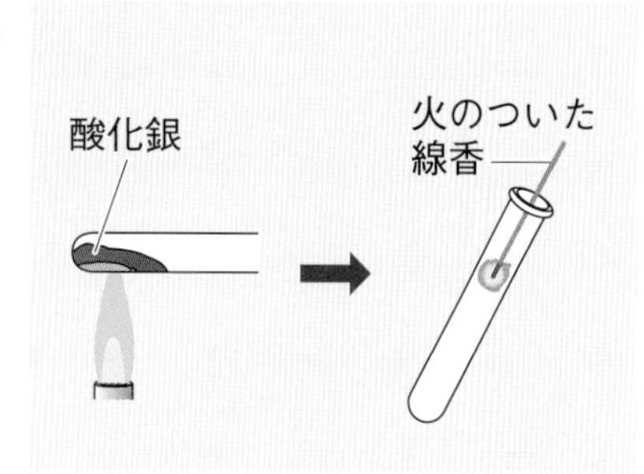


(1)　火のついた線香はどのようになるか。

(　　　　　　　　)

(2)　加熱後の試験管に残った物質について，次のア〜オから正しいものをすべて選びなさい。ヒント

(　　　　)

ア　黒色をしている。　イ　灰色をしている。　ウ　電流がよく流れる。
エ　こすると金属光沢(こうたく)が確認できる。　オ　水によくとける。

(3)　酸化銀は，加熱によって何という物質に分けられたか。2つ答えなさい。

(　　　　)(　　　　)

(4)　この実験で起こった化学変化を何というか。(　　　　)

**2** 教 p.15　実験1　**水の電気分解**　右の図のような装置を使い，水の電気分解を行ったところ，陰極側，陽極側の両方で気体が発生した。これについて，次の問いに答えなさい。

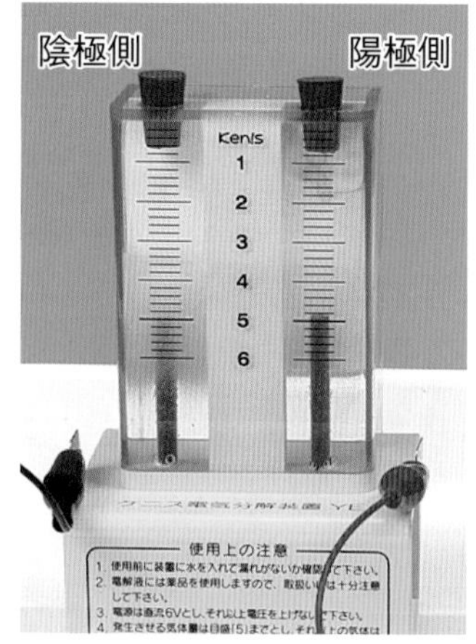


(1)　水に電流を流すために，何をとかしてから実験を行うか。次のア〜エから選びなさい。(　　)

ア　フェノールフタレイン液　イ　ヨウ素液
ウ　水酸化ナトリウム　エ　エタノール

(2)　火のついたマッチを近づけたとき，気体が音をたてて激しく燃えたのは，陰極側か，陽極側か。ヒント(　　　　)

(3)　陰極側，陽極側で発生した気体をそれぞれ答えなさい。

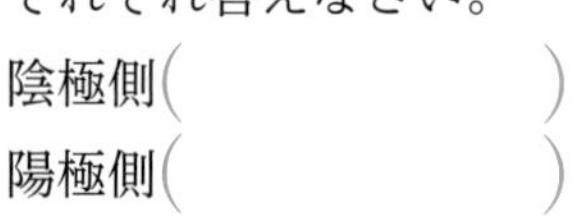

陰極側(　　　　)
陽極側(　　　　)

(4)　陰極側で発生した気体の体積は，陽極側で発生した気体の体積のおよそ何倍か。ヒント

(　　　　)

(5)　この実験で起こった変化を，次のア〜エから選びなさい。(　　)

ア　水は化学変化を起こして，分解された。
イ　水は化学変化を起こして，水蒸気になった。
ウ　水は状態変化を起こして，分解された。
エ　水は状態変化を起こして，水蒸気になった。

❶(2)金属の性質を考える。　❷(2)もう一方の電極では，火のついた線香が炎をあげて激しく燃える。(4)陰極側の体積のほうが大きい。

**3 原子の性質**　下の図は，原子の性質についてまとめたものである。これについて，あとの問いに答えなさい。

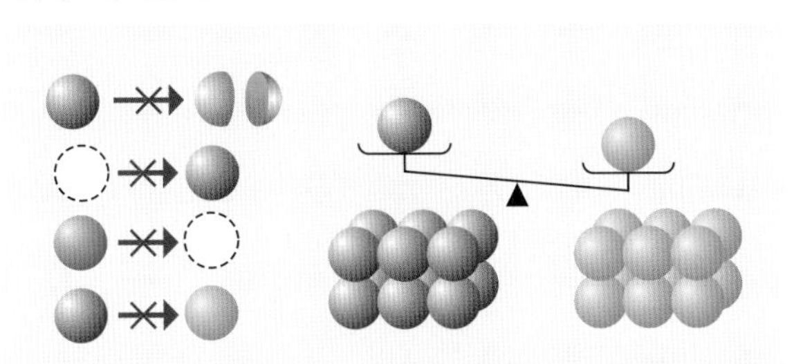

(1)　原子の性質について，次の**ア**～**カ**から正しいものをすべて選びなさい。
(　　　　　　　　　　)

**ア**　化学変化によってさらに分割することができる。

**イ**　化学変化によって新しくできることはない。

**ウ**　化学変化によってなくなることがある。

**エ**　化学変化によって他の種類の原子に変わることがない。

**オ**　種類によって，大きさが決まっている。

**カ**　どの種類の原子も，質量が等しい。

(2)　次の表にあてはまる原子の種類や原子の記号を答えなさい。ヒント

| 原子の種類 | 元素記号 | 原子の種類 | 元素記号 | 原子の種類 | 元素記号 |
|---|---|---|---|---|---|
| 水素 | ① | ⑤ | Na | カルシウム | ⑨ |
| ② | C | マグネシウム | ⑥ | ⑩ | Fe |
| 窒素（ちっそ） | ③ | ⑦ | S | ⑪ | Cu |
| ④ | O | 塩素 | ⑧ | 銀 | ⑫ |

**4 分子のモデル**　次の①～⑤の物質の分子のモデルとして最もよいものを，それぞれ下の㋐～㋘から選びなさい。ヒント

①　水素(　　　)　②　酸素(　　　)　③　水(　　　)　④　二酸化炭素(　　　)

⑤　アンモニア(　　　)

㋐

㋑

㋒

㋓

㋔
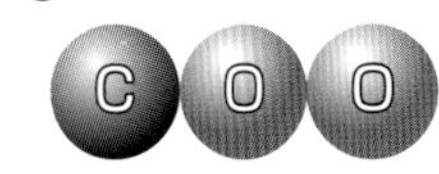


㋕
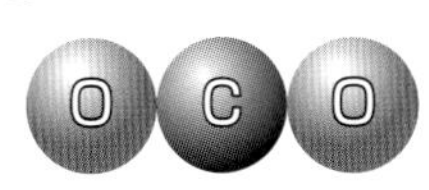


㋖
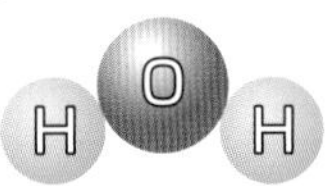


㋗
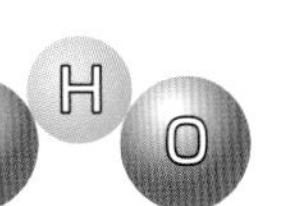


㋘
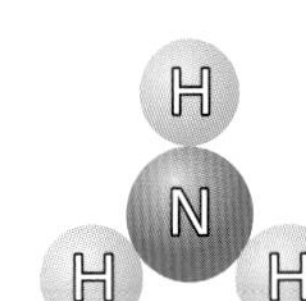

❸(2)それぞれの原子は，アルファベット大文字１字，または，大文字１字と小文字１字の２字で表される。　❹分子は，原子がいくつか結びついてできている。

解答 p.2

# 実力判定テスト ステージ3　1章　化学変化と物質の成り立ち(1)

30分　/100

**1** 右の図のような装置を使って，水を分解した。これについて，次の問いに答えなさい。　3点×7（21点）

ゴム栓　陰極側　陽極側　バット

(1)　この実験では，水に水酸化ナトリウムを少量とかしてから電流を流した。これはなぜか。

(2)　火のついた線香を入れたとき，線香が炎をあげて激しく燃えるのは，陰極側か，陽極側か。

(3)　この実験で発生した気体について，次の(　)にあてはまる言葉を答えなさい。

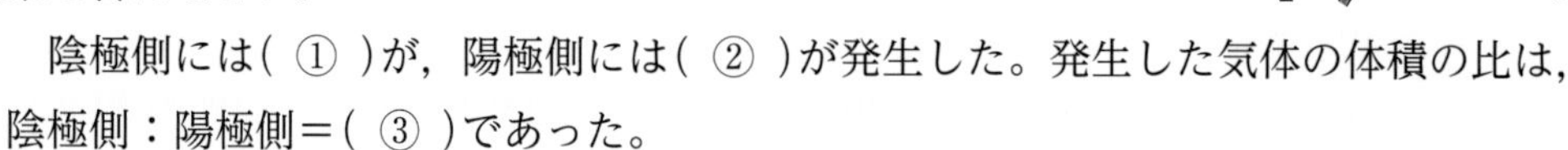

陰極側には( ① )が，陽極側には( ② )が発生した。発生した気体の体積の比は，陰極側：陽極側＝( ③ )であった。

(4)　同じ装置を使って，塩酸に電流を流すと，陽極側に塩素が発生した。塩素の性質として正しいものを，次のア～エから選びなさい。

ア　水溶液はアルカリ性を示す。　　イ　物質を燃やすはたらきがある。
ウ　鼻をさす特有の刺激臭（しげきしゅう）がある。　　エ　石灰水（せっかいすい）を白くにごらせる。

(5)　電流を流して物質を分解することを何というか。

| (1) | | (2) | | (3) ① | | ② | |
|---|---|---|---|---|---|---|---|
| (3) ③ | | (4) | | (5) | | | |

**2** 右の図は，水の電気分解の様子をモデルで表そうとしたものである。これについて，次の問いに答えなさい。　2点×8（16点）

H O H　→　H H ＋ O O
㋐　㋑　㋒

(1)　図の㋐～㋒のモデルは何を表すか。それぞれ次のア～オから選びなさい。

ア　水素分子　　イ　水素原子　　ウ　水分子　　エ　水原子　　オ　酸素分子

(2)　次の(　)にあてはまる言葉を答えなさい。

図の㋐のモデルは，( ① )原子1個と( ② )原子2個が結びついてできている。このように2種類以上の元素からできている物質を( ③ )という。

(3)　(2)に対して，図の㋑，㋒のように1種類の元素からできている物質を何というか。

(4)　食塩水や空気など，いくつかの物質が混ざり合ってできているものを何というか。

| (1) ㋐ | | ㋑ | | ㋒ | | (2) ① | | ② | | ③ | |
|---|---|---|---|---|---|---|---|---|---|---|---|
| (3) | | (4) | | | | | | | | | |

## 3 原子や分子について，次の問いに答えなさい。

3点×11(33点)

(1) 次の①～⑥について，元素名で書いてあるものは元素記号を，元素記号で書いてあるものは元素名を答えなさい。

①炭素　②ナトリウム　③硫黄　④H　⑤N　⑥Zn

(2) 現在，原子は何種類知られているか。次のア～ウから選びなさい。

ア 60種類あまり

イ 110種類あまり

ウ 160種類あまり

(3) 全ての原子につけられた番号を何というか。

(4) 原子を(3)の番号の順に並べて作成した表を何というか。

(5) 次の①～⑥について，分子というまとまりをもたないものをすべて選びなさい。

①水　②鉄　③塩素　④酸化銀

⑤アンモニア　⑥塩化ナトリウム

記述 (6) 二酸化炭素分子は，何という原子が何個集まってできているか。

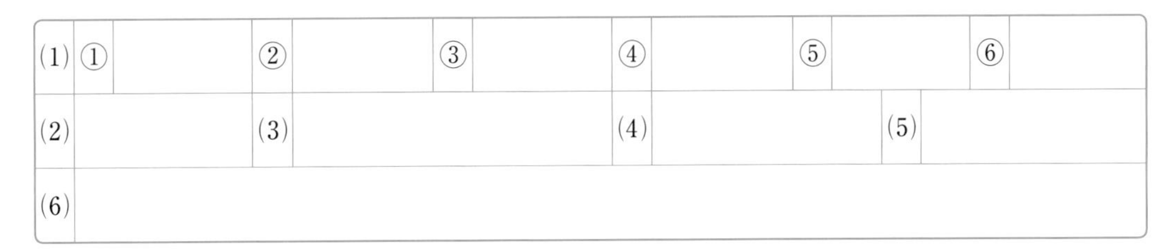

| (1) | ① | | ② | | ③ | | ④ | | ⑤ | | ⑥ | |
|---|---|---|---|---|---|---|---|---|---|---|---|---|
| (2) | | | (3) | | | | (4) | | | (5) | | |
| (6) | | | | | | | | | | | | |

## 4 物質は，右の図のように分類することができる。これについて，次の問いに答えなさい。

5点×6(30点)

(1) 純粋な物質とは，どのような物質か。

(2) 図のAは，1種類の元素でできている物質である。このような物質を何というか。

(3) 図のBは，2種類以上の元素でできている物質である。このような物質を何というか。

(4) 次のア～カから，混合物をすべて選びなさい。

ア 酸素　イ 食塩水　ウ 銅

エ 空気　オ 酸化銀　カ 塩化水素

物質
純粋な物質
A
B
混合物

(5) (4)のア～カから，Aにあてはまる物質をすべて選びなさい。

(6) (4)のア～カから，Bにあてはまる物質をすべて選びなさい。

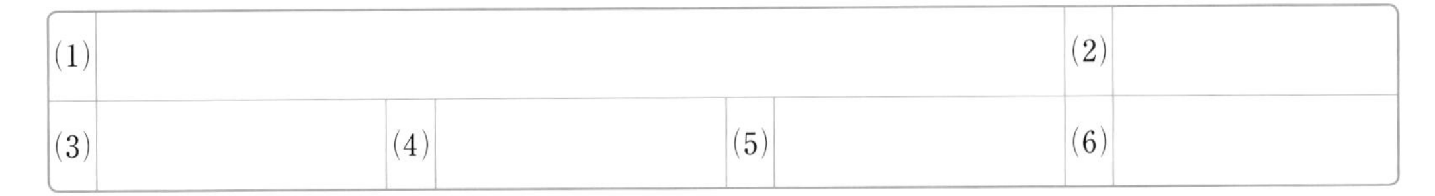

| (1) | | | | | | (2) | |
|---|---|---|---|---|---|---|---|
| (3) | | (4) | | (5) | | (6) | |

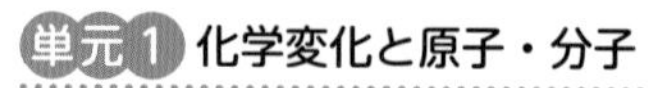


解答 p.3

# 確認のワーク ステージ1 1章 化学変化と物質の成り立ち(2) 2章 いろいろな化学変化(1)

## 教科書の要点

同じ語句を何度使ってもかまいません。

(　)にあてはまる語句を，下の語群から選んで答えよう。

### 1 化学式と化学反応式

教 p.26〜29

(1) 物質を元素記号で表したものを(①★　　　　　)といい，分子をつくる原子の種類と数，化合物をつくる原子の種類と数の比を表すことができる。

(2) 化学変化を**化学式**で表した式を(②★　　　　　)といい，以下のことに注意して表す。

・反応前の物質の名前を矢印の左側に，(③　　　　　)の物質の名前を矢印の右側に書く。

・反応前後の原子の**種類**と**数**が(④　　　　　)なるように，それぞれの化学式の数を調整する。

・それぞれの化学式の前に数字(係数)をつける。

(3) 化学反応式から次のことがわかる。

・反応前の物質と反応後に生じる物質。

・化学式の前につけた数字から，反応前の物質と反応後に生じる物質の原子や分子の数の関係。

**ワンポイント** 物質を元素記号で表したものを化学式，化学変化を化学式で表した式を化学反応式という。

### 2 炭酸水素ナトリウムの加熱

教 p.30〜35

(1) 重曹(炭酸水素ナトリウム)を加熱すると，**炭酸ナトリウム**と**水**，(①　　　　　)が発生する。

(2) 炭酸ナトリウムは白色の固体で，水によくとけ，フェノールフタレイン液を加えると(②　　　　　)になることから，強い(③　　　　　)性であることがわかる。

**ワンポイント** カルメ焼きが膨らむのは，炭酸水素ナトリウムが加熱されて二酸化炭素が発生するからである。

### 3 物質が結びつく化学変化

教 p.36〜40

(1) 銅板に硫黄の粉末をのせてよく触れ合うようにこすりつけると，こすりつけた部分の表面には(①　　　　　)という黒い物質が生じる。

2種類の物質を触れ合わせる必要がある。

(2) 2種類以上の物質が結びついて別の物質ができる化学変化で生じる物質を(②★　　　　　)という。

(3) 鉄と硫黄が結びつく化学変化では，(③　　　　　)が生じる。

**まるごと暗記** 2種類以上の物質が結びついて生じた物質を化合物という。銅と硫黄が結びつくと硫化銅，鉄と硫黄が結びつくと硫化鉄。

**語群**
1 化学反応式／化学式／等しく／反応後
2 アルカリ／二酸化炭素／赤色　3 硫化銅／硫化鉄／化合物

★の用語は，説明できるようになろう！

同じ語句を何度使ってもかまいません。

## 教科書の図　［　］にあてはまる語句を，下の語群から選んで答えよう。



### 1 化学反応式

教 p.26〜29

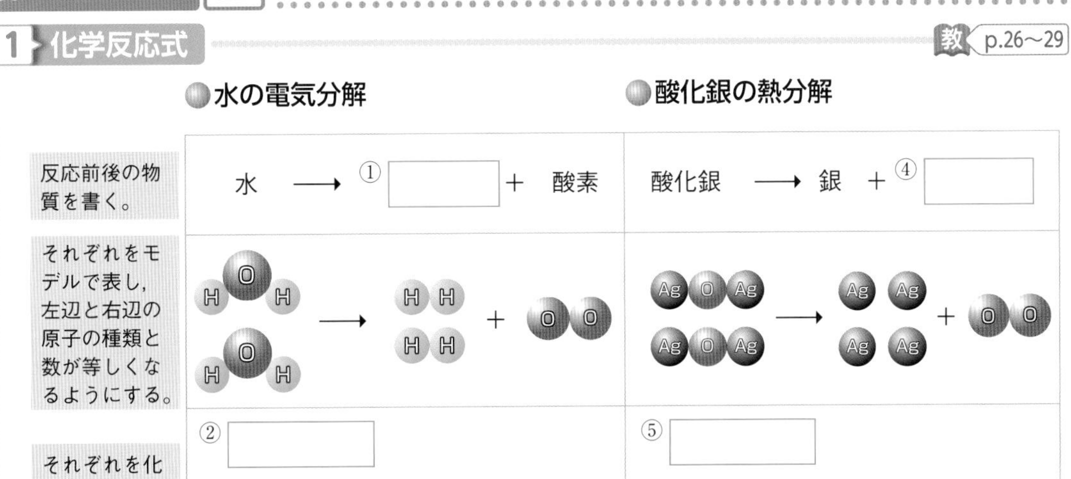


### 2 炭酸水素ナトリウムの熱分解

教 p.32〜35

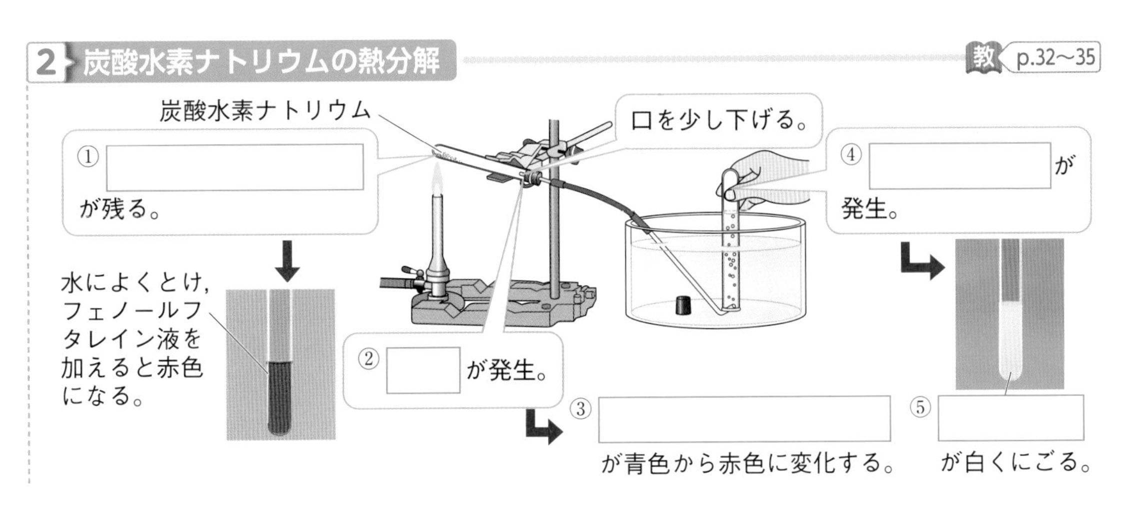


### 3 鉄と硫黄が結びつく反応

教 p.36〜37

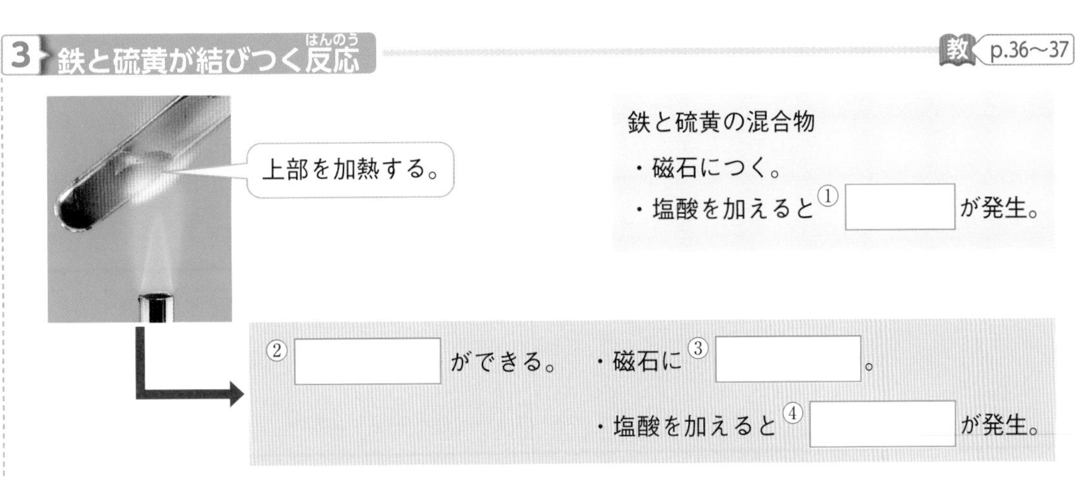


**語群** 1 酸素／水素／$2H_2O$／$2Ag_2O$／$O_2$／4Ag　2 二酸化炭素／炭酸ナトリウム／塩化コバルト紙／石灰水／水　3 硫化水素／硫化鉄／つかない／水素

わからない用語は，教科書の要点の★で確認しよう！

解答 p.3

# 定着のワーク ステージ2　1章 化学変化と物質の成り立ち(2)　2章 いろいろな化学変化(1)

**1 化学式** 次のア〜クは，いろいろな物質の化学式を表したものである。

ア $H_2O$　イ FeS　ウ Cu　エ $CO_2$　オ $Cl_2$　カ $N_2$
キ Fe　ク NaCl

(1) ア〜クのうち，分子が集まってできている物質をすべて選びなさい。 (　　　)

(2) ア〜クのうち，分子というまとまりをもたない物質をすべて選びなさい。 (　　　)

(3) ア〜クのうち，1種類の元素からできている物質をすべて選びなさい。 (　　　)

(4) (3)のような物質のことを何というか。ヒント (　　　)

(5) ア〜クのうち，2種類以上の元素でできている物質をすべて選びなさい。 (　　　)

(6) (5)のような物質のことを何というか。ヒント (　　　)

**2 化学反応式** 水の電気分解を化学反応式で表す方法について，次の問いに答えなさい。

(1) 水の電気分解を物質の名称を用いた式で表すと，どのようになるか。次の(　)にあてはまる物質を答えなさい。 (　　　)

水 ⟶ 水素 ＋ (　)

(2) (1)について，左辺と右辺の原子の種類と数が等しくなるようにモデルで表すと，どのようになるか。下の図に必要なモデル図をかき加えなさい。ヒント

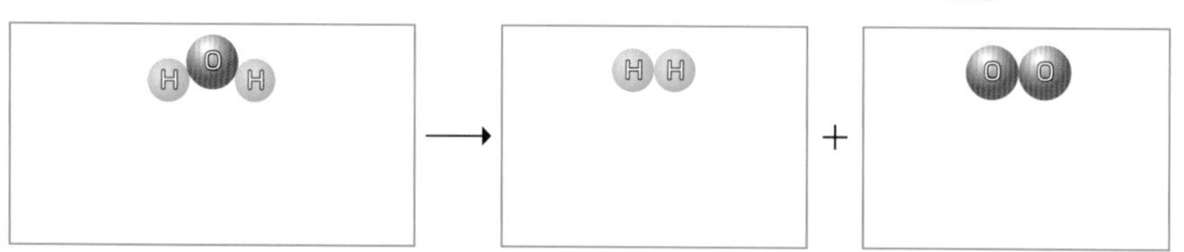


(3) 水の電気分解を，化学反応式で表しなさい。(　　　)

**3 化学反応式** いろいろな化学反応式について，次の問いに答えなさい。

レベルUP

(1) 塩酸の電気分解を化学反応式で表すと，$2HCl \longrightarrow H_2 + Cl_2$ となる。このとき，2HCl の2は何が2個あることを示すか。 (　　　)

(2) 鉄と硫黄をそれぞれ化学式で表しなさい。 鉄(　　　) 硫黄(　　　)

(3) 鉄と硫黄が結びつく化学変化を化学反応式で表しなさい。ヒント (　　　)

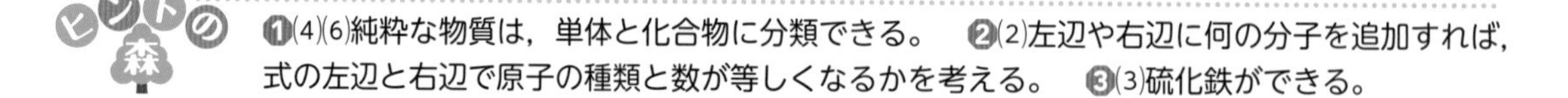
ヒントの森 ❶(4)(6)純粋な物質は，単体と化合物に分類できる。 ❷(2)左辺や右辺に何の分子を追加すれば，式の左辺と右辺で原子の種類と数が等しくなるかを考える。 ❸(3)硫化鉄ができる。

**4** 教 p.32 実験2 **炭酸水素ナトリウムの熱分解**　右の図のようにして，炭酸水素ナトリウムを加熱したところ，試験管Aの口近くには液体が生じ，試験管Bには気体が集まった。これについて，次の問いに答えなさい。

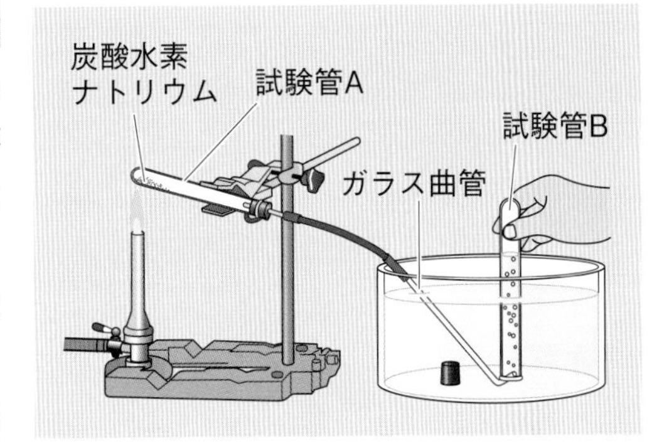


記述 (1)　この実験で，ガスバーナーの火を消す前にしなければならないことは何か。ヒント
（　　　　　　　　　　　　　　）

(2)　試験管Aの口近くに生じた液体が何かを調べるために使った試験紙は何か。ヒント
（　　　　　　　　）

(3)　試験管Aの口近くに生じた液体は何か。（　　　　　　　　）

(4)　試験管Bに集まった気体にある液を入れてよく振（ふ）ると，白くにごった。何という液を入れたか。（　　　　　　　　）

(5)　試験管Bに集まった気体は何か。（　　　　　　　　）

(6)　試験管Aには，何という固体が残るか。（　　　　　　　　）

(7)　炭酸水素ナトリウムと(6)の固体で，水によくとけるのはどちらか。
（　　　　　　　　）

(8)　水にとかしたとき，水溶液（すいようえき）がより強いアルカリ性を示すのは，炭酸水素ナトリウムと(6)の固体のどちらか。ヒント（　　　　　　　　）

**5** 教 p.38 実験3 **鉄と硫黄の反応**　鉄と硫黄の混合物を試験管A，Bに入れ，Aはそのままにし，Bは加熱して反応させた。これについて，次の問いに答えなさい。

(1)　試験管Bを加熱しているときの様子を，次のア～エから2つ選びなさい。（　　）（　　）

ア　光や熱を出しながら，激しく反応した。
イ　ぼんやりと赤くなって，穏（おだ）やかに反応した。
ウ　加熱をやめたらすぐに反応が止まった。
エ　加熱をやめても反応は進んだ。

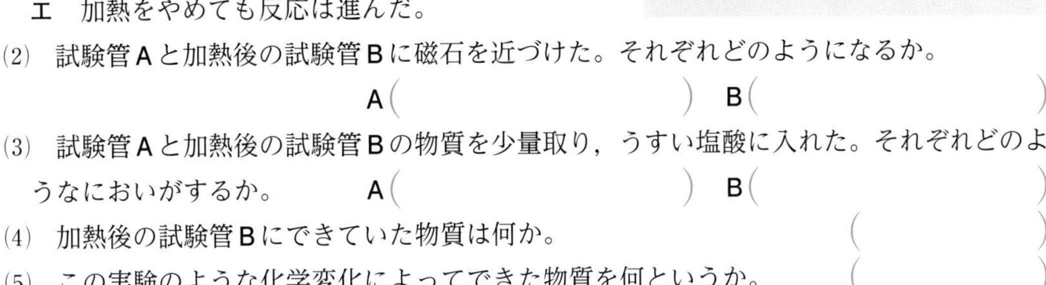

(2)　試験管Aと加熱後の試験管Bに磁石を近づけた。それぞれどのようになるか。
A（　　　　　　　　）　B（　　　　　　　　）

(3)　試験管Aと加熱後の試験管Bの物質を少量取り，うすい塩酸に入れた。それぞれどのようなにおいがするか。　A（　　　　　　　　）　B（　　　　　　　　）

(4)　加熱後の試験管Bにできていた物質は何か。（　　　　　　　　）

(5)　この実験のような化学変化によってできた物質を何というか。（　　　　　　　　）

**4** (1)水の逆流を防ぐために行う。(2)青色をした試験紙で，赤色に変化する。(8)アルカリ性が強いと，フェノールフタレイン液が濃い赤色になる。

# 1章　化学変化と物質の成り立ち(2)
# 2章　いろいろな化学変化(1)

解答 p.3

30分　/100

## 1 いろいろな化学変化について，次の問いに答えなさい。

6点×4（24点）

(1) 次の図は，酸化銀の分解の様子をモデルで表したものの一部である。この式の左辺と右辺で原子の種類と数が等しくなるように，必要なモデル図をかき加えなさい。

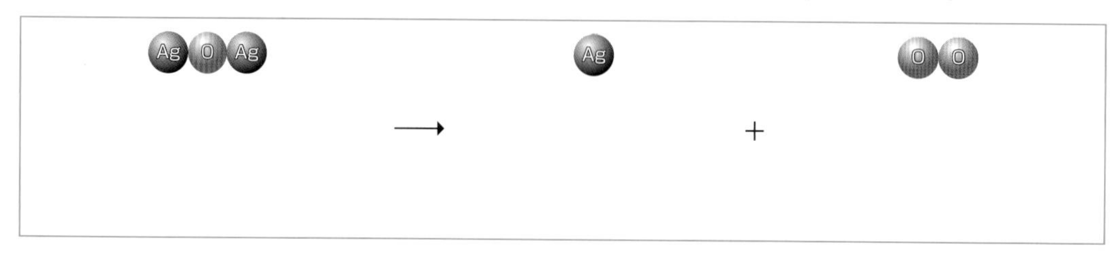


(2) 酸化銀の分解を，化学反応式で表しなさい。

(3) 次の図は，塩酸の電気分解の様子をモデルで表したものの一部である。この式の左辺と右辺で原子の種類と数が等しくなるように，必要なモデル図をかき加えなさい。

H Cl　→　+　Cl Cl

(4) 塩酸の電気分解を，化学反応式で表しなさい。

| (1) | 図に記入 | (2) | |
|---|---|---|---|
| (3) | 図に記入 | (4) | |

## 2 2種類以上の物質が結びつく変化について，次の問いに答えなさい。

4点×6（24点）

(1) 鉄と硫黄が結びついてできる物質は何か。

(2) 銅と硫黄が結びついてできる物質は何か。

(3) 表面をよく磨（みが）いた銅板の上に，硫黄の粉末をのせておいた。このとき，銅と硫黄は結びつくか。

(4) (1)や(2)のように，２種類以上の物質が結びついてできる物質を何というか。

(5) (4)に対して，１種類の物質でできている物質のことを何というか。

(6) 次のア〜オから，(4)の物質をすべて選びなさい。

ア　硫黄　　イ　塩素　　ウ　鉄　　エ　炭酸水素ナトリウム　　オ　二酸化炭素

| (1) | | (2) | | (3) | |
|---|---|---|---|---|---|
| (4) | | (5) | | (6) | |

よく出る **3** 右の図のようにして，炭酸水素ナトリウムを加熱した。これについて，次の問いに答えなさい。 4点×7（28点）

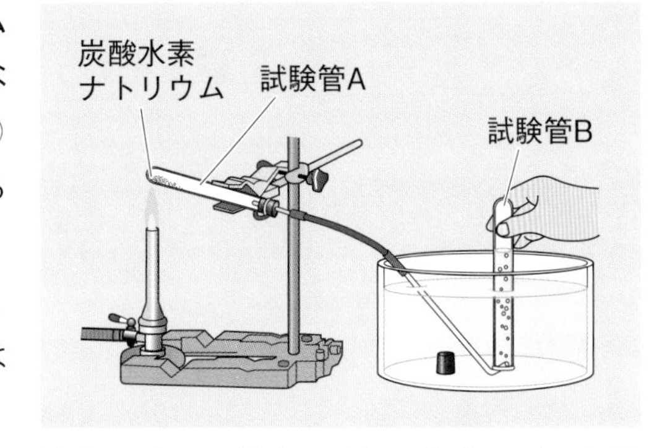


記述 (1) 加熱するとき，試験管Aの口を少し下げるのはなぜか。

(2) 発生した気体を試験管Bに集めるとき，1本めに集められた気体を捨てて集め直すのはなぜか。

(3) 加熱後，試験管Aの口近くに生じた液体に，塩化コバルト紙をつけた。塩化コバルト紙は何色から何色に変化するか。

(4) 加熱後の試験管Aに残った固体について，次のア～エから正しいものをすべて選びなさい。

**ア** 黒色をしている。

**イ** 炭酸水素ナトリウムよりも水によくとける。

**ウ** 水溶液は，強いアルカリ性を示す。

**エ** 水溶液にフェノールフタレイン液を加えると，うすい赤色になる。

(5) この実験で，炭酸水素ナトリウムは何に分解されたか。3つ答えなさい。

| (1) | | | |
|---|---|---|---|
| (2) | | | |
| (3) | | (4) | |
| (5) | | | |

**4** 右の図のように，試験管に硫黄を入れて加熱し，硫黄の蒸気が発生したところに銅線を入れた。これについて，次の問いに答えなさい。 6点×4（24点）

(1) 反応後の物質について正しいものを，次のア～エから2つ選びなさい。

**ア** 赤色で光沢がある。　**イ** 黒色で光沢がない。

**ウ** 力を加えると，よく曲がる。

**エ** 力を加えると，曲がらずに折れる。

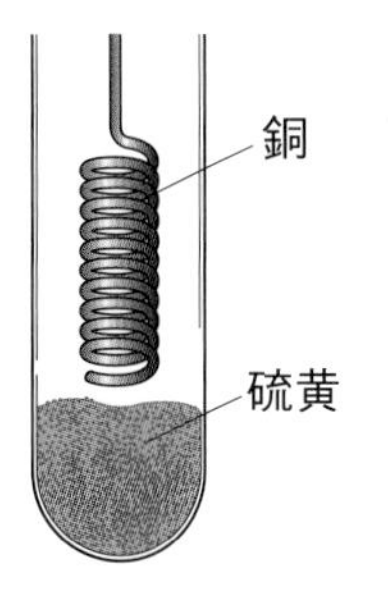


(2) 硫黄と銅が反応してできた物質は何か。

(3) 硫黄と銅が反応したときの化学変化を，化学反応式で表しなさい。

(4) この実験のように，2種類以上の物質が結びついて別の種類の物質ができたとき，この物質を何というか。

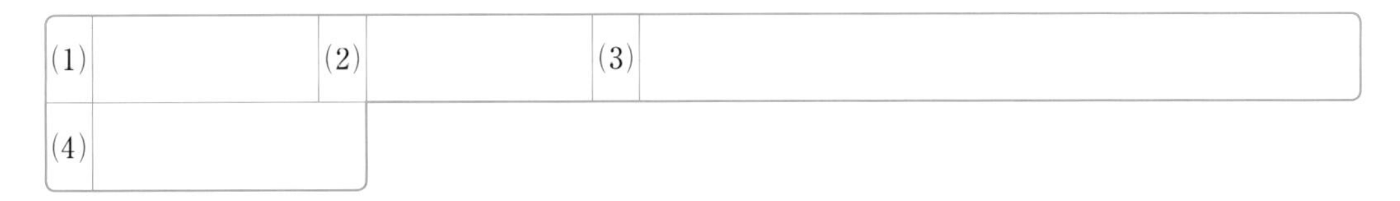

| (1) | | (2) | | (3) | |
|---|---|---|---|---|---|
| (4) | | | | | |

解答 p.4

# 確認のワーク ステージ1 2章 いろいろな化学変化(2)

同じ語句を何度使ってもかまいません。

## 教科書の要点 (　)にあてはまる語句を，下の語群から選んで答えよう。

### 1 酸素が結びつく化学変化

教 p.41～49

(1) 銅を加熱して酸素を吹きかけると，黒い物質が生じ，加熱前に比べて質量が(①　　)ている。これは，酸素と銅が結びついて別の化合物(②　　)が生じたからである。

(2) 物質が酸素と結びつく化学変化を(③★　　)といい，酸化(さんか)によって生じる化合物を(④★　　)という。

(3) 物質が熱や光を出しながら激しく酸化することを(⑤★　　)という。

(4) 鉄や銅などは，空気中の酸素と穏やかに酸化し，表面に酸化物(さんかぶつ)を生じる。
（金属のさび。）

**ワンポイント**
酸化のなかでも，物質が激しく光や熱を出しながら酸化することを燃焼という。放置した鉄や銅がしだいにさびたり黒ずんだりするのは穏やかな酸化である。

**まるごと暗記**
酸化物が酸素を失う化学変化を還元という。
化学変化の中で，酸化と還元は同時に起こる。

### 2 酸素を取り除く化学変化

教 p.50～55

(1) 酸化物が酸素を失う化学変化のことを(①★　　)という。

(2) 酸化銅と炭素の混合物を加熱すると，酸化銅が炭素によって還元(かんげん)されて，(②　　)になる。このとき，同時に炭素は酸化されて(③　　)になる。
$2CuO + C \rightarrow 2Cu + CO_2$

(3) 加熱した酸化銅は，水素によっても還元されて，(④　　)になる。このとき，水素は酸化されて水になる。

(4) 化学変化のなかで，還元と(⑤　　)は同時に起こっている。

### 3 化学変化と熱

教 p.56～59

(1) スチールウールを加熱するときのように，まわりに熱を放出する化学変化を(①★　　)という。

(2) 水酸化バリウムと塩化アンモニウムの反応のように，まわりから熱を吸収する化学変化を(②★　　)という。
（アンモニアが発生。）

(3) 化学変化では，熱の出入りが伴う。化学変化のときに出入りする熱を(③★　　)という。

**ワンポイント**
まわりに熱を放出して温度が高くなるのが発熱反応，まわりから熱を吸収して温度が低くなるのが吸熱反応。

**語群**
1 酸化／酸化物／増え／燃焼(ねんしょう)／酸化銅　2 酸化／銅／二酸化炭素／還元
3 反応熱(はんのうねつ)／発熱反応(はつねつはんのう)／吸熱反応(きゅうねつはんのう)

★の用語は，説明できるようになろう！

## 教科書の図

同じ語句を何度使ってもかまいません。

□にあてはまる語句を，下の語群から選んで答えよう。

### 1 酸化

④，⑤は鉄か酸化鉄かを書こう。

教 p.41〜47

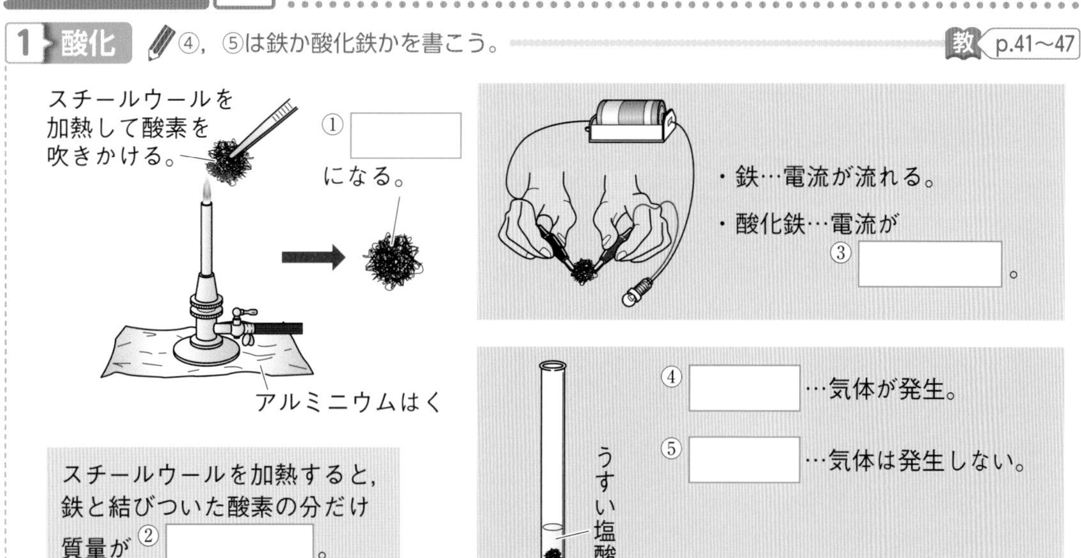


### 2 酸化銅の還元

教 p.50〜54

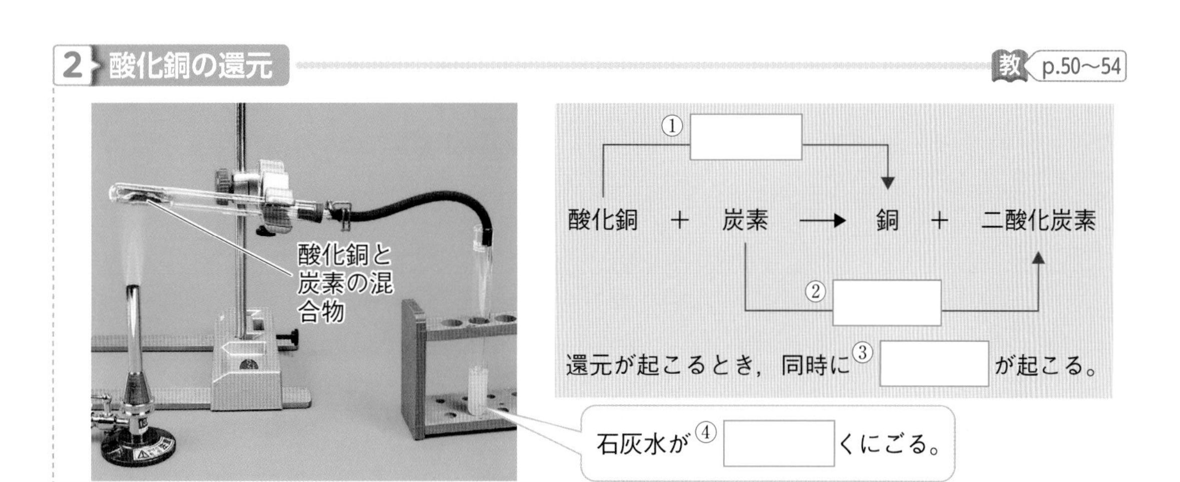


### 3 化学変化と熱

教 p.56〜58

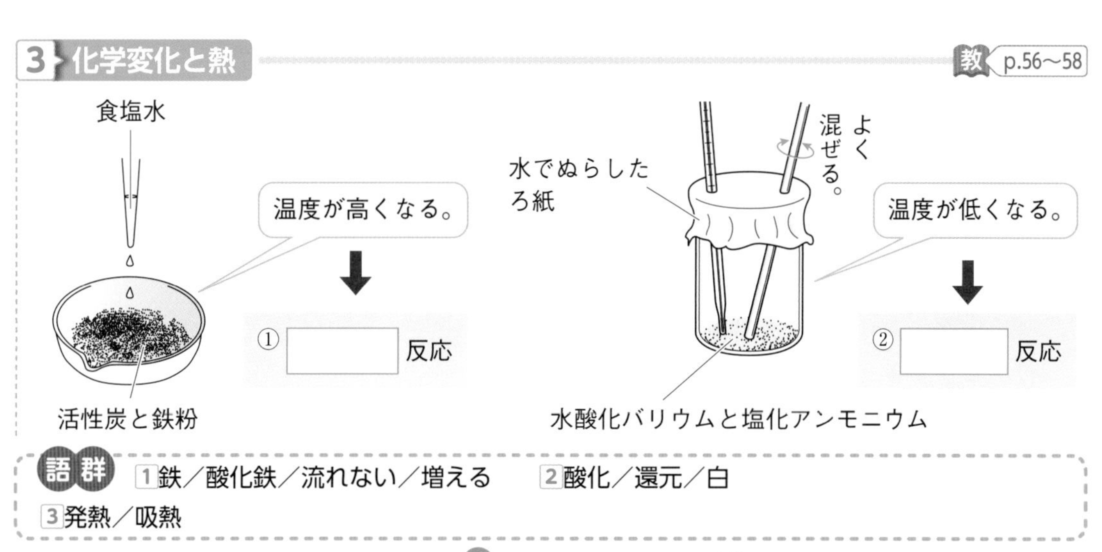


**語群** 1 鉄／酸化鉄／流れない／増える　2 酸化／還元／白
3 発熱／吸熱

わからない用語は，教科書の要点の★で確認しよう！

解答 p.4

# 2章 いろいろな化学変化(2)

**1** 教 p.43 実験4 **鉄が酸素と結びつくか調べる** 質量をそろえて軽く丸めたスチールウールを２つ用意し，それぞれA，Bとした。次に，右の図のようにして，スチールウールBをよく加熱した。これについて，次の問いに答えなさい。

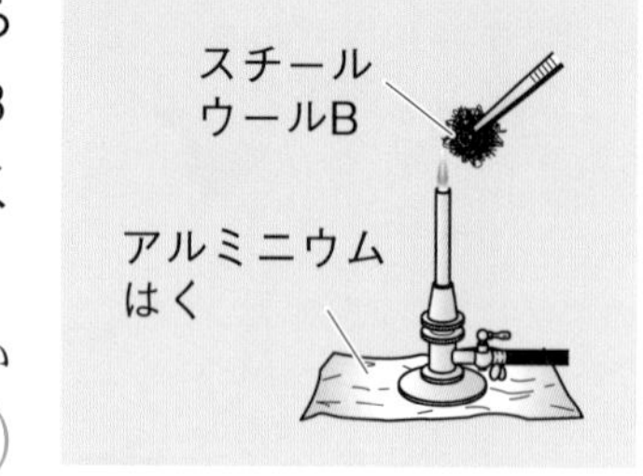


(1) Aと，加熱後のBの質量を比べると，どのようになっているか。次のア～ウから選びなさい。 (　　)

ア Aのほうが大きい。　イ Bのほうが大きい。　ウ 等しい。

記述 (2) (1)のようになるのはなぜか。簡単に答えなさい。ヒント

(　　　　　　　　)

(3) 加熱後のBの特徴（とくちょう）を，次のア～オからすべて選びなさい。ヒント (　　)

ア 電流がよく流れる。　イ さわると崩（くず）れる。　ウ 黒色である。

エ 銀色である。　オ うすい塩酸に入れると，気体が発生する。

(4) この実験のように，物質が酸素と結びつく化学変化を何というか。 (　　)

(5) スチールウールと酸素が結びついてできた物質は何か。 (　　)

**2** **さまざまな化学変化** 次の図は，さまざまな化学変化をまとめたものである。これについて，あとの問いに答えなさい。

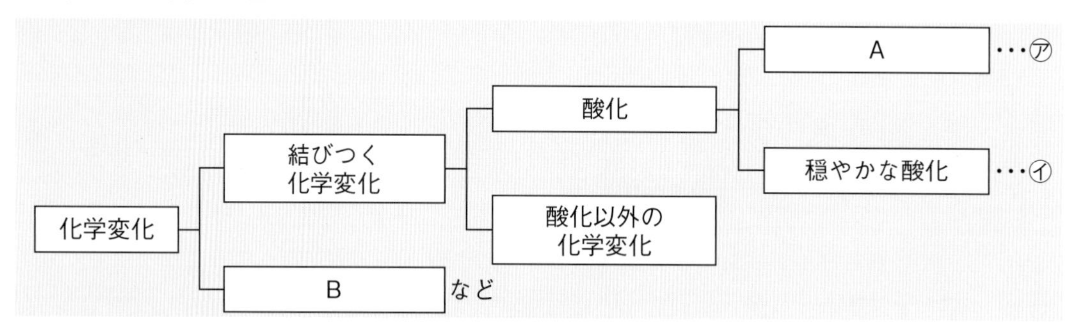


(1) 図のAにあてはまるのは，どのような酸化か。

(　　　　)

(2) (1)のような酸化のことを，何というか。 (　　)

(3) 図のBにあてはまる言葉を，次のア，イから選びなさい。 (　　)

ア 状態変化　イ 分解

(4) 次の化学変化は，それぞれ図の㋐，㋑のどちらの酸化か。

① 木炭に火をつけて燃やす。 (　　)

② 水素と酸素の混合気体に火をつける。ヒント (　　)

③ 鉄くぎを放置しておくと，表面がさびる。 (　　)

ヒントの森

❶(2)空気中の何という気体と結びついたのかを考える。(3)加熱後のBは，スチールウールとは異なる物質で異なる性質をもつ。　❷(4)②水素が酸化して，水ができる化学変化。

## 3 教 p.53 実験5 酸化銅から銅が取り出せるか調べる

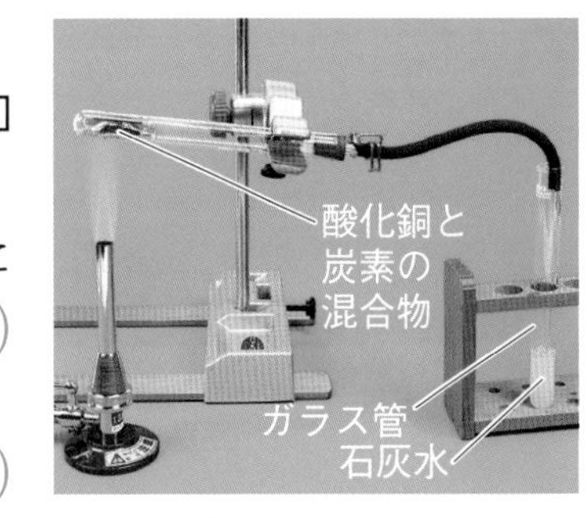


右の図のように，酸化銅と炭素の混合物を試験管に入れて加熱した。これについて，次の問いに答えなさい。

(1) この実験で発生した気体によって，石灰水はどのようになるか。（　　　）

(2) この実験で発生した気体は何か。（　　　）

(3) この実験で，火を消す前にガラス管を石灰水から取り出すのはなぜか。

（　　　）

(4) この実験で加熱した試験管に生じた物質の色を，次のア～エから選びなさい。（　　　）

ア　赤茶色　　イ　黒色　　ウ　灰色　　エ　白色

(5) この実験で加熱した試験管に生じた物質は何か。（　　　）

(6) この実験で，酸化銅に起こった変化を何というか。ヒント（　　　）

(7) この実験で，炭素に起こった変化を何というか。ヒント（　　　）

(8) この実験で起こった化学変化を，化学反応式で表しなさい。

（　　　）

## 4 化学変化と熱

図1は，蒸発皿に鉄粉，活性炭，食塩水を入れて混ぜ合わせる実験を，図2は，水酸化バリウムと塩化アンモニウムを混ぜ合わせる実験を表したものである。これについて，あとの問いに答えなさい。ヒント

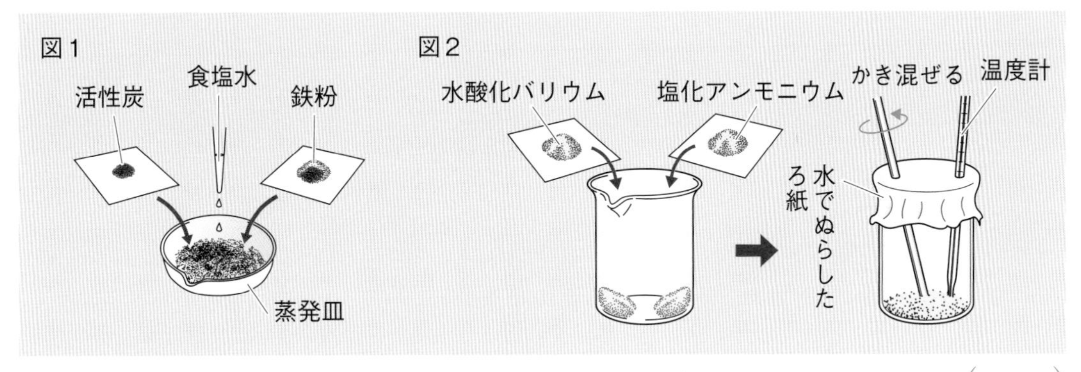


(1) 図1の実験で起こる化学変化を，次のア～エから選びなさい。（　　　）

ア　分解　　イ　燃焼　　ウ　穏やかな酸化　　エ　還元

(2) 図1の実験で，鉄は何に変化するか。（　　　）

(3) 図1の実験のとき，温度はどのように変化するか。（　　　）

(4) 温度が(3)のように変化する反応を何というか。（　　　）

(5) 図2の実験で，何という気体が発生するか。（　　　）

(6) 図2の実験のとき，温度はどのように変化するか。（　　　）

(7) 温度が(6)のように変化する反応を何というか。（　　　）

3(6)(7)炭素によって，酸化銅から酸素が取り除かれる。このとき，炭素は酸素と結びつく。

4化学変化には，まわりに熱を放出する反応と，まわりから熱を吸収する反応がある。

解答 p.5

# 2章　いろいろな化学変化(2)

/100

**1** 右の図のように，木炭に火をつけて石灰水を入れた集気びんの中で燃やした。これについて，次の問いに答えなさい。3点×6（18点）

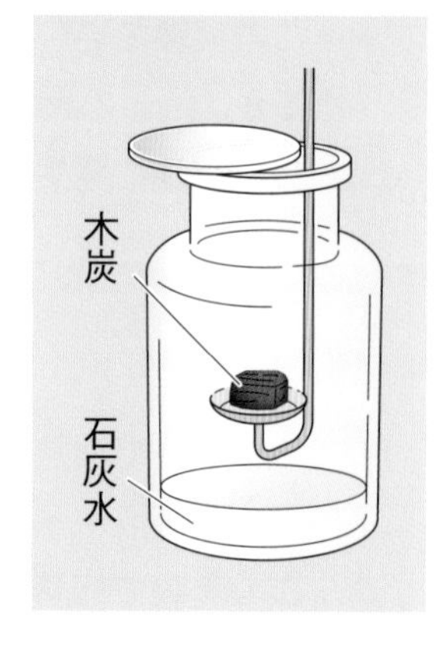


(1)　燃やしたあと，集気びんをよく振ると石灰水はどのようになるか。

(2)　(1)のことから，何という気体が発生したことがわかるか。

(3)　(2)の気体は，木炭に含まれる何が酸素と結びついてできたか。

(4)　木炭を燃やしたときの化学変化を，化学反応式で表しなさい。

(5)　この実験のように，物質が酸素と結びつく化学変化を何というか。

(6)　(5)の化学変化によって生じる化合物を，一般（いっぱん）に何というか。

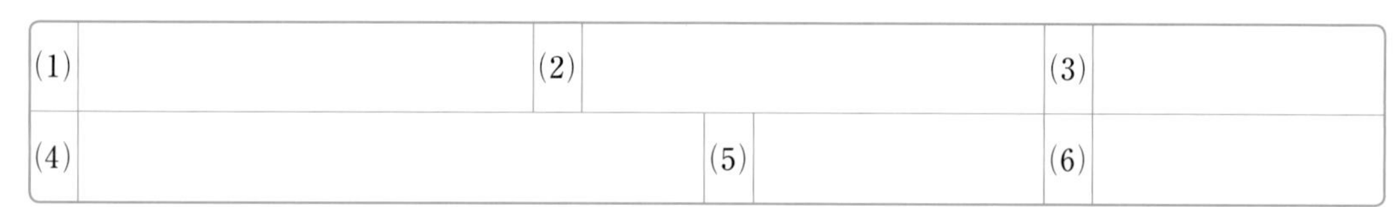

| (1) | | (2) | | (3) | |
|---|---|---|---|---|---|
| (4) | | (5) | | (6) | |

**2** 右の図のように，酸化銅と炭素の混合物を熱して，還元について調べた。これについて，次の問いに答えなさい。5点×8（40点）

酸化銅と炭素の混合物

石灰水

記述 (1)　還元とは，どのような化学変化のことをいうか。

記述 (2)　この実験で，ガスバーナーの火を消したあと，ゴム管をピンチコックでとめた。その理由を簡単に答えなさい。

(3)　この実験で還元されたのは，何という物質か。

(4)　(3)の物質は，還元されて何という物質になるか。

(5)　還元と同時に起こる化学変化を何というか。

(6)　この実験で，(5)の化学変化が起きたのは何という物質か。

(7)　この実験で，(6)の物質は何という物質になるか。

(8)　この実験で起こった化学変化を，化学反応式で表しなさい。

| (1) | | | | | | | |
|---|---|---|---|---|---|---|---|
| (2) | | | | | | | |
| (3) | | (4) | | (5) | | (6) | |
| (7) | | (8) | | | | | |

## 3 物質の酸化や還元について，次の問いに答えなさい。

4点×6（24点）

(1) 酸化銅は，銅と酸素が結びついて生じる物質である。銅と酸素の反応を，化学反応式で表しなさい。

(2) 加熱した酸化銅は，水素によって還元することができる。このとき，酸化銅は何に変化するか。

(3) (2)のとき，水素は何に変化するか。

(4) (2)で起こった化学変化を，化学反応式で表しなさい。

(5) 製鉄所では，酸化鉄と炭素の混合物から鉄を取り出している。このとき，還元される物質は何か。

(6) (5)のとき，酸化される物質は何か。

| (1) | | (2) | | (3) | |
|---|---|---|---|---|---|
| (4) | | (5) | | (6) | |

## よく出る 4 右の図のように，水酸化バリウムと塩化アンモニウムをビーカーに入れて，ガラス棒でかき混ぜた。これについて，次の問いに答えなさい。

3点×6（18点）

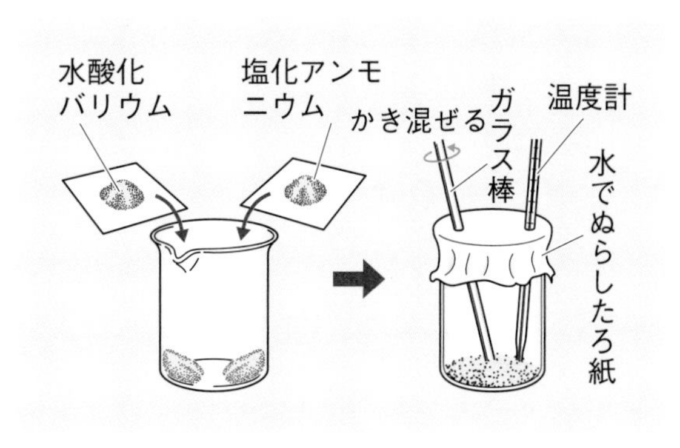


(1) この実験では，何という気体が発生するか。

(2) この実験で，反応後の温度はどのようになるか。次のア～ウから選びなさい。

ア 反応前の温度よりも高くなる。　イ 反応前の温度よりも低くなる。

ウ 反応前の温度と変わらない。

(3) (2)のことから，この実験ではどのような反応が起こったことがわかるか。「まわり」という言葉を使って簡単に答えなさい。

(4) (3)のような化学変化を，何反応というか。

(5) 次のア～エの化学変化のうち，(4)の化学変化にあてはまるものを選びなさい。

ア 鉄の穏やかな酸化

イ エタノールの燃焼

ウ 炭酸水素ナトリウムとクエン酸の混合物に，水を加えた反応

エ 鉄と硫黄が結びつく化学変化

(6) 化学変化に伴って出入りする熱を何というか。

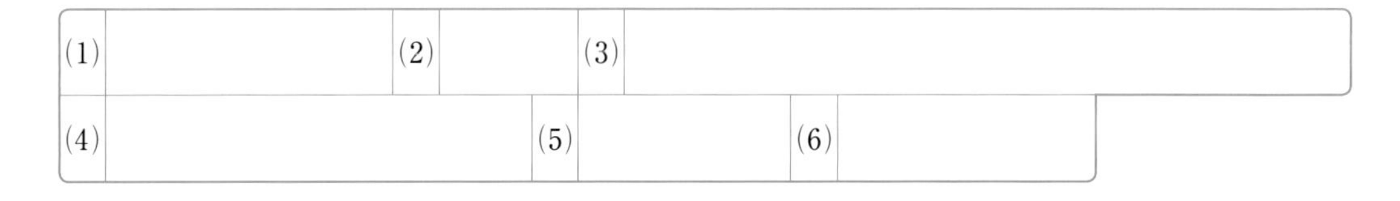

| (1) | | (2) | | (3) | |
|---|---|---|---|---|---|
| (4) | | (5) | | (6) | |

解答 p.6

# 確認のワーク ステージ1　3章　化学変化と物質の質量

## 教科書の要点

（　）にあてはまる語句を，下の語群から選んで答えよう。　同じ語句を何度使ってもかまいません。

### 1 化学変化と質量

教 p.60～67

(1) 石灰石とうすい塩酸を反応させると，気体である（①　　　）が発生する。

(2) 石灰石とうすい塩酸を密閉した容器の中で反応させたとき，反応の前後で物質全体の質量は（②　　　）。
└気体が出ていかない。

(3) うすい硫酸ナトリウム水溶液とうすい塩化バリウム水溶液を混ぜ合わせると，（③　　　）色の沈殿が生じる。この沈殿は，（④　　　）という物質である。
└水にとけにくい物質。

(4) うすい硫酸ナトリウム水溶液とうすい塩化バリウム水溶液を混ぜ合わせたとき，沈殿が生じているが，反応前後で全体の質量は（⑤　　　）。

(5) 化学変化の前後では，物質の出入りがない限り，物質全体の**原子の種類や**（⑥　　　）は変化しない。そのため，**物質全体の質量も変化しない**。これを（⑦★　　　）という。
└物質の状態変化でも成り立つ。

### 2 反応する物質の質量と割合

教 p.68～81

(1) 銅やマグネシウムの粉末を空気中で加熱すると，空気中の（①　　　）と結びつき，その分だけ質量は（②　　　）。
└酸化物ができる。

(2) 一定量の銅やマグネシウムと結びつく酸素の質量には，限度が（③　　　）。

(3) 銅と結びつく酸素の質量は，**銅の質量に比例**する。銅の質量と結びついた酸素の質量の比は，約（④　　　）で**一定**である。

(4) マグネシウムと結びつく酸素の質量は，**マグネシウムの質量に比例する**。マグネシウムの質量と結びついた酸素の質量の比は，約（⑤　　　）で**一定**である。

(5) 一般に，化学変化において，反応する物質の質量の比はつねに（⑥　　　）になっている。

化学変化する原子や分子の個数の関係は，化学反応式からわかるよ。

**まるごと暗記**
化学変化の前後において，物質全体の質量は変化しないという法則を，質量保存の法則という。

**ワンポイント**
気体が発生する化学変化でも，容器が密閉してあれば気体が出ていかないので，質量保存の法則は成り立つ。

**ワンポイント**
化学変化で生じたものが溶液中に固体となって現れる現象やその固体を沈殿という。

**まるごと暗記**
一定量の金属に結びつく酸素の質量には限度がある。
化学変化において，反応する物質の質量の比はつねに一定である。

**プラスα**
銅：酸素が4：1の質量の比で結びつくということは，銅：酸化銅は4：5の質量の比になる。

**語群**
❶変化しない／白／硫酸バリウム／二酸化炭素／質量保存(しつりょうほぞん)の法則(ほうそく)／数
❷ある／増える／酸素／一定／4：1／3：2

★の用語は，説明できるようになろう！

同じ語句を何度使ってもかまいません。

## 教科書の図　□にあてはまる語句を，下の語群から選んで答えよう。

### 1 質量保存の法則

教 p.65〜66

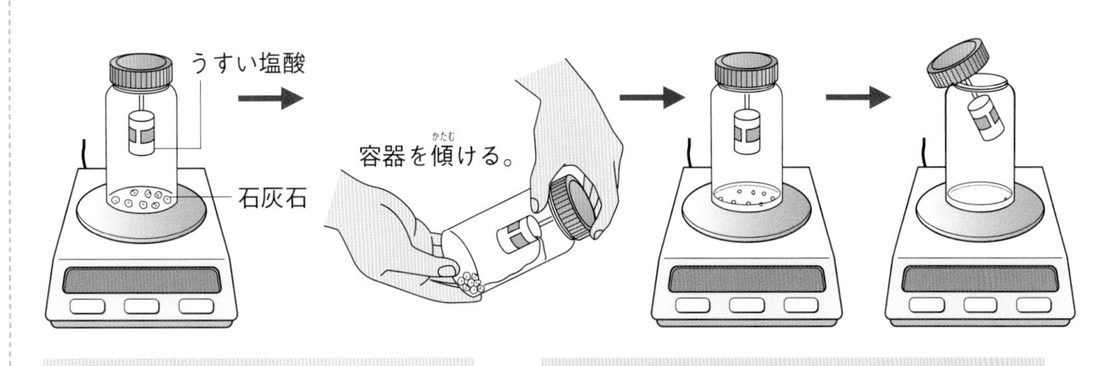


反応の前後で質量は①□。

蓋をゆるめると，気体が空気中に出ていくので，質量が②□。

### 2 結びついた物質の質量の割合

①，②は銅かマグネシウムかを書こう。

教 p.68〜74

金属の粉末を皿全体にうすく広げて加熱する。冷めたら質量を測定する。

繰り返す。

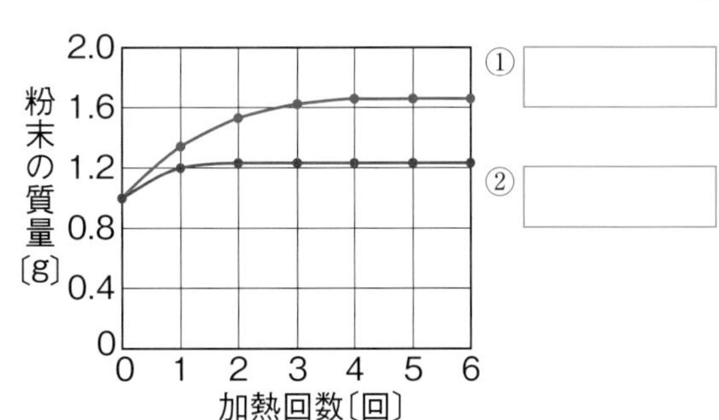


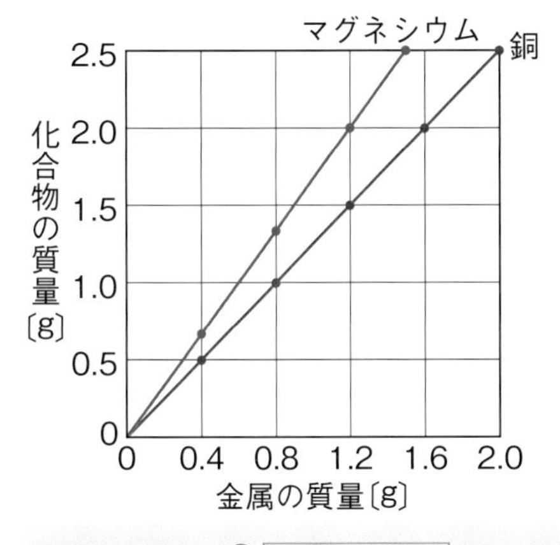


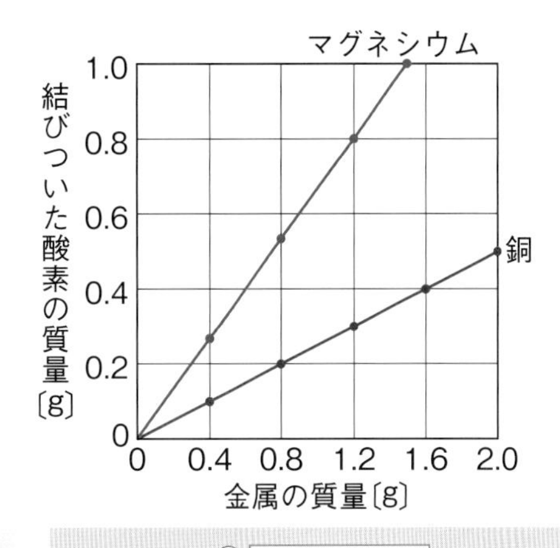


銅：酸化銅＝③□

マグネシウム：酸化マグネシウム＝④□

銅：酸素＝⑤□

マグネシウム：酸素＝⑥□

**語群**
1 減少する／変化しない
2 銅／マグネシウム／3：2／3：5／4：1／4：5

わからない用語は，教科書の要点の★で確認しよう！

解答 p.6

# 3章 化学変化と物質の質量

## 1 教 p.65 実験6 気体が発生する化学変化で質量保存の法則は成り立つのかを調べる

次の図のように，密閉容器とうすい塩酸，石灰石を用いて実験を行った。これについて，あとの問いに答えなさい。

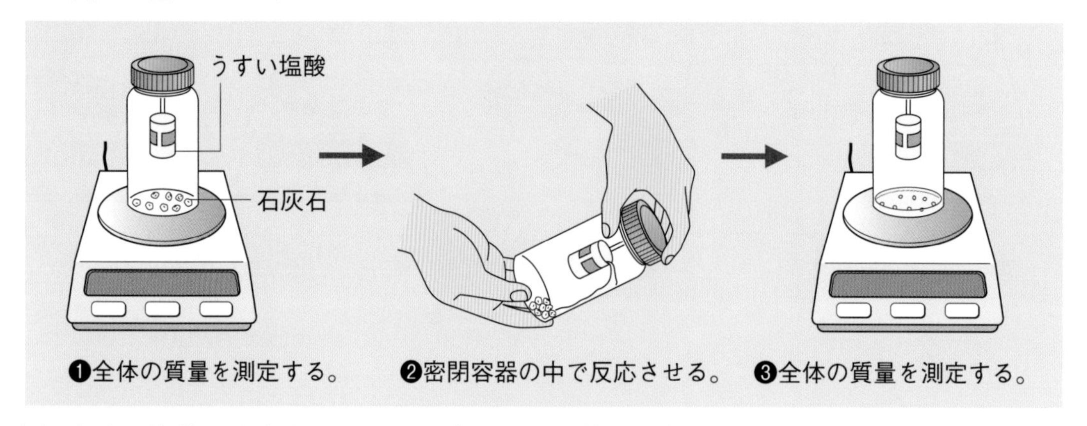


❶全体の質量を測定する。 ❷密閉容器の中で反応させる。 ❸全体の質量を測定する。

(1) うすい塩酸に石灰石を入れると，何という気体が発生するか。

(　　　　　　)

(2) 図のように，容器を密閉した状態で反応させると，反応前後で全体の質量はどのようになるか。次のア〜ウから選びなさい。ヒント (　　)

**ア** 反応前後で質量は変化しない。

**イ** 反応後の質量は，反応前の質量よりも増加している。

**ウ** 反応後の質量は，反応前の質量よりも減少している。

(3) (2)のようになるのは，化学変化の前後で物質をつくる原子の組み合わせが変化していても，物質全体の原子の何が変わらないからか。２つ答えなさい。

(　　　　　　)(　　　　　　)

(4) 化学変化の前後において，物質の質量が(2)のようになるという法則を何というか。

(　　　　　　　　　)

(5) ❸のあと，容器の蓋をゆるめてから再び全体の質量を測定した。このとき，全体の質量はどのようになっているか。次のア〜ウから選びなさい。

(　　)

(4)の法則は，化学変化だけではなく，状態変化などでも成り立つんだ。

**ア** ❸のときと同じである。

**イ** ❸のときよりも増加している。

**ウ** ❸のときよりも減少している。

記述 (6) (5)のようになる理由を簡単に答えなさい。ヒント

(　　　　　　　　　　　　　　　　　　　　)

❶(2)密閉容器内で発生した気体は，どこにも出ていけないことに着目する。(6)密閉容器の蓋をゆるめると，中の気体はどのようになるか考える。

**2** 教 p.70 実験7 **銅粉の質量と結びつく酸素の質量との関係を調べる** 次のような手順で，銅と結びつく酸素の質量について調べた。下の表は，そのときの結果である。これについて，あとの問いに答えなさい。

**手順1**　銅の粉末0.60gをステンレス皿に広げ，右の図のように加熱する。
**手順2**　ステンレス皿が冷めたら，皿ごと質量を測定する。
**手順3**　全体の質量が変化しなくなるまで，**手順1**と**手順2**を繰り返す。
**手順4**　銅の質量を変えて，**手順1～3**を行う。

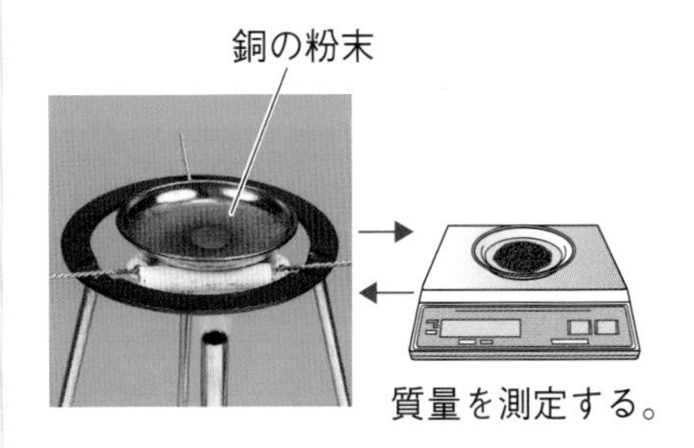


| 銅の質量〔g〕 | 0.60 | 1.20 | 1.80 | 2.40 | 3.00 |
|---|---|---|---|---|---|
| 酸化銅の質量〔g〕 | 0.75 | 1.50 | 2.25 | 3.00 | 3.75 |
| 結びついた酸素の質量〔g〕 | ① | ② | ③ | ④ | ⑤ |

(1) **手順3**で，加熱回数が増えていくにしたがって，粉末の質量の増え方はどのようになっていくか。（　　　　）

(2) (1)のことから，一定量の銅と結びつく酸素の質量についてどのようなことがわかるか。
（　　　　）

(3) 実験結果の表から，それぞれの質量の銅は何gの酸素と結びついたことがわかるか。①～⑤にあてはまる値を書き入れなさい。ヒント

作図 (4) 銅の質量と結びついた酸素の質量の関係を，右のグラフに表しなさい。

(5) グラフから，銅の質量と結びついた酸素の質量には，どのような関係があることがわかるか。（　　　　）

(6) 銅の質量と結びついた酸素の質量の比は，約何：何か。銅：酸素＝（　　　　）

(7) 4.20gの銅を使って，同じ実験をした。このとき，銅は何gの酸素と結びついたか。
（　　　　）

(8) (7)のとき，何gの酸化銅が生じるか。
（　　　　）



(9) 同様に0.60gのマグネシウムを加熱すると，1.00gの酸化物ができた。マグネシウムの質量と結びついた酸素の質量の比は約何：何か。ヒント マグネシウム：酸素＝（　　　　）

**2**(3)銅と酸素が結びついて酸化銅ができるので，銅の質量と酸素の質量の和が酸化銅の質量である。(9)0.60gのマグネシウムが0.40gの酸素と結びついて，1.00gの酸化物が生じる。

# 3章 化学変化と物質の質量

**1** いろいろな物質の化学変化と質量について，次の問いに答えなさい。 4点×5（20点）

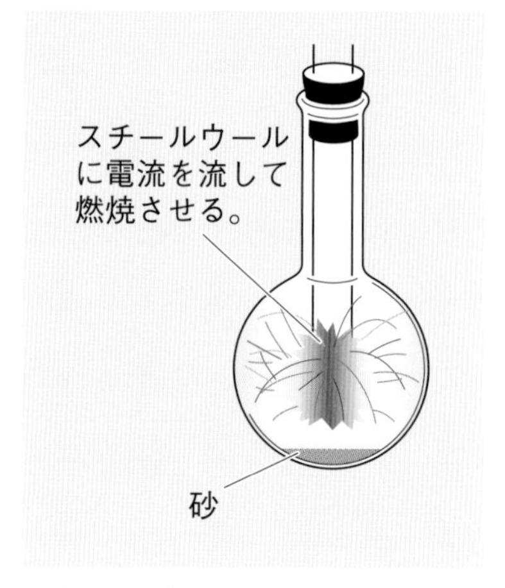


(1) 右の図のように，砂と酸素を入れた丸底フラスコを使って装置を組み立て，密閉した状態でスチールウールを燃焼させた。このとき，反応前後で全体の質量はどのようになるか。

記述 (2) 化学変化の前後で，全体の質量が(1)のようになる理由を，原子に着目して簡単に答えなさい。

(3) 密閉した容器の中で5.8gの酸化銀を熱分解させたところ，生じた銀の質量は5.4gであった。このとき，発生した酸素の質量は何gであると考えられるか。(2)のことから考えて求めなさい。

(4) 密閉していない容器の中で石灰石とうすい塩酸を反応させた。反応前後で全体の質量はどのようになるか。

記述 (5) (4)のようになるのはなぜか。簡単に答えなさい。

| (1) | | (2) | |
|---|---|---|---|
| (3) | | (4) | |
| (5) | | | |

**2** 右の図のように，うすい硫酸ナトリウム水溶液とうすい塩化バリウム水溶液の質量を測定したあと，混ぜ合わせ，再び質量を測定した。これについて，次の問いに答えなさい。 5点×4（20点）

うすい硫酸ナトリウム水溶液
うすい塩化バリウム水溶液

(1) 2つの水溶液を混ぜ合わせると，どのような様子が見られるか。

(2) (1)で見られた物質の名称を答えなさい。

(3) この反応前後で，全体の質量はどのようになるか。

(4) (3)のようになるという法則を何というか。

| (1) | | (2) | |
|---|---|---|---|
| (3) | | (4) | |

## 3 右のグラフは，1.0gの銅の粉末をステンレス皿に広げ，ガスバーナーで加熱したときの加熱回数と加熱後の質量を表したものである。次の問いに答えなさい。

4点×5（20点）

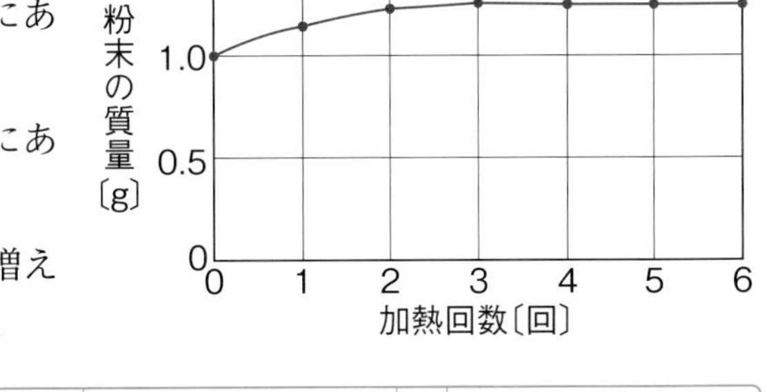

(1) 加熱すると，銅は何と反応するか。

(2) 加熱回数が1回のとき，ステンレス皿にある物質を化学式で2つ答えなさい。

(3) 加熱回数が6回のとき，ステンレス皿にある物質を化学式で答えなさい。

記述

(4) 加熱回数が増えるにしたがって質量が増えなくなるのはなぜか。簡単に答えなさい。

| (1) | | (2) | | | (3) | |
|---|---|---|---|---|---|---|
| (4) | | | | | | |

## よく出る 4 マグネシウムの質量を変えて空気中で十分に熱し，生じた酸化マグネシウムの質量を測定したところ，次の表のようになった。あとの問いに答えなさい。

4点×10（40点）

| マグネシウムの質量〔g〕 | 0.60 | 1.20 | 1.80 | 2.40 | 3.00 |
|---|---|---|---|---|---|
| 酸化マグネシウムの質量〔g〕 | 1.00 | 2.00 | 3.00 | 4.00 | 5.00 |
| 結びついた酸素の質量〔g〕 | ① | ② | ③ | ④ | ⑤ |

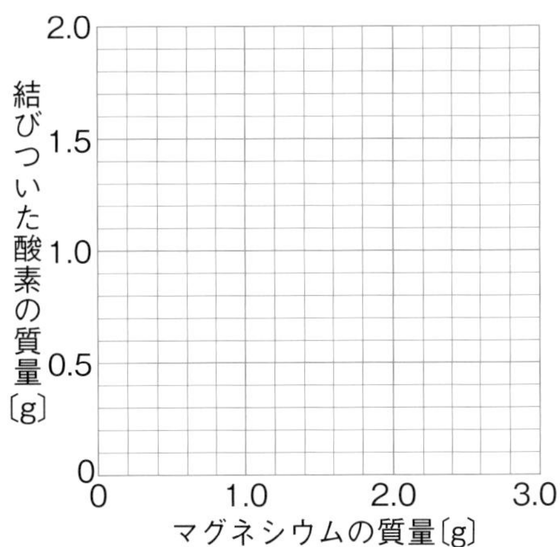


(1) それぞれの質量のマグネシウムと結びついた酸素の質量は何gか。表の①～⑤にあてはまる値を答えなさい。

(2) マグネシウムの質量と結びついた酸素の質量の関係を，右のグラフに表しなさい。

(3) マグネシウムの質量と結びついた酸素の質量には，どのような関係があることがわかるか。

(4) マグネシウムと酸素が結びつくときの，マグネシウムと酸素の質量の比は約何：何か。

(5) 4.20gのマグネシウムを空気中で十分に熱した。このとき，マグネシウムは何gの酸素と結びつくか。

(6) (5)のとき，何gの酸化マグネシウムが生じるか。

| (1) | ① | | ② | | ③ | | ④ | | ⑤ | |
|---|---|---|---|---|---|---|---|---|---|---|
| (2) | 図に記入 | | (3) | | | | (4) | マグネシウム：酸素＝ | | |
| (5) | | | (6) | | | | | | | |

# 単元1 化学変化と原子・分子

解答 p.8

**1** 右の図の装置を組み立て，次の実験を行った。これについて，あとの問いに答えなさい。

3点×5（15点）

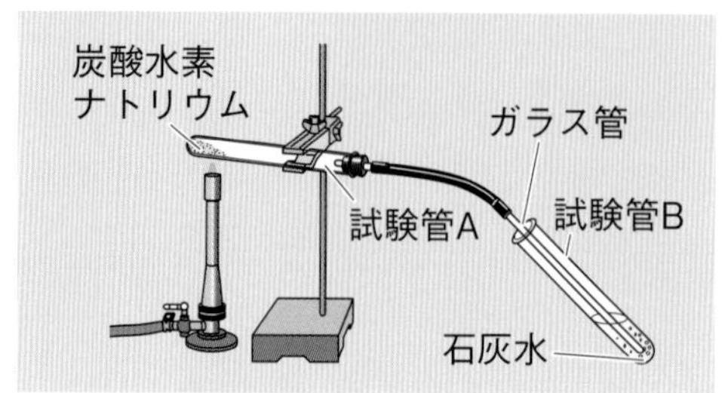


**〈実験〉** 乾いた試験管Aに炭酸水素ナトリウムを入れて加熱したところ，①気体が発生した。気体が発生したあと，②(　)を試験管Bの石灰水から取り出し，ガスバーナーの火を消した。このとき，試験管Aには③白い固体が残り，④試験管Aの口近くに生じた液体を青色の(　)につけると赤色に変化した。

(1) 下線部①で，発生した気体を化学式で表しなさい。

(2) 下線部②の(　)にあてはまる器具を答えなさい。

(3) 下線部③の白い固体が炭酸水素ナトリウムと異なる物質であることを確かめるため，白い固体と炭酸水素ナトリウムのそれぞれの水溶液にフェノールフタレイン液を加えた。次の文の㋐には白い固体か炭酸水素ナトリウムかを，㋑にはあてはまる色を答えなさい。

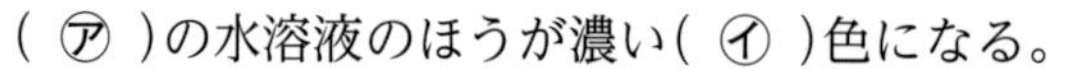
(㋐)の水溶液のほうが濃い(㋑)色になる。

(4) 下線部④の(　)にあてはまる試験紙の名称を答えなさい。

**1**

| | | |
|---|---|---|
| (1) | | |
| (2) | | |
| (3) | ㋐ | |
| | ㋑ | |
| (4) | | |

**2** 2本の試験管A，Bにそれぞれ鉄と硫黄の混合物を入れ，Aの混合物のみ右の図のように加熱した。これについて，次の問いに答えなさい。

5点×6（30点）

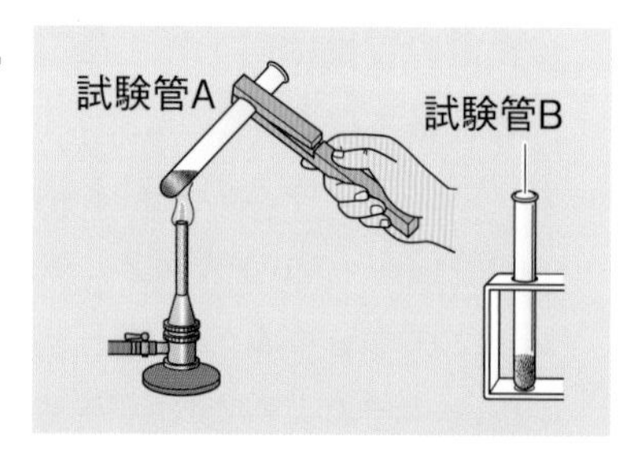


(1) 試験管Aでは，加熱して色が赤色になり始めたら火を消した。火を消したあと，反応は進むか。

(2) 試験管A，Bに磁石を近づけた。磁石につくのはA，Bのどちらの試験管か。

(3) 試験管A，Bの物質を少量取り，うすい塩酸に入れた。特有の腐卵臭がある気体が発生するのは，A，Bのどちらの試験管の物質か。

(4) 加熱後の試験管Aの物質は何か。化学式で表しなさい。

(5) 試験管Aを加熱したときの化学変化を，化学反応式で表しなさい。

(6) 加熱後の試験管Aの物質について，次のア〜エから正しいものをすべて選びなさい。

ア　単体である。　　　イ　分子というまとまりをもたない。
ウ　化合物である。　　エ　分子が集まってできている。

**2**

| | |
|---|---|
| (1) | |
| (2) | |
| (3) | |
| (4) | |
| (5) | |
| (6) | |

**目標** 化学変化のしくみを正しく理解し，化学反応式で表せるようになろう。また，質量保存の法則を理解しよう。

自分の得点まで色をぬろう！
がんばろう！ もう一歩 合格！
0 60 80 100点

## 3 物質の化学変化について，次の問いに答えなさい。

5点×7（35点）

(1) ロウを燃やすと，熱や光が発生し，二酸化炭素や水が生じた。このように，熱や光が発生する激しい酸化を何というか。

(2) (1)で二酸化炭素が生じるのは，ロウに含まれる炭素が酸化したからである。炭素の酸化を化学反応式で表しなさい。

(3) (1)で水が生じるのは，ロウに含まれる水素が酸化したからである。水素の酸化を化学反応式で表しなさい。

(4) 酸化銅と炭素の混合物を加熱すると，何ができるか。次の図の㋐，㋑にあてはまる物質の化学式を答えなさい。

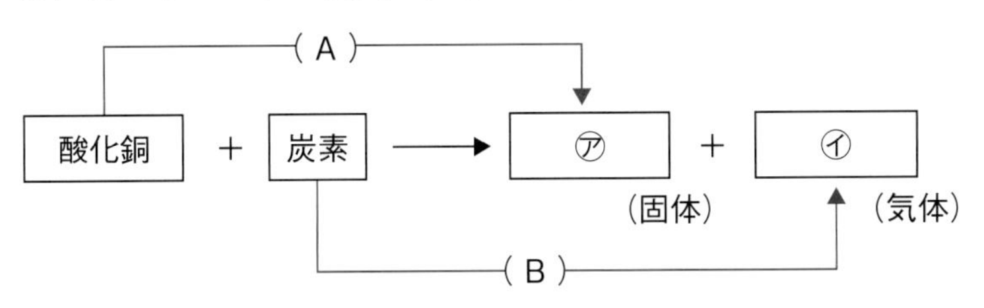


(5) (4)の図で，A，Bの化学変化をそれぞれ何というか。

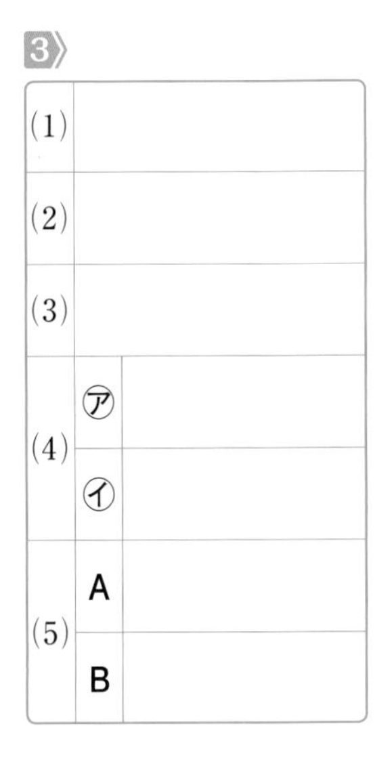


## 4 右の図のように，マグネシウムや銅の粉末を1.2gずつ別々のステンレス皿に取り，3回繰り返して熱し，十分に冷めてから物質の質量を測定した。下の表はその結果である。あとの問いに答えなさい。

4点×5（20点）

|  | 加熱前 | 1回加熱後 | 2回加熱後 | 3回加熱後 |
|---|---|---|---|---|
| マグネシウム | 1.2g | 2.0g | 2.0g | 2.0g |
| 銅 | 1.2g | 1.4g | 1.5g | 1.5g |

(1) この実験で，1.2gのマグネシウムが完全に酸素と結びついたとき，結びついた酸素の質量は何gか。

(2) この実験で，1.2gの銅が完全に酸素と結びついたとき，結びついた酸素の質量は何gか。

(3) 1.5gのマグネシウムを完全に酸素と反応させた。このとき，マグネシウムと結びついた酸素の質量は何gか。

(4) マグネシウムと酸素が結びついて，酸化マグネシウムができるとき，マグネシウムの質量と結びつく酸素の質量の比は，約何：何になるか。簡単な整数の比で答えなさい。

レベルUP (5) 同じ質量の酸素と結びつく，銅とマグネシウムの質量の比は，約何：何になるか。簡単な整数の比で求めなさい。

4

| | |
|---|---|
| (1) | |
| (2) | |
| (3) | |
| (4) | マグネシウム：酸素＝ |
| (5) | 銅：マグネシウム＝ |

終わったら後ろの，1，7，9をやろう。

解答 p.9

# 確認のワーク ステージ1 1章 生物の細胞と個体 2章 植物の体のつくりとはたらき(1)

## 教科書の要点

(　　)にあてはまる語句を，下の語群から選んで答えよう。

同じ語句を何度使ってもかまいません。

### 1 生物の細胞と個体

教 p.82〜91

(1) オオカナダモの葉やヒトの頬の粘膜に見られる多数の小さい部屋のようなもの一つ一つを(①★　　　　)という。すべての生物は細胞を基本単位としてできている。

(2) 植物の細胞にも動物の細胞にも，染色液によく染まる(②★　　　　)という構造が普通1個ある。核以外の部分を(③★　　　　)といい，細胞質の最も外側は(④★　　　　)といううすい膜となっている。

(3) 植物の細胞には，細胞膜の外側に(⑤★　　　　)があり，細胞質には光合成が行われる緑色の粒である(⑥★　　　　)や，多様な物質が含まれる液胞が見られる。

(4) 独立した1個の生物体を(⑦★　　　　)という。同じ形や大きさ，はたらきをもつ細胞が集まって(⑧★　　　　)をつくり，組織が集まって一定の機能をもった(⑨★　　　　)をつくり，器官が組み合わさって個体をつくっている。多数の細胞でできている生物を(⑩★　　　　)という。

(5) 1個の細胞からできている生物を(⑪★　　　　)という。

(6) 酸素と二酸化炭素が細胞で交換され，エネルギーが取り出されることを(⑫★　　　　)または内呼吸という。

### 2 葉のつくりと水のゆくえ

教 p.92〜97

(1) 葉に通る筋を葉脈といい，これが葉の維管束である。植物の種類によって葉脈の通り方は異なっている。

(2) 葉の表皮には，2個の(①★　　　　)に囲まれた隙間があり，これを(②★　　　　)といい，葉の裏側に多く存在している。

(3) 葉の断面を観察すると，多数の細胞が見られる。維管束は，葉でつくられた栄養分の通る(③★　　　　)と，根から吸い上げられた水や養分が通る(④★　　　　)からできている。

**まるごと暗記**

細胞には，核，細胞質がある。植物細胞には，細胞壁と葉緑体，液胞がある。

**プラスα**

細胞壁には，細胞の内部を保護したり，植物の体を支えるはたらきがある。

**ワンポイント**

多細胞生物は，細胞が集まって組織，器官，個体を形づくっている。単細胞生物は一つの細胞からできている。

**ワンポイント**

道管と師管をまとめて維管束という。双子葉類，単子葉類の葉脈を確認しておこう。
気孔は気体の出入り口。

**語群**

1 核／細胞／細胞質／細胞壁／細胞呼吸／葉緑体／多細胞生物／個体／組織／細胞膜／器官／単細胞生物　2 師管／道管／孔辺細胞／気孔

★の用語は，説明できるようになろう！

同じ語句を何度使ってもかまいません。

□にあてはまる語句を，下の語群から選んで答えよう。

## 1 細胞のつくり

③～⑤はつくりの名称を書こう。 教 p.90

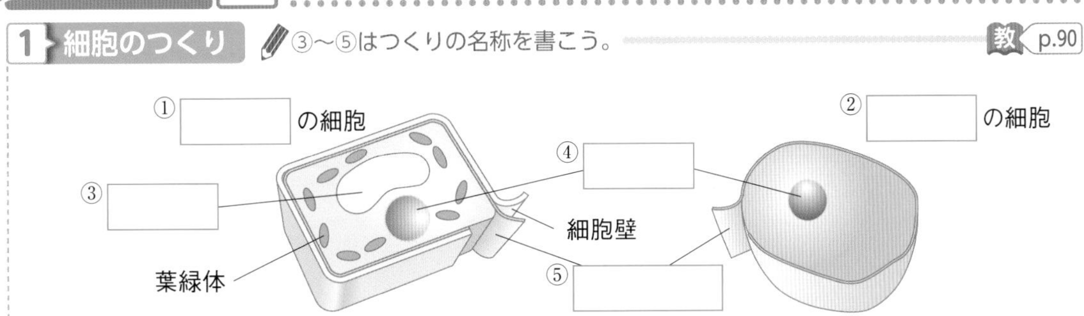


## 2 生物の細胞と個体

教 p.90

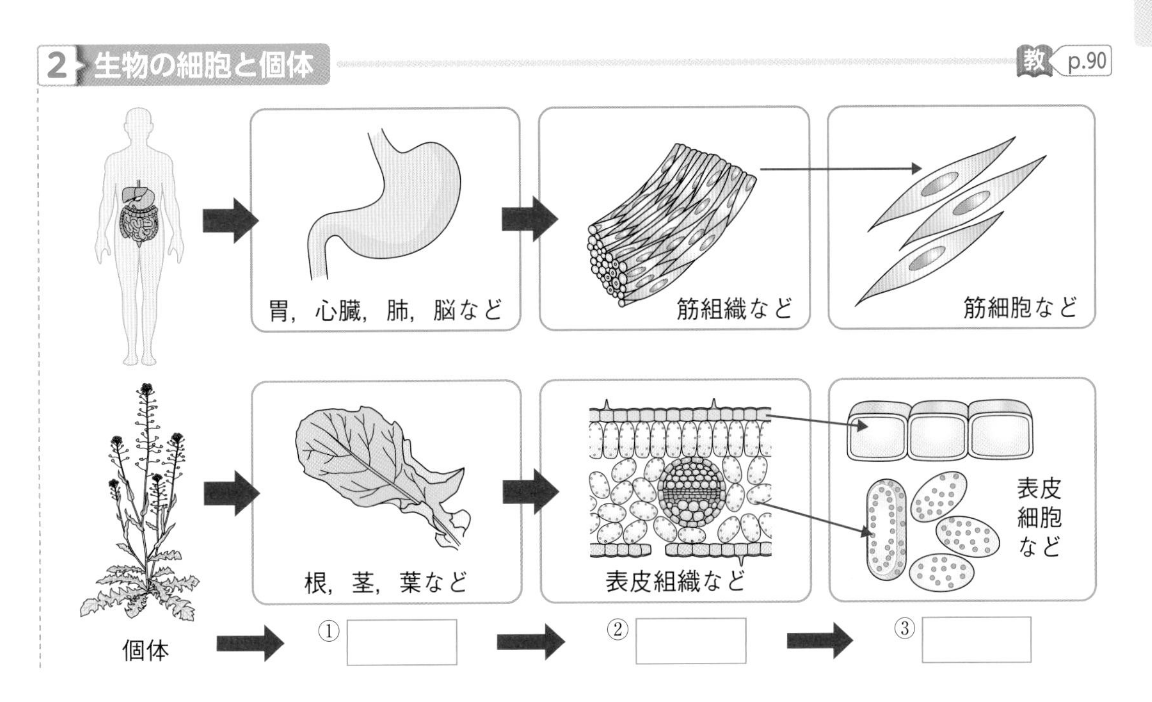


## 3 葉のつくり

教 p.95～97

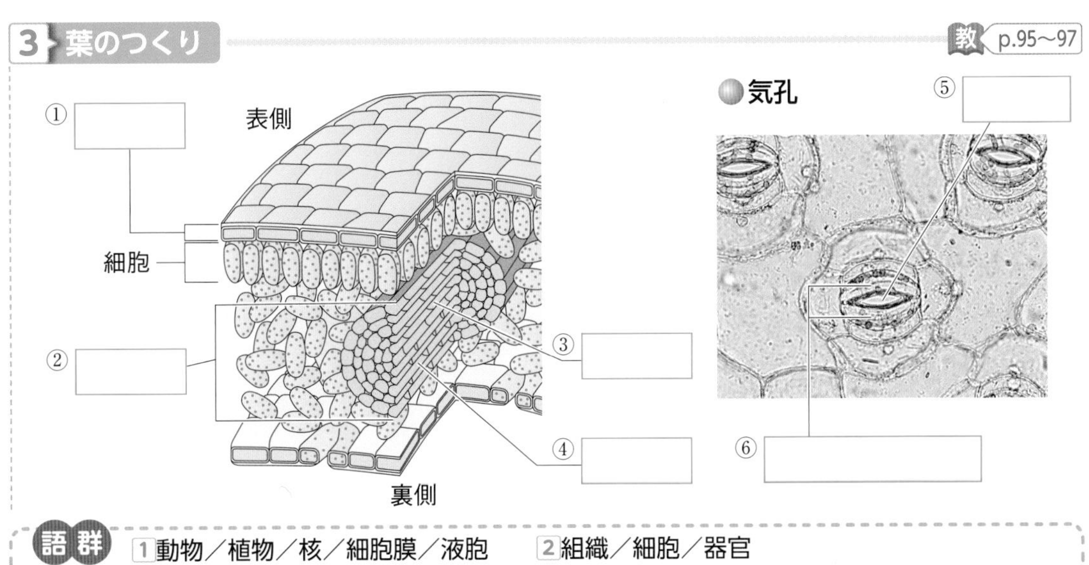


**語群**
1 動物／植物／核／細胞膜／液胞　2 組織／細胞／器官
3 道管／師管／孔辺細胞／維管束／表皮／気孔

わからない用語は，教科書の要点の★で確認しよう！

単元2

解答 p.9

# 定着のワーク ステージ2 1章 生物の細胞と個体 2章 植物の体のつくりとはたらき(1)

**1** 教 p.86 観察1 **植物と動物の微細なつくりを調べる** 細胞のつくりを調べるため，次の手順で観察を行った。あとの問いに答えなさい。

> 手順1 オオカナダモの葉を切り取り，スライドガラスにのせた。
> 手順2 頬(ほお)の内側を綿棒で軽くこすり，スライドガラスにこすりつけた。
> 手順3 手順1，2で作成したものに染色液を1滴(てき)落とし，3分ほどおいてからカバーガラスをかぶせ，顕微鏡(けんびきょう)で観察した。

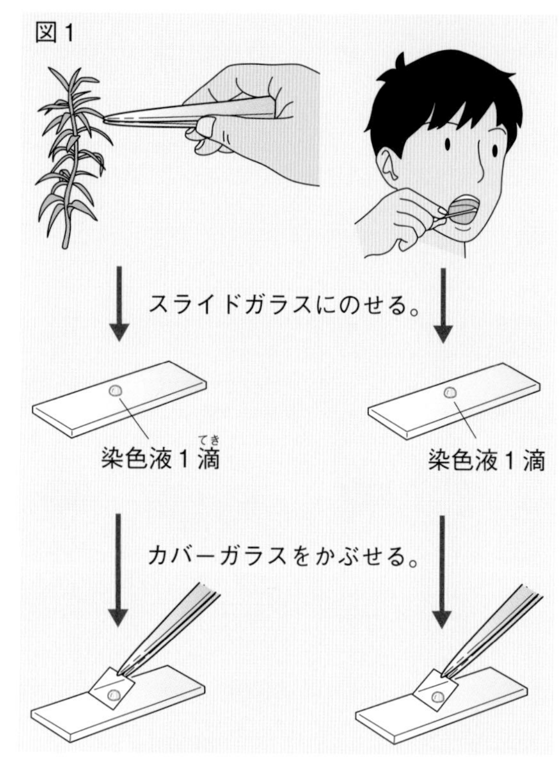


(1) 顕微鏡で観察するとき，最初は低倍率，高倍率のどちらで観察するか。 (　　　)

(2) 顕微鏡で観察したときに見える，一つ一つの小さな部屋のようなものを何というか。 (　　　)

(3) この観察では，染色液として何という液を使うか。 (　　　)

(4) (3)の液によってよく染まる構造を何というか。 ヒント (　　　)

(5) (4)以外の部分を細胞質という。細胞質の最も外側のうすい膜を何というか。 ヒント (　　　)

(6) オオカナダモの葉を観察したものは，図2の㋐，㋑のどちらか。 (　　　)

(7) 図2の㋑に見られる，厚くて丈夫(じょうぶ)な仕切りを何というか。 ヒント (　　　)

(8) オオカナダモの葉の染色していない細胞を顕微鏡で観察すると，緑色の粒が見られた。この粒を何というか。 ヒント (　　　)

図2

㋐

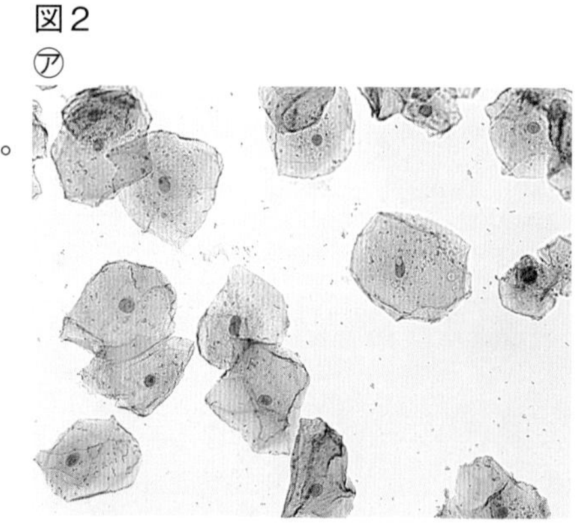

㋑

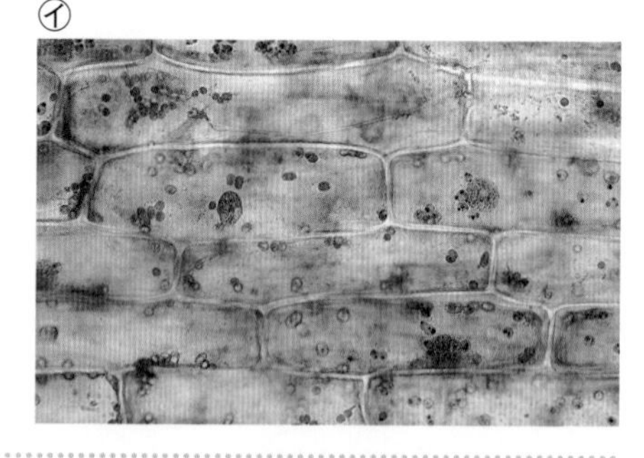

❶(4)一つの細胞にふつう1個ある構造である。(5)動物の細胞にも，植物の細胞にも見られる構造である。(7)植物の細胞に特有の構造である。(8)植物の緑色の部分の細胞にある。

**2 細胞のつくり** 右の図は，植物の細胞と動物の細胞のつくりを模式的(もしきてき)に表したものである。次の問いに答えなさい。

(1) 図の㋐～㋘の構造の名称を答えなさい。ヒント

㋐(　　　　) ㋑(　　　　)

㋒(　　　　) ㋓(　　　　)

㋔(　　　　) ㋕(　　　　)

㋖(　　　　)

(2) 動物の細胞には見られない構造を，㋐～㋔からすべて選びなさい。

(　　　　)

**3 生物と細胞** 右の図の㋐，㋑の生物を顕微鏡で観察した。次の問いに答えなさい。

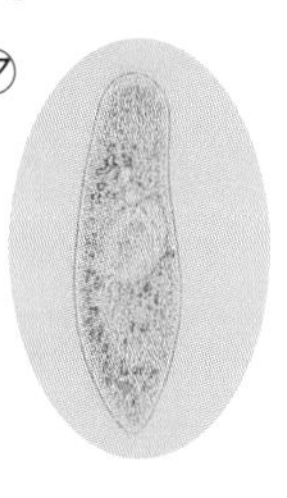


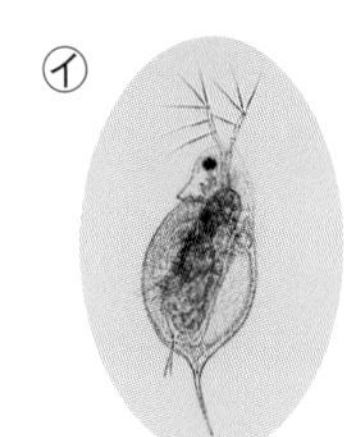


(1) ㋐，㋑の生物の名称を答えなさい。

㋐(　　　　) ㋑(　　　　)

(2) ㋐の生物のように，体が１個の細胞からできている生物を何というか。(　　　　)

(3) ㋑の生物のように，体が多数の細胞でできている生物を何というか。(　　　　)

**4 教 p.94 観察2 葉のつくりを調べる** 図１はアジサイとツユクサの葉，図２はアジサイの葉の断面，図３はツユクサの葉の裏側の表皮を表したものである。あとの問いに答えなさい。

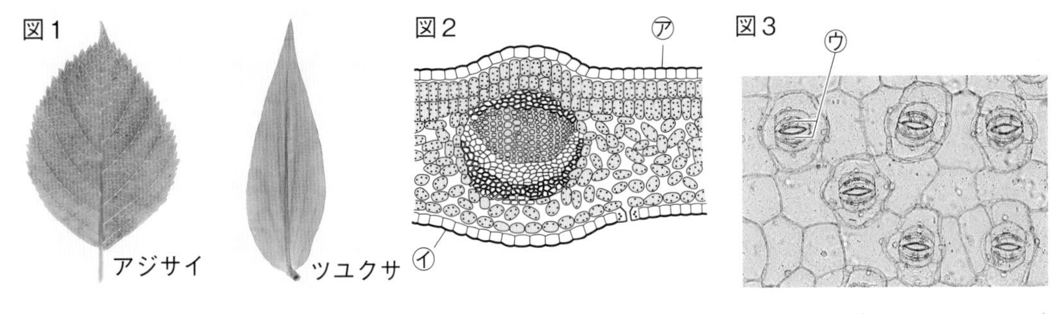


(1) 図１で，葉に見られる筋を何というか。ヒント (　　　　)

(2) (1)は，根や茎の何とつながっているか。(　　　　)

(3) 図１のアジサイとツユクサの葉の筋の通り方を，それぞれの特徴から何というか。

アジサイ(　　　　) ツユクサ(　　　　)

(4) 図２で見られる多数の小さい部屋のようなもののことを何というか。(　　　　)

(5) 図２で，葉の表側の表皮を表しているのは，㋐，㋑のどちらか。(　　　　)

(6) 図３の㋒の，向かい合った三日月形の細胞を何というか。(　　　　)

(7) (6)に囲まれた隙間を何というか。(　　　　)

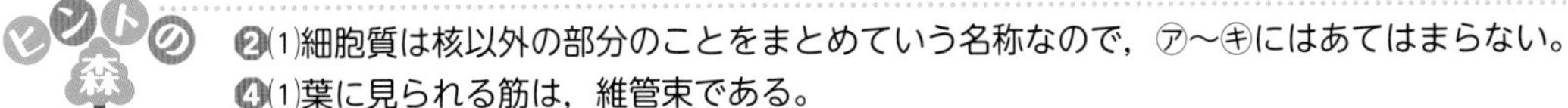
ヒントの森

2(1)細胞質は核以外の部分のことをまとめていう名称なので，㋐～㋖にはあてはまらない。

4(1)葉に見られる筋は，維管束である。

解答 p.9

# 実力判定テスト ステージ3

## 1章 生物の細胞と個体
## 2章 植物の体のつくりとはたらき(1)

よく出る

**1** 右の図は，植物の細胞と動物の細胞の構造を模式的に表したものである。次の問いに答えなさい。　2点×13(26点)

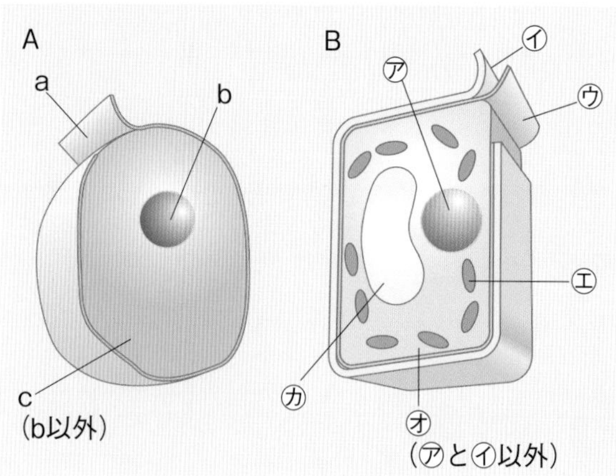


(1) 植物の細胞を表しているのは，A，Bのどちらか。

(2) Aのa～cの構造をそれぞれ何というか。

(3) Bの㋐～㋕の構造をそれぞれ何というか。

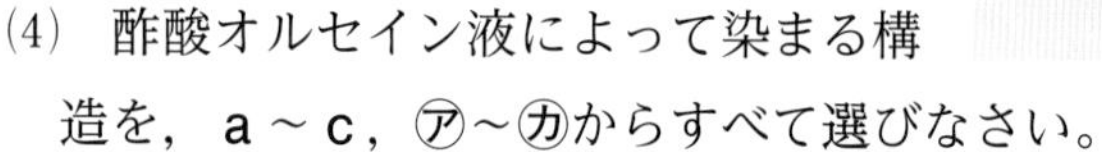

レベルUP

(4) 酢酸オルセイン液によって染まる構造を，a～c，㋐～㋕からすべて選びなさい。

(5) Bの㋑には，細胞の内部を保護するはたらきの他に，どのようなはたらきがあるか。

(6) Bの㋓の構造は，表皮細胞に見られるか，見られないか。

| (1) | | (2) | a | | b | | c | |
|---|---|---|---|---|---|---|---|---|
| (3) | ㋐ | | ㋑ | | ㋒ | | ㋓ | |
| (3) | ㋔ | | ㋕ | | (4) | | | |
| (5) | | | | | | (6) | | |

**2** 右の図は，ある生物の様子である。次の問いに答えなさい。　2点×7(14点)

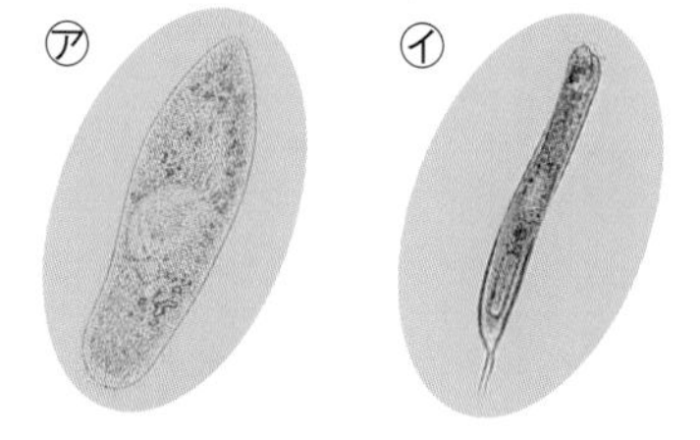


(1) 図の㋐，㋑の生物を，それぞれ何というか。

(2) ㋐，㋑の生物は，体が1個の細胞からできている。このような生物を何というか。

(3) (2)に対して，体が多数の細胞からなる生物を何というか。

(4) (3)の生物について，次の(　)にあてはまる言葉を答えなさい。

(3)の生物は，形や大きさ，はたらきが同じ細胞が集まって( ① )をつくり，さまざまな( ① )が集まって( ② )をつくり，さらに( ② )が集まって( ③ )を形成している。

| (1) | ㋐ | | ㋑ | | (2) | |
|---|---|---|---|---|---|---|
| (3) | | | (4) | ① | | ② | | ③ | |

よく出る **3** タマネギの表皮の細胞，オオカナダモの葉の細胞，ヒトの頬の内側の細胞を観察した。図のA～Cは，そのいずれかのスケッチである。あとの問いに答えなさい。　3点×12（36点）

A
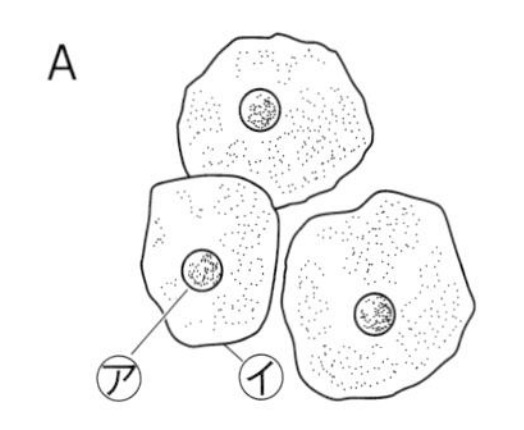


B
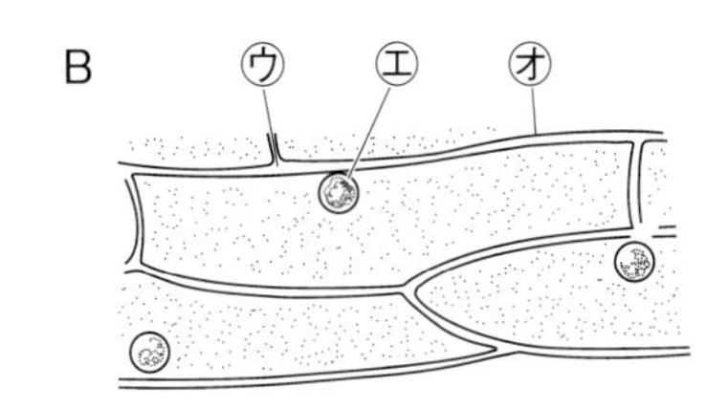


C
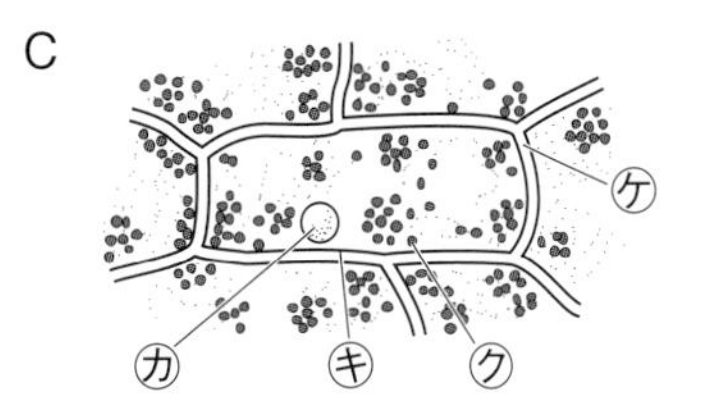


(1)　細胞を観察しやすくするために酢酸オルセイン液を使って細胞を染色した。よく染まる部分はどこか。ア～ケからすべて選びなさい。

(2)　酢酸オルセイン液で，(1)の部分は何色に染まるか。次のア～ウから選びなさい。
**ア**　赤紫色に染まる。　**イ**　青紫色に染まる。　**ウ**　黄緑色に染まる。

(3)　イの構造の名称を答えなさい。また，同じはたらきをする構造を，Bのウ～オ，Cのカ～ケからそれぞれ選びなさい。

(4)　植物の細胞だけに見られ，体の形を保つのに役立っている構造を，ア～ケから全て選び，その名称も答えなさい。

(5)　葉の葉肉細胞に見られる緑色の粒をア～ケから選び，その名称も答えなさい。

(6)　図のA～Cは，どの細胞を観察したものか。次のア～ウからそれぞれ選びなさい。
**ア**　タマネギの表皮　**イ**　オオカナダモの葉　**ウ**　ヒトの頬の内側

| (1) | | (2) | | (3) | 名称 | | B | | C | |
|---|---|---|---|---|---|---|---|---|---|---|
| (4) | 記号 | | 名称 | | (5) | 記号 | | 名称 | | |
| (6) | A | | B | | C | | | | | |

**4** 右の図は，ある植物の葉の断面の様子を模式的に表したものである。これについて，次の問いに答えなさい。　4点×6（24点）

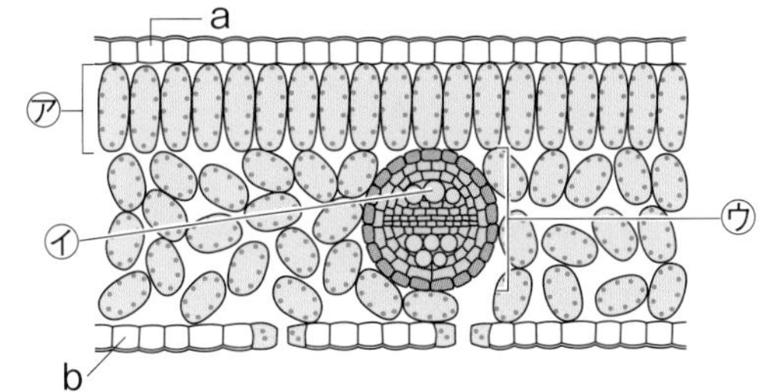


(1)　葉の断面を顕微鏡で観察すると，図のアのような多数の小さな部屋のようなものが見られる。この一つ一つを何というか。

(2)　図のイの管を何というか。また，イの管を通る物質は何か。

(3)　図のウの管の束をあわせた部分を何というか。

(4)　(3)の部分は，葉に通る筋として見ることができる。この筋を何というか。

(5)　図で，葉の裏側の表皮は，a，bのどちらか。

| (1) | | (2) | 名称 | | 物質 | |
|---|---|---|---|---|---|---|
| (3) | | (4) | | (5) | | |

解答 p.10

# 2章 植物の体のつくりとはたらき(2)

## 教科書の要点

同じ語句を何度使ってもかまいません。

(　)にあてはまる語句を，下の語群から選んで答えよう。

### 1 光合成の仕組み

教 p.98〜108

(1) 植物に日光が当たり，葉の細胞の中の(①★　　)で，デンプンなどの栄養分をつくるはたらきを(②★　　)という。光合成は，水と(③　　)を原料として栄養分をつくる。このとき，(④　　)もつくられる。

### 2 栄養分のゆくえ

教 p.109

(1) 葉でつくられた栄養分は，水にとけやすいショ糖などに変化したあと，(①★　　)を通って体全体の細胞に移動する。

(2) 栄養分の一部は，再びデンプンなどの栄養分に変化して，根や茎，(②　　)や(③　　)などに蓄えられる。

### 3 光合成と呼吸

教 p.110〜114

(1) 体内に酸素を取り入れて二酸化炭素を出すはたらきを(①★　　)という。
光合成では二酸化炭素を取り入れて，酸素を出している。

(2) 植物は昼も呼吸を行っているが，光合成を盛んに行っているため，全体としては(②　　)を取り入れ，(③　　)を出しているように見える。

### 4 茎・根のつくりとはたらき

教 p.115〜119

(1) タンポポの根は，主根という太い根と，(①　　)という細い根からなっている。トウモロコシの根は，(②　　)という根からなっている。

(2) 根にある無数の細かい毛を(③　　)という。
表面全体の面積が非常に大きくなる。

(3) 根は植物の体を支え，表面から(④　　)や養分を吸収するはたらきをしている。茎は水分や養分，栄養分を通し，花や果実，葉などをつけ，体を支えるはたらきをしている。

(4) 根から吸収された水や養分が通る管を(⑤★　　)，葉でつくられた栄養分が通る管を(⑥★　　)という。道管の束と師管の束を合わせて(⑦★　　)という。

**まるごと暗記**
光合成は日光を受け，水と二酸化炭素からデンプンと酸素をつくる。

**プラスα**
植物は夜は光合成をしないで呼吸だけをするため，酸素を取り入れ，二酸化炭素を排出する。

**ワンポイント**
双子葉類は主根と側根をもち，維管束が円形に並ぶ。
単子葉類はひげ根をもち，維管束が全体に散らばっている。

**語群**
1 二酸化炭素／酸素／光合成／葉緑体　2 果実／師管／種子
3 二酸化炭素／呼吸／酸素　4 水／根毛／維管束／師管／道管／ひげ根／側根

★の用語は，説明できるようになろう！

同じ語句を何度使ってもかまいません。

教科書の図　□にあてはまる語句を，下の語群から選んで答えよう。

## 1 光合成のしくみ

教 p.108

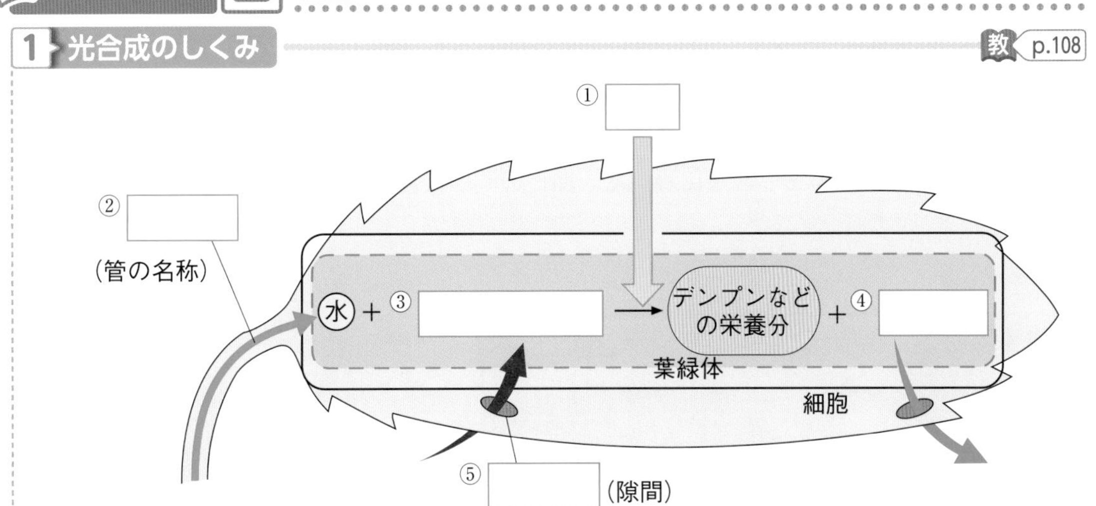


## 2 根のつくり

根のつくりの名称を書こう。

教 p.115

## 3 茎のつくり

教 p.117〜118

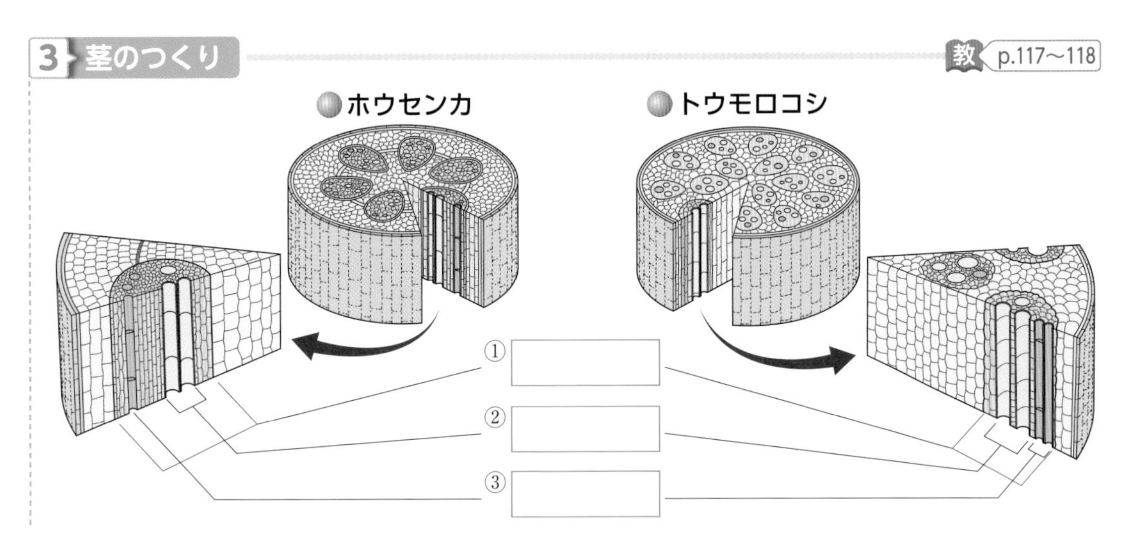


**語群**　1 酸素／二酸化炭素／気孔／道管／光　2 主根／ひげ根／根毛／側根
3 道管／師管／維管束

わからない用語は，教科書の要点の★で確認しよう！

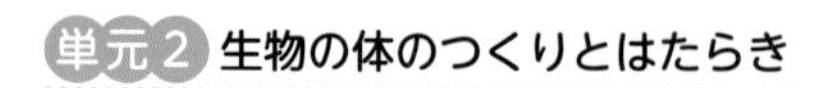


解答 p.10

# 2章 植物の体のつくりとはたらき(2)−①

**1 光合成に必要なもの** 図1のように，斑(ふ)入りの葉の一部をアルミニウムはくで覆(おお)い，葉に日光をよく当てた。1日後，葉を採取して熱湯に入れたあと，温めたエタノールに入れて，水洗いしてからうすいヨウ素液に浸(ひた)した。あとの問いに答えなさい。

図1

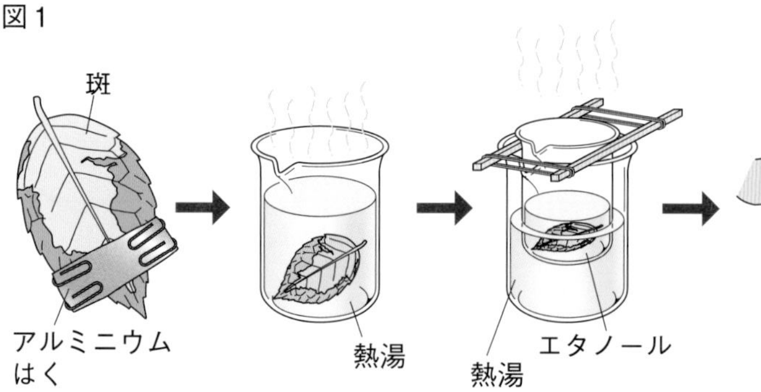

斑
アルミニウムはく
熱湯
熱湯
エタノール
ヨウ素液

図2

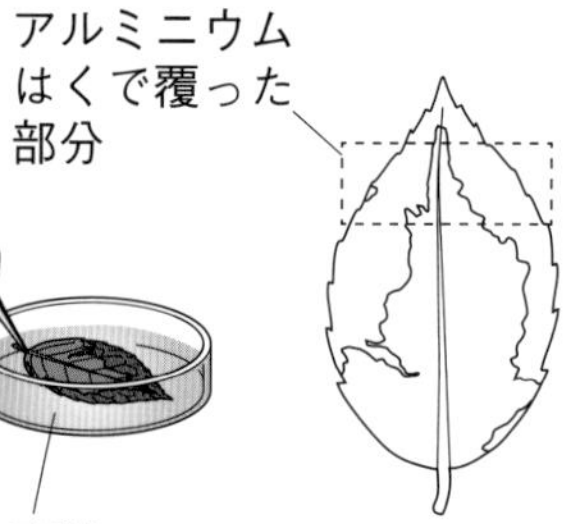

アルミニウムはくで覆った部分

(1) 葉を温めたエタノールに入れた理由を，次のア～エから選びなさい。ヒント（　　）

ア 葉の養分をなくすため。　　イ 葉の緑色を脱色(だっしょく)するため。

ウ 葉の緑色をあざやかにするため。　　エ 葉を柔(やわ)らかくするため。

(2) 図1で，ヨウ素液につけたときに色が変化した部分を，図2に黒くぬりなさい。

(3) (2)で黒くぬった部分には，何ができているか。（　　）

記述

(4) この実験から，光合成が行われるにはどのようなことが必要であるとわかるか。

（　　）

**2** 教 p.101 観察3 **光合成が行われる場所を調べる** 日光によく当てたオオカナダモの葉Aを顕微鏡で観察した。次に，葉Aを脱色した葉B，葉Bにヨウ素液を加えた葉Cも観察した。これについて，次の問いに答えなさい。

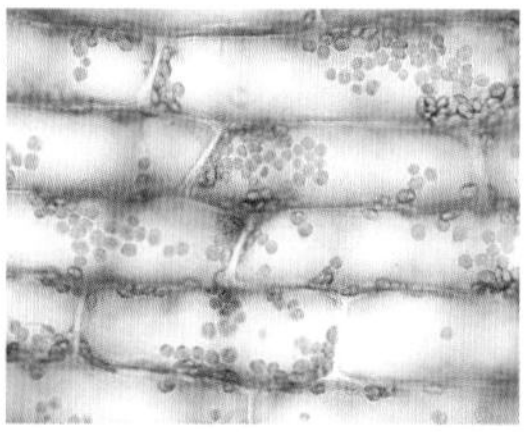

(1) 右の図は，葉Aを顕微鏡で観察した様子である。図に見られる緑色の粒を何というか。（　　）

(2) 葉Bを顕微鏡で観察すると，どのように見えるか。次のア～ウから選びなさい。（　　）

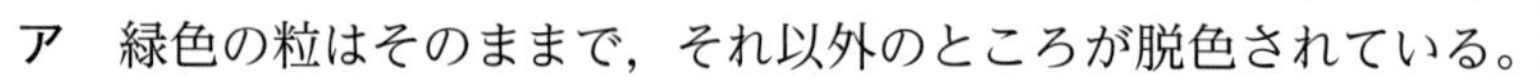

ア 緑色の粒はそのままで，それ以外のところが脱色されている。

イ 緑色の粒もそれ以外のところも，全体的にうすい緑色になっている。

ウ 緑色の粒の部分が脱色されている。

(3) 葉Cを顕微鏡で観察すると，(1)の粒は何色になっているか。次のア～エから選びなさい。

ヒント（　　）

ア 赤色　イ 白色　ウ 緑色　エ 青紫色(あおむらさき)

(4) この実験の結果から，(1)の粒には何ができていることがわかるか。（　　）

❶(1)ヨウ素液の反応を見やすくするために行う操作である。
❷(3)ヨウ素液は，デンプンがあると反応して青紫色に変化する。

**3** 教 p.104 実験1 **光合成に必要な物質を調べる** 右の図のように，２つの試験管㋐，㋑を用意し，㋐だけにタンポポの葉を入れ，両方の試験管に息を吹き込んでゴム栓をした。両方の試験管に30分間日光を当ててから，試験管に石灰水を少量入れ，ゴム栓をしてよく振った。これについて，次の問いに答えなさい。

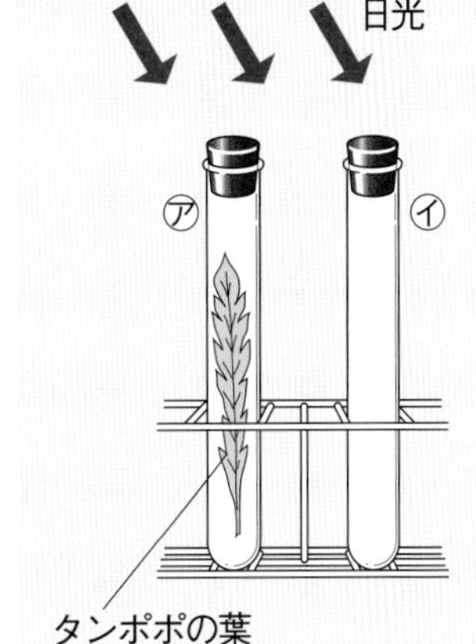

(1) ㋑の試験管を準備して実験を行うのはなぜか。
( )

(2) (1)のような実験を何というか。 ( )

(3) ㋐，㋑の石灰水は，それぞれどのようになるか。ヒント
㋐( ) ㋑( )

(4) (3)より，光合成によって何が使われたことがわかるか。
ヒント ( )

(5) 光合成で，(4)の他に原料として使われる物質は何か。
( )

**4** **植物の呼吸** 右の図のような㋐～㋒の袋を一晩暗い場所に置いたあと，それぞれの袋の中の空気を石灰水の中に通した。この実験について，次の問いに答えなさい。

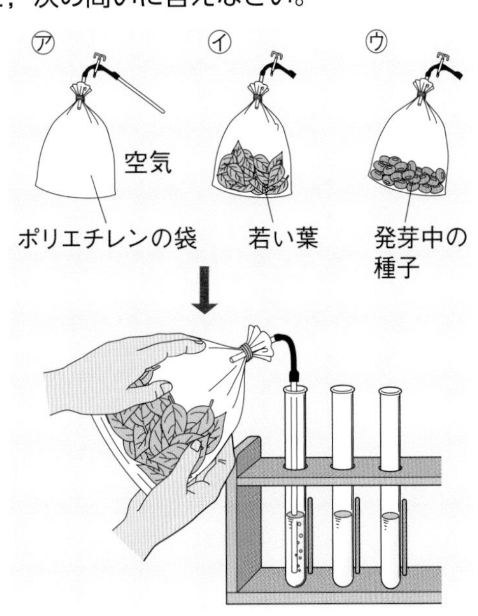


(1) 石灰水が白くにごったのはどの空気を通したときか。㋐～㋒からすべて選びなさい。
( )

(2) (1)の空気で石灰水が白くにごったのは，袋に何という気体が含まれていたからか。
( )

(3) (2)の気体は，植物の何というはたらきにより出されたか。 ( )

(4) ㋐～㋒の袋を明るい場所に数時間置いてから石灰水に通した場合，暗い場所に置いたときと異なる結果になるのは，㋐～㋒のどれか。ヒント
( )

(5) 光合成と呼吸について，次のア～ウから正しいものを選びなさい。 ( )

ア 光合成も呼吸も，明るさに関係なく行われる。

イ 光合成は明るい場所だけで，呼吸は暗い場所だけで行われる。

ウ 光合成は明るい場所だけで，呼吸は明るさに関係なく行われる。

光合成では，出入りする気体が呼吸のときと逆だよ。

❸(3)(4)光合成の原料は，１つは気孔から取り入れる気体，もう１つは根から吸収する物質である。 ❹(4)植物の葉は，昼間は光合成を行う。種子は光合成を行わない。

解答 p.11

# 定着のワーク ステージ2 2章 植物の体のつくりとはたらき(2)－②

## 1 根，茎，葉のつくり

植物の根，茎，葉のつくりについて，あとの問いに答えなさい。

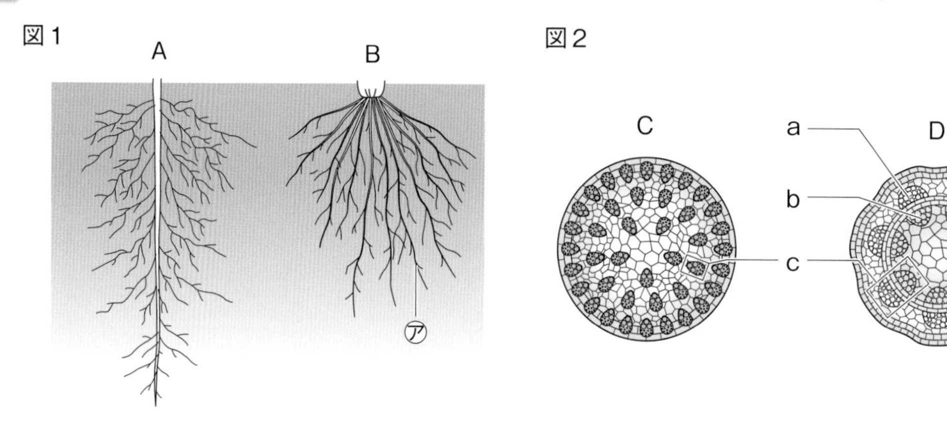


(1) 図1は，ある2種類の植物の根を表したものである。㋐のような根を何というか。
（　　　　　）

(2) 図1で，スズメノカタビラの根を表しているのは，A，Bのどちらか。ヒント
（　　　）

記述 (3) 根は，水や養分を吸収するはたらきの他に，どのようなはたらきをしているか。簡単に答えなさい。
（　　　　　　　　　　　　　）

(4) 図2は，トウモロコシとアブラナの茎の横断面の様子を表したものである。a，bの管をそれぞれ何というか。
a（　　　　　）
b（　　　　　）

(5) 図2で，aは何が通る管か。ヒント
（　　　　　）

(6) 図2で，bは何が通る管か。ヒント
（　　　　　）

(7) 図2で，aの管の束とbの管の束をあわせたcを何というか。
（　　　　　）

(8) 図2で，アブラナの茎の様子を表しているのは，C，Dのどちらか。
（　　　）

(9) 右の図3は，ある植物の葉脈を表したものである。葉脈は，茎の何とつながっているか。ヒント
（　　　　　）

図3

(10) 図3は，アジサイとムラサキツユクサのどちらの葉脈の様子を表しているか。
（　　　　　）

(11) 図3のような葉脈を何というか。
（　　　　　）

1(2)スズメノカタビラは単子葉類である。(5)，(6)葉でつくられた栄養分が通るのが師管，根から吸収された水や養分が通るのが道管である。(9)葉の維管束が葉脈である。

## 2 根のつくり　根の様子とはたらきについて，次の問いに答えなさい。

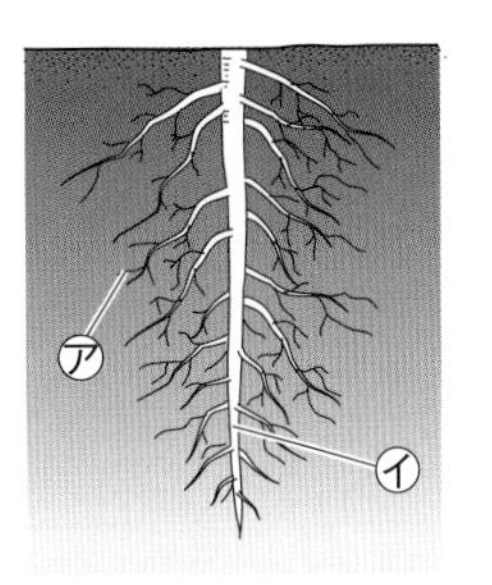


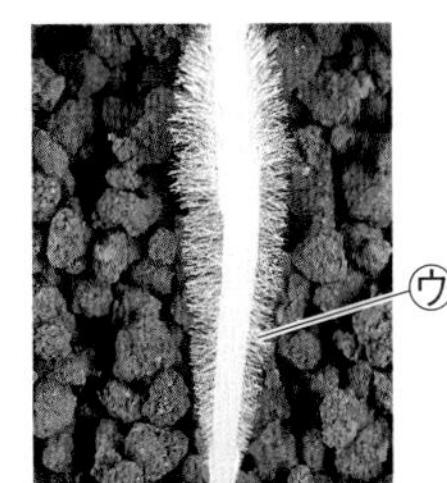


(1) 図1は，タンポポとツユクサのどちらの根の様子を表しているか。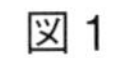
（　　　　　　　）

(2) 図1のア，イのような根をそれぞれ何というか。
ア（　　　　　　　）
イ（　　　　　　　）

(3) 図2のウは，根に無数に生えている細かい毛のようなものである。これを何というか。
（　　　　　　　）

(4) ウが無数に生えていることで，根の表面全体の面積はどのようになるか。
（　　　　　　　　　　　　）

記述 (5) (4)のようになることは，どのような点でつごうがよいか。
（　　　　　　　　　　　　　　　　　　　　　　　　　　）

## 3 教 p.116 観察4 茎や根の内部のつくりを調べる　ホウセンカとトウモロコシを，染色液(せんしょくえき)をとかした水に挿(さ)して一晩置き，それぞれの茎の縦断面と横断面を双眼実体顕微鏡で観察した。これについて，次の問いに答えなさい。

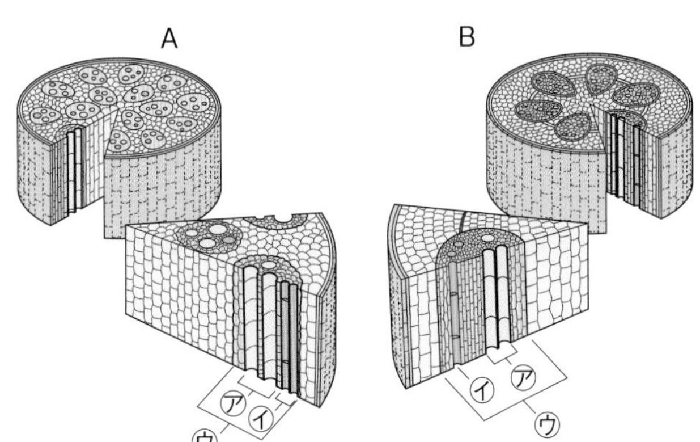


(1) 右の図は，ホウセンカとトウモロコシの縦断面と横断面を表している。ホウセンカの茎のつくりを表しているのは，A，Bのどちらか。
（　　）

(2) 図のア，イの管をそれぞれ何というか。
ア（　　　　　）
イ（　　　　　）

(3) 茎の縦断面で染色液に染(そ)まっているのは，図のア，イのどちらか。ヒント　（　　）

(4) 次の①，②が通るのは，それぞれ図のア，イのどちらか。ヒント
① 根から吸収された水や養分　（　　）
② 葉でつくられた栄養分　（　　）

(5) 図で，アの束やイの束をあわせたウを何というか。（　　　　　）

2(1)スズメノカタビラの根は，ひげ根である。　3(2)～(4)維管束の中で，水や養分の通り道は茎の内側，葉でつくられた栄養分の通り道は茎の外側に位置する。

# 2章 植物の体のつくりとはたらき(2)

解答 p.11

30分 /100

よく出る **1** オオカナダモを使って，次の実験を行った。あとの問いに答えなさい。 4点×6（24点）

実験 うすい青色のBTB液に，息を吹き込んでうすい黄色にした。これを２本の試験管 a，b に入れ，一方にはオオカナダモを入れて，両方の試験管にゴム栓をした。両方の試験管に日光を当てて，BTB液の色の変化を調べた。

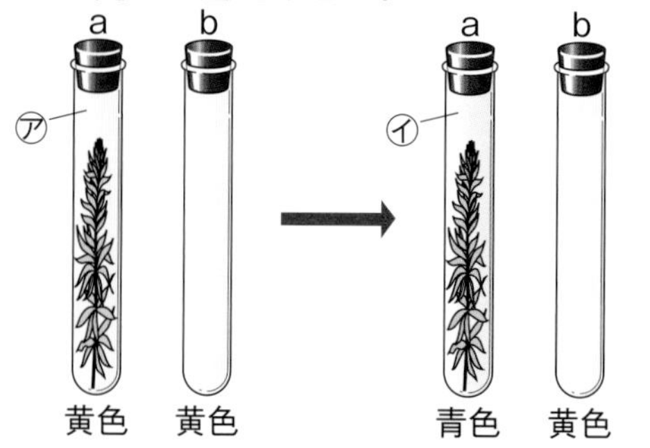


(1) ㋐，㋑の液はそれぞれ何性か。

(2) BTB液が黄色になったのは，息に含まれる何という気体が水にとけたからか。

(3) 日光を当てたとき，試験管 a ではオオカナダモが何というはたらきをしたか。

記述 (4) BTB液が青色になったのは，何という気体がどのようになったからか。

記述 (5) この実験から，オオカナダモの(3)のはたらきについて，どのようなことがわかるか。

| (1) | ㋐ | | ㋑ | | (2) | | (3) | |
|---|---|---|---|---|---|---|---|---|
| (4) | | | | | (5) | | | |

よく出る **2** 葉と空気を入れたポリエチレンの袋と空気だけを入れたポリエチレンの袋を，それぞれ２つずつ用意し，１組はAのように光を当て，もう１組はBのように一晩暗室に置いた。その後，それぞれの袋の中の気体を石灰水に通し，石灰水の変化を調べた。これについて，次の問いに答えなさい。 4点×4（16点）

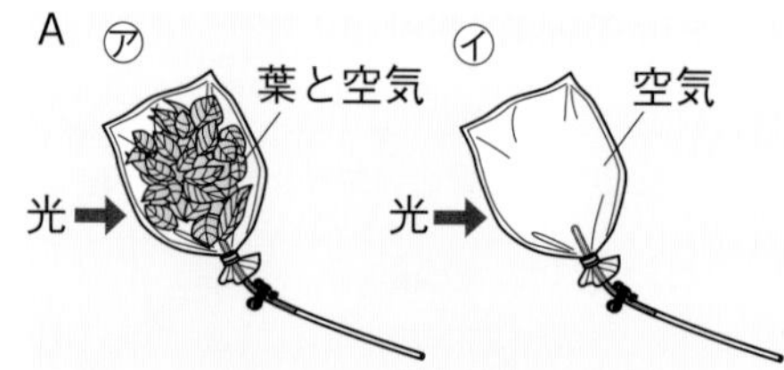


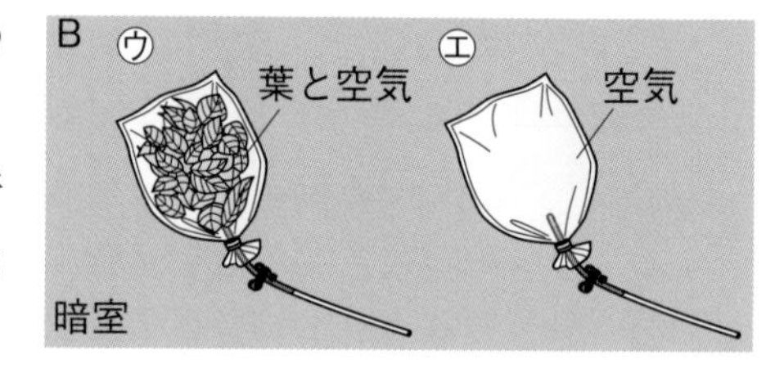


(1) 比較のために，㋑，㋓のような袋を用意して行う実験を何というか。

記述 (2) ㋑，㋓の袋を用意して実験を行う理由を，「葉」という言葉を使って簡単に答えなさい。

(3) 石灰水が最も白くにごったのは，㋐〜㋓のどの袋の中の気体か。

記述 (4) ㋐と㋒の葉で行われたはたらきのちがいを，「呼吸」，「光合成」という言葉を使って簡単に答えなさい。

| (1) | | (2) | |
|---|---|---|---|
| (3) | | (4) | |

## 3 植物が出し入れする気体について，次の問いに答えなさい。

5点×4（20点）

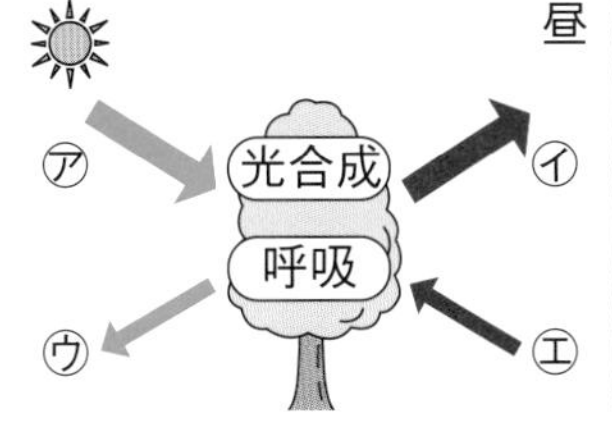


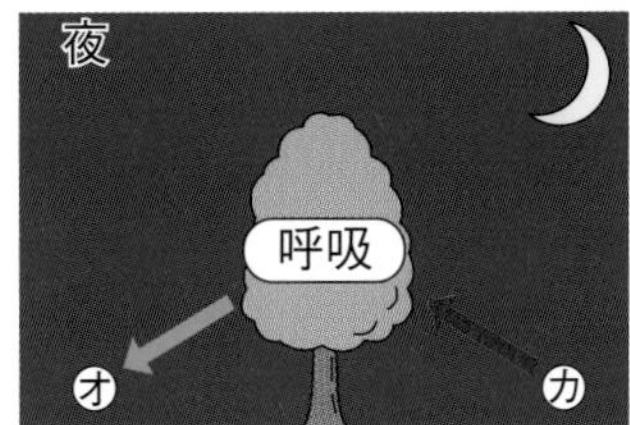


⑴ 植物が光が当たっているときにだけ行うはたらきは何か。

⑵ 植物が一日中行っているはたらきは何か。

⑶ 図の㋐～㋕のうち，酸素を表しているものをすべて選びなさい。

⑷ 昼の呼吸による気体の出入りと，光合成による気体の出入りとを比べたとき，どちらのほうが多いか。

| ⑴ | | ⑵ | | ⑶ | |
|---|---|---|---|---|---|
| ⑷ | | | | | |

単元2

## 4 植物の体のつくりとはたらきについて，次の問いに答えなさい。

5点×8（40点）

⑴ 図のA～Cの［　］は，それぞれ植物の何というはたらきを表しているか。

⑵ Aのはたらきによってつくられた栄養分の通り道は，図の㋐，㋑のどちらか。また，その名称を答えなさい。

⑶ 図の㋒の隙間を何というか。

⑷ ⑶の隙間から，①出ていくものと，②入ってくるものを，次のア～エからそれぞれすべて選びなさい。

ア　酸素
イ　二酸化炭素
ウ　水（液体）
エ　水蒸気

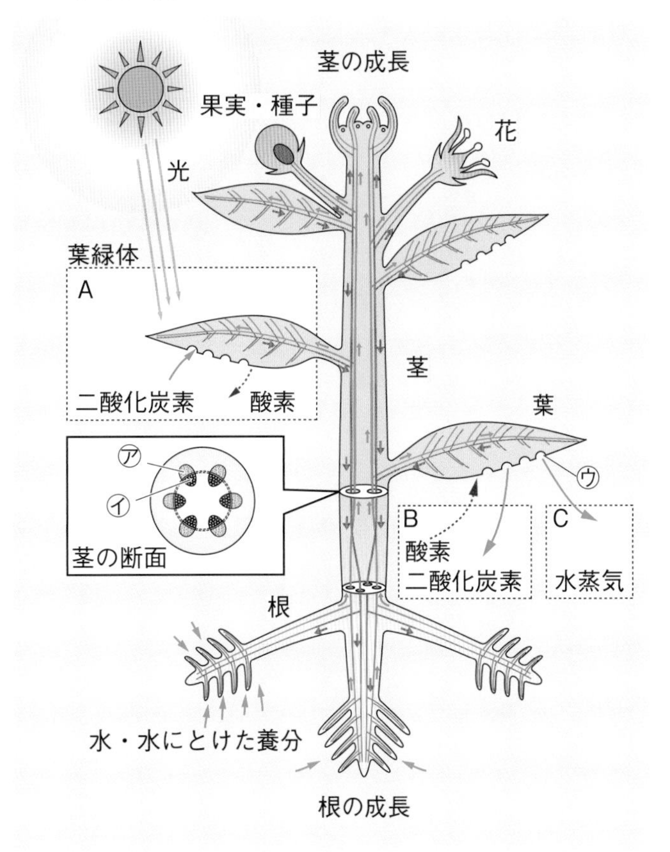


| ⑴ | A | | B | | C | | ⑵ | 記号 | | 名称 | |
|---|---|---|---|---|---|---|---|---|---|---|---|
| ⑶ | | ⑷ | ① | | ② | | | | | | |

解答 p.12

# 確認のワーク ステージ1　3章　動物の体のつくりとはたらき(1)

## 教科書の要点

同じ語句を何度使ってもかまいません。

(　　)にあてはまる語句を，下の語群から選んで答えよう。

### 1 人の器官系（きかんけい）

教 p.120〜121

(1) 器官が組み合わさり，協力して一つのはたらきを行うものを(①★　　　　)とよぶ。

(2) (②　　　　)系…食物を消化（しょうか）し，体内に取り入れる。

(3) (③　　　　)系…二酸化炭素と酸素を交換する。

(4) (④　　　　)系…酸素や栄養分，二酸化炭素や不要物を運搬する。

(5) (⑤　　　　)系…体内の水分や不要物を体外へ排出する。

### 2 消化系（しょうかけい）

教 p.122〜127

(1) 食物に含まれる**栄養分**を吸収されやすい小さな分子に分解することを(①★　　　　)という。消化酵素（しょうかこうそ）があり，消化のはたらきをもつ分泌液（ぶんぴつえき）を(②★　　　　)という。

消化酵素はいくつかの決まった器官から分泌される。

(2) 口から始まり，食道，胃，小腸，大腸，肛門と続く１本の長い管を(③★　　　　)という。**消化管**（しょうかかん）と，唾液（だえき）を分泌している唾液腺（せん），他の消化液（しょうかえき）を分泌している肝臓（かんぞう）やすい臓（ぞう），胆（たん）のうなどを**消化系**といい，これらの器官を(④★　　　　)という。

(3) **デンプン**は，唾液中のアミラーゼという消化酵素や，さらにいくつかの消化酵素によって(⑤　　　　)にまで分解される。

(4) **タンパク質**は，ペプシンなどの消化酵素によって(⑥★　　　　)にまで分解される。

ペプシン：胃液に含まれる。

(5) **脂肪**は，リパーゼなどの消化酵素によって(⑦★　　　　)と**モノグリセリド**に分解される。

リパーゼ：すい液に含まれる。

### 3 消化された栄養分の吸収

教 p.128〜129

(1) 主に小腸から，消化された栄養分が吸収される。小腸の壁には多くのひだがあり，その表面に(①★　　　　)とよばれる突起があり，内部には(②　　　　)と**リンパ管**が分布している。

(2) ブドウ糖とアミノ酸（さん）は**柔毛**（じゅうもう）から吸収されて(③　　　　)に入り，全身に行きわたる。**脂肪酸**（しぼうさん）と**モノグリセリド**は柔毛から吸収され，再び脂肪となって**リンパ管**に入り，全身へいきわたる。

**まるごと暗記**
ヒトの器官系の分類は消化系，呼吸系，循環系（じゅんかんけい），排出系。

**ワンポイント**
消化液に含まれる消化酵素は，決まった栄養分にしかはたらかない。

**まるごと暗記**
デンプンはブドウ糖，タンパク質はアミノ酸，脂肪は脂肪酸とモノグリセリドに分解される。

**プラスα**
小腸には柔毛のある多くのひだがあることで，壁の表面積が非常に大きくなる。

**語群**
1 循環／排出／消化／呼吸／器官系
2 消化／消化器官（しょうかきかん）／消化液／消化管／アミノ酸／ブドウ糖／脂肪酸
3 毛細血管／柔毛

★の用語は，説明できるようになろう！

同じ語句を何度使ってもかまいません。

## 教科書の図　□にあてはまる語句を，下の語群から選んで答えよう。

### 1 人の器官系

教 p.121

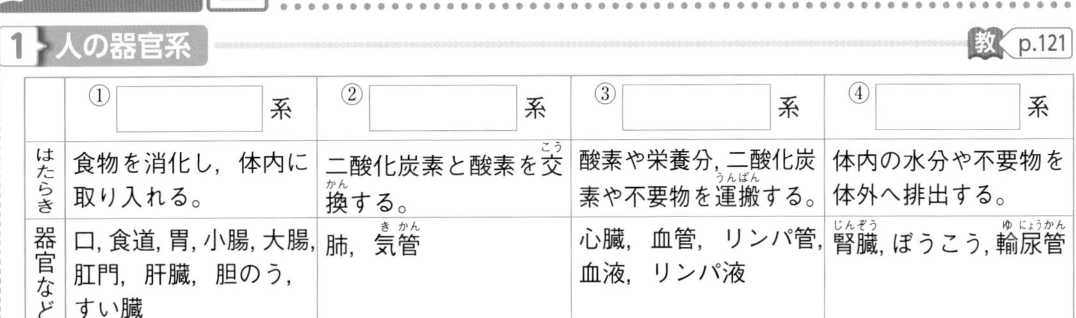

| | ①□系 | ②□系 | ③□系 | ④□系 |
|---|---|---|---|---|
| はたらき | 食物を消化し，体内に取り入れる。 | 二酸化炭素と酸素を交換する。 | 酸素や栄養分，二酸化炭素や不要物を運搬する。 | 体内の水分や不要物を体外へ排出する。 |
| 器官など | 口，食道，胃，小腸，大腸，肛門，肝臓，胆のう，すい臓 | 肺，気管 | 心臓，血管，リンパ管，血液，リンパ液 | 腎臓，ぼうこう，輸尿管 |

### 2 人の消化系，小腸のつくり

教 p.127～128

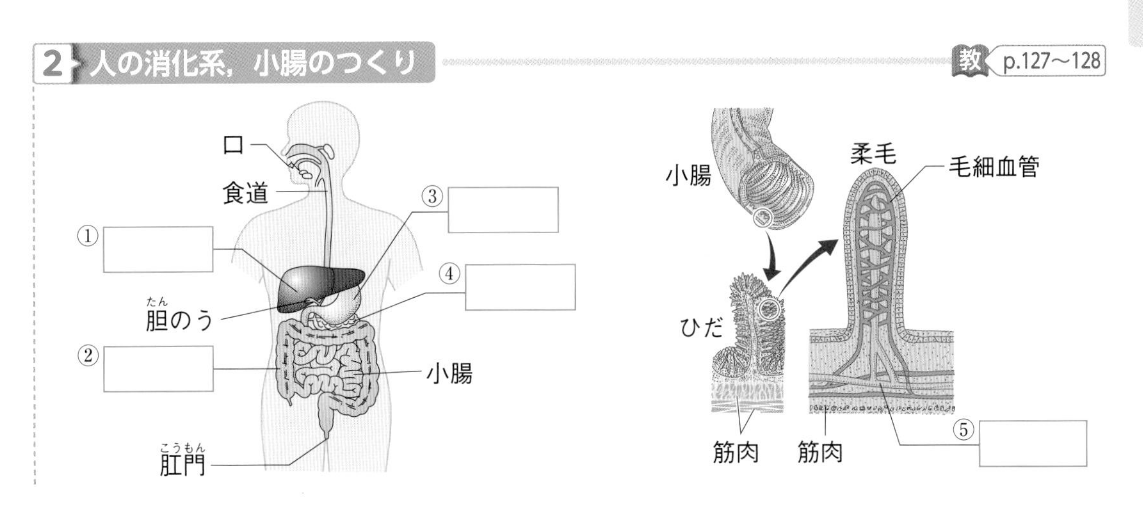


### 3 消化と吸収

①～③は消化液の名称を書こう。

教 p.127

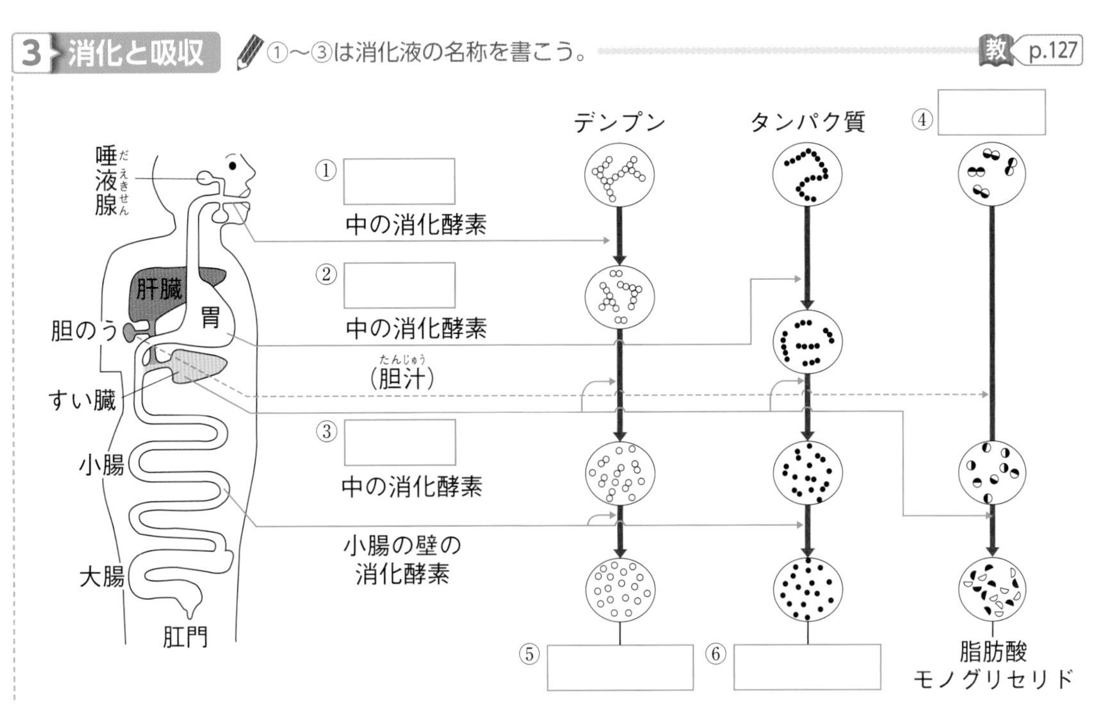


**語群**　1 呼吸／循環／消化／排出　2 胃／リンパ管／すい臓／肝臓／大腸
3 ブドウ糖／アミノ酸／脂肪／すい液／唾液／胃液

わからない用語は，教科書の要点の★で確認しよう！

解答 p.12

# 定着のワーク ステージ2 3章 動物の体のつくりとはたらき(1)

**1** 教 p.124 実験3 **唾液のはたらきを調べる** 唾液のデンプンに対するはたらきを調べるため，次のような実験を行った。あとの問いに答えなさい。

手順１　マイクロチューブＡ～Ｄを用意し，それぞれにデンプン液を1.0cm³入れ，さらに，ＡとＢには唾液をしみ込ませた綿棒の先を入れ，ＣとＤには蒸留水をしみ込ませた綿棒の先を入れた。
手順２　Ａ～Ｄを35～40℃の湯に入れ，５分間保温した。
手順３　Ａ，Ｃにヨウ素液を加えた。
手順４　Ｂ，Ｄにはベネジクト液を２～３滴加えてから，ある操作をした。

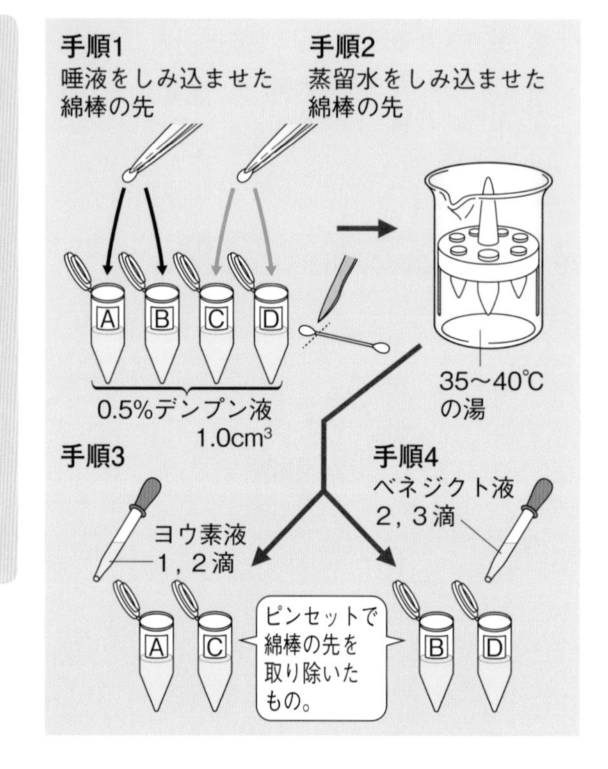


(1) 手順３で，ヨウ素液による反応が起こる液には，何が含まれているか。
(　　　　　)

(2) 手順３で，ヨウ素液による反応が起こった液はＡ，Ｃのどちらか。ヒント
(　　)

記述 (3) 手順４で，ベネジクト液による反応を調べるため，それぞれのマイクロチューブにベネジクト液を加えたあとにどのような操作を行うか。簡単に答えなさい。
(　　　　　　　　　　　　　　　　)

(4) 手順４で，ベネジクト液による反応が起こった液はＢ，Ｄのどちらか。ヒント
(　　)

記述 (5) この実験から，デンプンに対する唾液のはたらきについて，どのようなことがわかるか。簡単に答えなさい。
(　　　　　　　　　　　　　　　　　　　　　　)

(6) 結果を比較するために，調べる条件以外の条件を全て同じにして行う実験を何というか。
(　　　　　　)

ヒントの森
1(2)(4)Ａ，Ｂはデンプン液に唾液が入っていて，デンプンは分解されている。Ｃ，Ｄはデンプン液に蒸留水が入っていて，デンプンは分解されずに残っている。

## 2 人の消化系

右の図は，ヒトの消化系を表したものである。次の問いに答えなさい。



(1) 口→食道→胃→小腸→大腸→肛門と続く１本の長い管を何というか。（　　　）

(2) 図のア～クの器官をそれぞれ何というか。

ア（　　　）　イ（　　　）
ウ（　　　）　エ（　　　）
オ（　　　）　カ（　　　）
キ（　　　）　ク（　　　）

(3) 図のア～クのうち，ヒトが食べた食物が通らない器官をすべて選びなさい。（　　　）

(4) 次の栄養分に最初にはたらく消化液と，その消化液に含まれる消化酵素をそれぞれ答えなさい。

① デンプン　消化液（　　　）　消化酵素（　　　）
② タンパク質　消化液（　　　）　消化酵素（　　　）

(5) 消化酵素を含まない消化液をつくっている器官は，図のア～クのどれか。ヒント（　　　）

(6) (5)で答えた器官でつくられる消化液は，食物の何という栄養分の消化を助けているか。ヒント（　　　）

(7) 次の栄養分は，消化によってそれぞれ最終的に何という物質にまで分解されるか。

① デンプン（　　　）
② タンパク質（　　　）
③ 脂肪（　　　）（　　　）

(8) 消化された栄養分が主に吸収される器官は，図のア～クのどれか。（　　　）

(9) 水が吸収される器官は，(8)とどれか。図のア～クから選びなさい。（　　　）

## 3 栄養分の吸収

右の図は，ヒトのある消化器官の表面に見られるつくりを模式的に表したものである。次の問いに答えなさい。



(1) 下線部のある消化器官とは何か。（　　　）

(2) 右の図は，何というつくりの断面か。（　　　）

(3) 次の栄養分は，図のつくりで吸収されたあと，それぞれA～Cのどこへ入っていくか。

① 脂肪酸とモノグリセリド（　　　）　② ブドウ糖（　　　）
③ アミノ酸（　　　）

(4) 図のB，Cの名称を答えなさい。　B（　　　）　C（　　　）

(5) 図のつくりがあることによって，栄養分が吸収される器官の表面積はどのようになるか。（　　　）

ヒントの森

2(5)(6)肝臓でつくられ，胆のうに蓄(たくわ)えられる胆汁は，消化酵素を含んでいないが，脂肪の消化を助けるはたらきがある。

解答 p.13

# 3章　動物の体のつくりとはたらき(1)

30分　/100

よく出る **1** 右の表は，A～Cの消化液がそれぞれどの栄養分の消化に関係するかを表したもので，○印は，消化液が栄養分の消化に関係することを示している。次の問いに答えなさい。

3点×6（18点）

| 消化液＼栄養分 | 炭水化物 | タンパク質 | 脂　肪 |
|---|---|---|---|
| A | ○ | ○ | ○ |
| B | ○ | | |
| C | | ○ | |

(1)　A～Cの消化液は，次のア～エのいずれかである。それぞれどれか。記号で答えなさい。

ア　唾液　　イ　胃液　　ウ　胆汁　　エ　すい液

(2)　A～Cの消化液はいずれもそれぞれの栄養分を分解して別の物質に変えるはたらきをもつものを含んでいる。それを何というか。

(3)　表中の炭水化物はAとB，タンパク質はAとCのはたらきで分解されたあと，最後に，ある器官の壁の表面で分解される。ある器官とは何か。

(4)　Aの消化液は何という器官でつくられるか。

| (1) | A | | B | | C | | (2) | | (3) | | (4) | |
|---|---|---|---|---|---|---|---|---|---|---|---|---|

**2** 右の図は，人の消化系について表したものである。これについて，次の問いに答えなさい。

2点×12（24点）

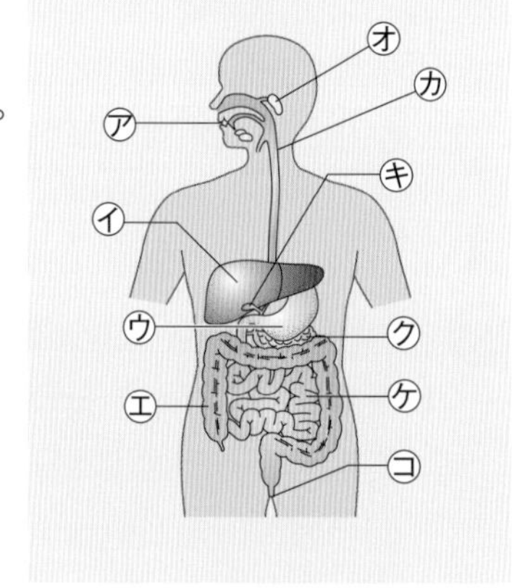


(1)　食物が通る，1本の長い管を何というか。

(2)　(1)の管に含まれる器官を，㋐～㋙からすべて選びなさい。

(3)　㋒，㋔，㋗から分泌（ぶんぴつ）される消化液を，それぞれ何というか。

(4)　㋒，㋔，㋗から分泌される消化液は，それぞれ何にはたらくか。次のア～ウからすべて選びなさい。

ア　デンプン　　イ　タンパク質　　ウ　脂肪

(5)　㋑から㋖を経て㋘に分泌される消化液を何というか。

(6)　(5)の消化液は，何にはたらくか。(4)のア～ウから選びなさい。

(7)　小腸の壁にある消化酵素は，何にはたらくか。(4)のア～ウからすべて選びなさい。

記述 (8)　消化とは，どのようなはたらきのことか。簡単に答えなさい。

| (1) | | (2) | | (3) | ㋒ | | ㋔ | | ㋗ | |
|---|---|---|---|---|---|---|---|---|---|---|
| (4) | ㋒ | | ㋔ | | ㋗ | | (5) | | (6) | |
| (7) | | (8) | | | | | | | | |

## よく出る 3 右の図は，ある消化器官の表面に見られる突起を表したものである。食物の消化と吸収について，次の問いに答えなさい。

4点×10(40点)

(1) 消化された栄養分は，主に何という器官で吸収されるか。

(2) (1)の器官では，無機物や水も吸収される。水は，(1)の器官の他に，何という器官でも吸収されるか。

(3) (1)の器官のひだの表面にある，図のような微小な突起を何というか。

(4) デンプンは，何という物質にまで分解され，図の突起の表面から吸収されるか。

(5) 吸収された(4)の物質は，図の㋐，㋑のどちらの管に入るか。

(6) タンパク質は，何という物質にまで分解され，図の突起の表面から吸収されるか。

(7) 吸収された(6)の物質は，図の㋐，㋑のどちらの管に入るか。

(8) 脂肪は，何という物質にまで分解され，図の突起の表面から吸収されるか。すべて答えなさい。

(9) 吸収された(8)の物質は，どのようになって，図の㋐，㋑のどちらの管に入るか。簡単に答えなさい。

(10) 図の㋐の管に入った栄養分は，何という臓器を通ったあと，どこにいき渡るか。簡単に答えなさい。

| (1) | | (2) | | (3) | | (4) | |
|---|---|---|---|---|---|---|---|
| (5) | | (6) | | (7) | | (8) | |
| (9) | | | | | | | |
| (10) | | | | | | | |

## 4 栄養分を取り入れるしくみについて，次の文の下線部が正しければ○を，まちがっていれば正しい言葉を答えなさい。

3点×6(18点)

(1) 米や小麦の主な栄養分はタンパク質である。

(2) カルシウムや鉄は無機物とよばれる栄養分である。

(3) 消化管の中で分泌される胃液やすい液のことを消化酵素という。

(4) 小腸の壁には微小な突起が無数にあるため，表面積が非常に大きくなっている。

(5) 肝臓には，運ばれてきたブドウ糖の一部をたくわえるはたらきがある。

(6) ヨウ素液は，ブドウ糖や麦芽糖を含む液体に加えて加熱すると赤褐色になる。

| (1) | | (2) | | (3) | |
|---|---|---|---|---|---|
| (4) | | (5) | | (6) | |

解答 p.14

# 確認のワーク ステージ1　3章　動物の体のつくりとはたらき(2)

## 教科書の要点

同じ語句を何度使ってもかまいません。

(　)にあてはまる語句を，下の語群から選んで答えよう。

### 1 呼吸系

教 p.130～131

(1) 細胞内で，酸素を使って栄養分からエネルギーを取り出し，二酸化炭素や水を出す。これを(①★　　　　)という。これに対し，肺などで酸素と二酸化炭素が交換されることを(②★　　　　)という。

(2) 気管は枝分かれして気管支となり，その先端にある小さな袋状の(③★　　　　)で，毛細血管との間で気体が交換される。

### 2 循環系

教 p.132～134

(1) 心臓から出た血液が流れる血管を★動脈，心臓に戻る血液が流れる血管を(①★　　　　)，また，全身に広がる非常に細い血管を(②　　　　)という。

(2) ヒトでは心臓を中心として血液が循環している。心臓を出て全身の毛細血管をめぐり心臓に戻る経路を(③★　　　　)，心臓を出て肺の毛細血管を通って心臓に戻る経路を(④★　　　　)という。

(3) 二酸化炭素を多く取り込んでいる血液を(⑤★　　　　)，酸素を多く取り込んでいる血液を★動脈血という。

### 3 血液の成分，排出系

教 p.135～139

(1) 血液の成分のうち，(①★　　　　)はヘモグロビンという物質を含み，酸素を運ぶはたらきをしている。(②★　　　　)は体を細菌などから守るはたらき，血小板は血液を固めるはたらき，血しょうは栄養分や二酸化炭素などを運ぶはたらきをしている。（とかして運ぶ。）

(2) 血しょうが毛細血管からしみ出し，細胞のまわりを満たしているものを(③★　　　　)という。（栄養分や酸素がとけている。）

(3) 組織液の一部はリンパ管に入る。これをリンパ液という。

(4) 有害なアンモニアは肝臓で無害な(④　　　　)などに変えられたのち腎臓でこし出され，輸尿管を通ってぼうこうにためられ，尿として体外に排出される。

**まるごと暗記**
内呼吸は細胞内で栄養分から酸素を使ってエネルギーを取り出すための呼吸。外呼吸は肺や皮膚で行われる酸素と二酸化炭素を交換する呼吸。

**まるごと暗記**
心臓から動脈を通って毛細血管をめぐり，静脈を通って心臓に戻る血液の流れが体循環。

**まるごと暗記**
血液は，赤血球，白血球，血小板，血しょうからなる。
赤血球はヘモグロビンを含み，酸素を全身に運ぶはたらきをしている。

**ワンポイント**
有害なアンモニアは，肝臓で無害な尿素などに変えられ，腎臓でこし出される。

**プラスα**
イカの内臓は外とう膜に覆われている。

**語群**
❶外呼吸／細胞呼吸(内呼吸)／肺胞　❷静脈／静脈血／体循環／肺循環／毛細血管
❸尿素／組織液／赤血球／白血球

★の用語は，説明できるようになろう！

同じ語句を何度使ってもかまいません。

□にあてはまる語句を，下の語群から選んで答えよう。

## 1 呼吸系

教 p.130

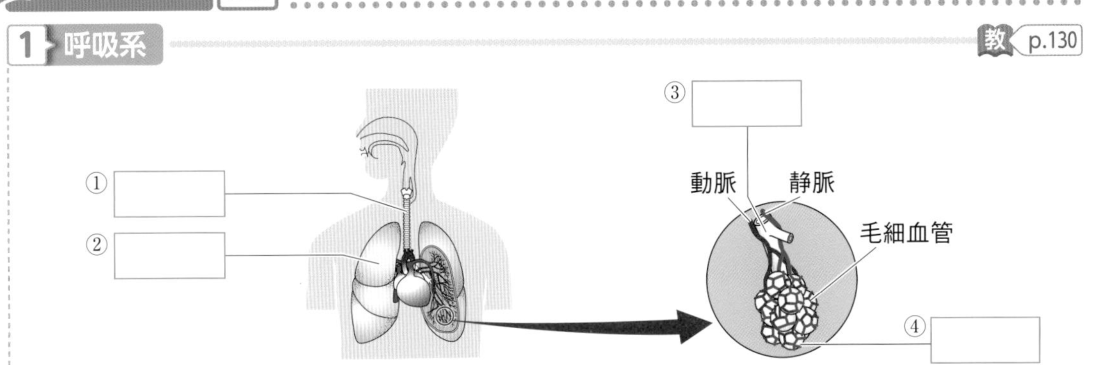


## 2 人の血液の循環

①～⑤は動脈や静脈の名称を書こう。

教 p.132～134

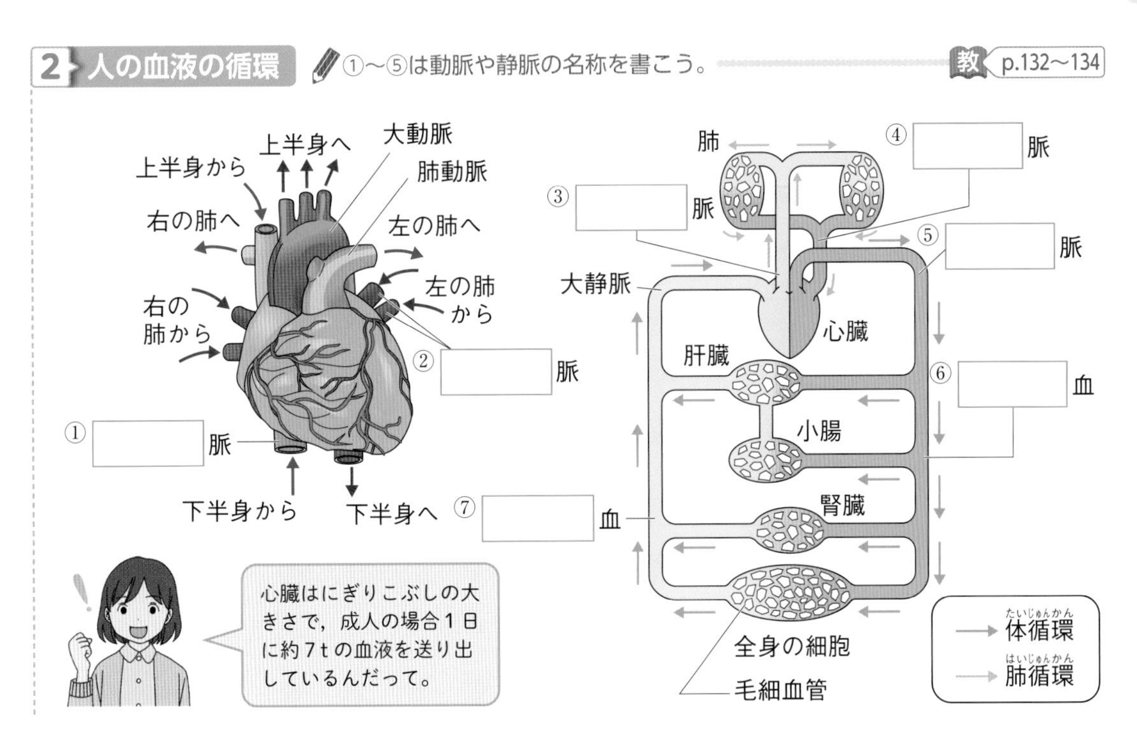


## 3 排出系

教 p.136

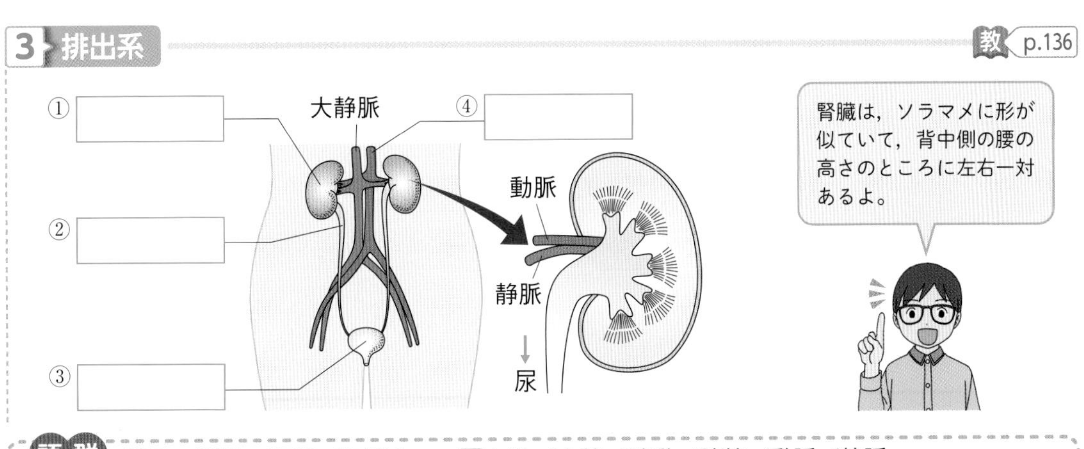


**語群**
1 肺／肺胞／気管／気管支　2 大動／大静／肺動／肺静／動脈／静脈
3 ぼうこう／腎臓／輸尿管／大動脈

わからない用語は，教科書の要点の★で確認しよう！

解答 p.14

# 定着のワーク ステージ2 3章 動物の体のつくりとはたらき(2)

## 1 細胞での呼吸

右の図は，細胞で行われる呼吸について，模式的に表したものである。次の問いに答えなさい。

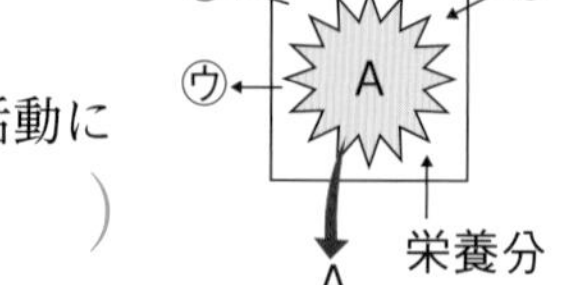


(1) 細胞で行われる呼吸によって栄養分から取り出され，細胞の活動に必要なAは何か。（　　　　）

(2) Aを取り出すために取り入れられる㋐は何か。（　　　　）

(3) ㋑と㋒は，Aが取り出されるときに出されるもので，㋑は気体，㋒は液体である。それぞれ何か。㋑（　　　　）㋒（　　　　）

(4) 細胞で行われる呼吸のことを何というか。（　　　　）

## 2 肺のつくりと呼吸運動

右の図1は人の肺のつくり，図2は肺での気体の交換の様子を表したものである。図3は人の呼吸運動の様子である。次の問いに答えなさい。

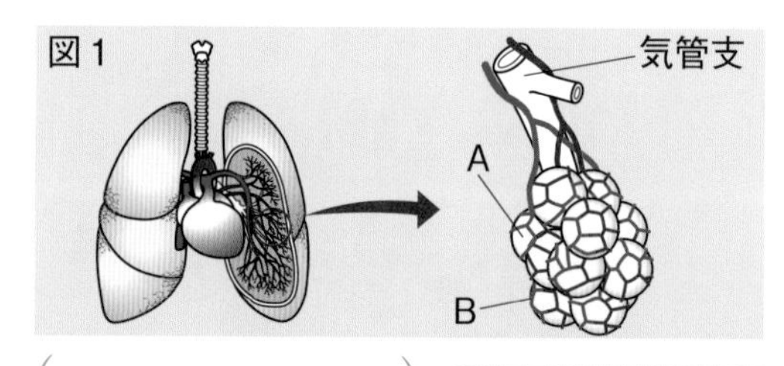


(1) 鼻や口から吸い込まれた空気は，どこを通って肺に入るか。（　　　　）

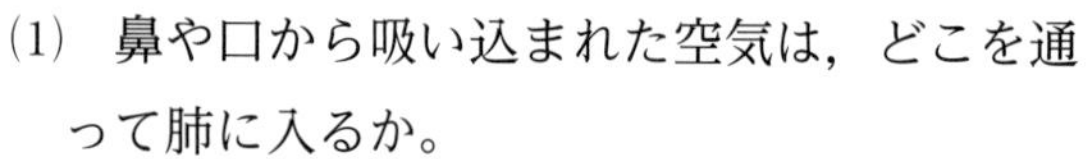

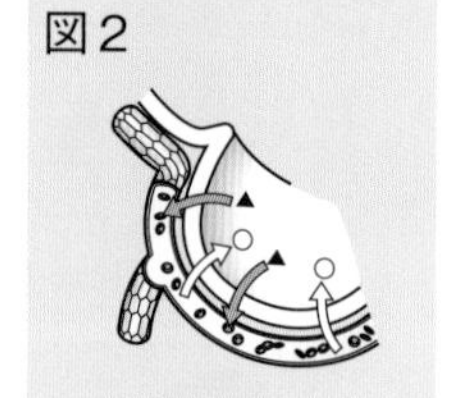


(2) 図1で，気管支の先についている小さな袋Aを何というか。また，袋Aの周囲にある血管Bを何というか。

A（　　　　）B（　　　　）

(3) 図2で，▲と○はAとBの間で交換されている気体である。それぞれの気体名を答えなさい。

▲（　　　　）

○（　　　　）

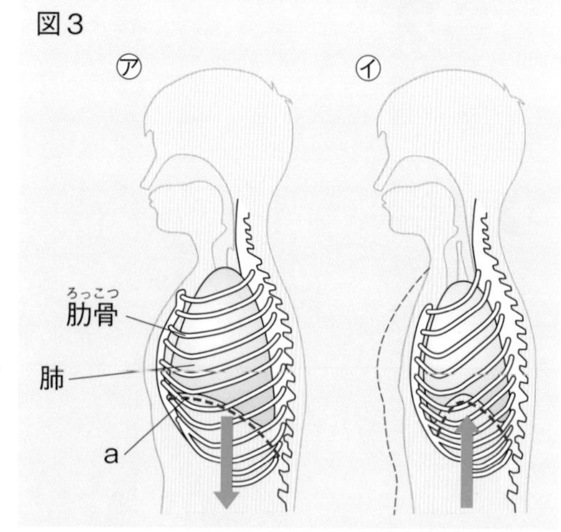


(4) フナやメダカでは，(3)の気体の交換は何という器官で行われているか。（　　　　）

(5) 肺では，図1のAのつくりが無数にあることによって表面積がどのようになっているか。ヒント（　　　　）

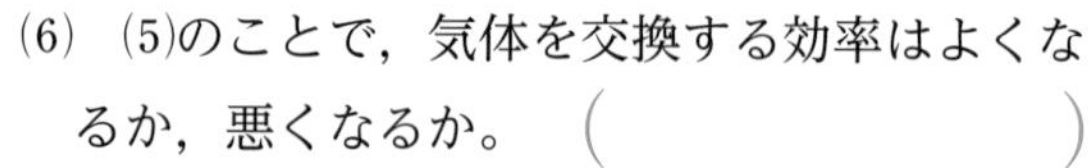

(6) (5)のことで，気体を交換する効率はよくなるか，悪くなるか。（　　　　）

(7) 図3のaの部分の膜を何というか。（　　　　）

(8) 息を吸った状態を表しているのは，図3の㋐，㋑のどちらか。ヒント（　　　　）

**ヒントの森**

2(5)肺胞があるので表面積が大きく，気体の交換が効率よく行われる。(8)aの部分が上がると胸腔（きょうこう）が狭まり，下がると胸腔が広がる。

## ❸ 血液の成分
右の図の㋐～㋒は血液の固形の成分である。また，血液の液体の成分を㋓とする。次の問いに答えなさい。

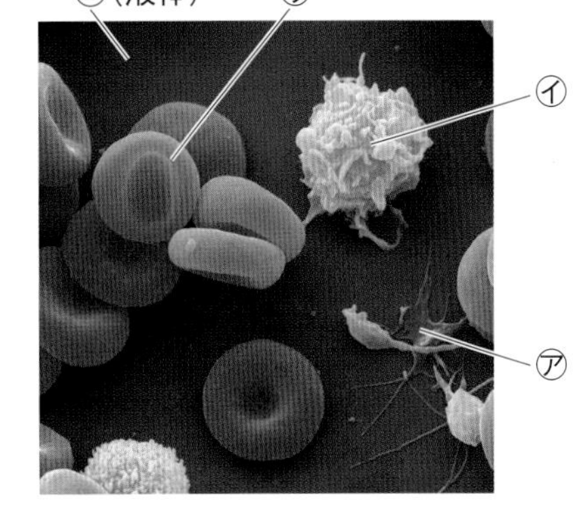


(1) ㋐～㋓の成分の名称をそれぞれ答えなさい。

(2) ㋐，㋑，㋓のはたらきを，次のア～エからそれぞれ選びなさい。ただし，㋓は２つ答えなさい。 ヒント

ア　二酸化炭素を運ぶ。　　イ　血液を固める。
ウ　細菌から体を守る。　　エ　栄養分を運ぶ。

(3) ㋒に含まれている赤色の物質を何というか。　(　　　　)

(4) 酸素は，(3)の物質によって全身に運ばれる。これについて，次の文の(　)にあてはまる言葉をそれぞれ答えなさい。

①(　　　　)　②(　　　　)　③(　　　　)

(3)の物質は，酸素の( ① )ところでは酸素と結びつき，酸素の( ② )ところでは酸素を放す性質をもっている。この性質により，㋒は肺胞で酸素を取り込み，全身の( ③ )に酸素を渡している。

## ❹ 排出系
右の図は，不要な物質を排出する器官を表したものである。次の問いに答えなさい。

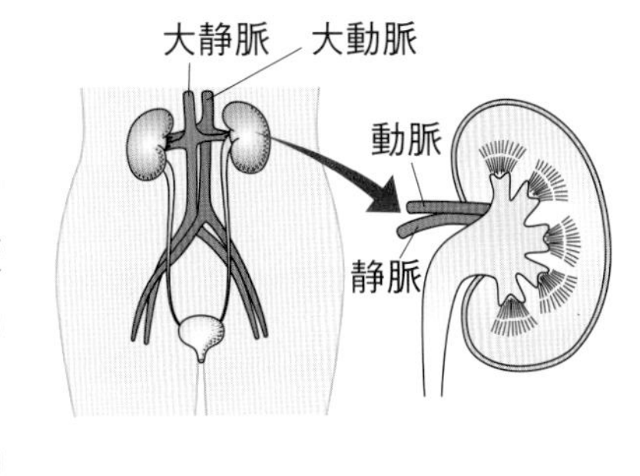


(1) アンモニアを無害な物質につくり変える器官はどこか。　(　　　　)

(2) アンモニアは，(1)で何という無害な物質につくり変えられるか。　(　　　　)

(3) (2)の物質は，何という器官で血液からこし出されるか。 ヒント　(　　　　)

(4) (3)の器官でこし出された物質は，何という器官にためられてから排出されるか。　(　　　　)

(5) 図の大動脈と大静脈を比べたとき，血液中に含まれる(2)の物質の割合が少ないのはどちらか。　(　　　　)

(6) (2)の物質は，尿以外にどのような形で排出されるか。 ヒント　(　　　　)

❸(2)血しょうは，二酸化炭素や栄養分をとかして運ぶ。
❹(3)水などとともにこし出され，尿がつくられる。(6)皮膚(ひふ)からも排出されている。

単元2

解答 p.14

# 3章 動物の体のつくりとはたらき(2)

30分 /100

よく出る **1** 右の図1は，肺の一部を表したもの，図2は，息を吸うときと吐くときのヒトの胸部の模式図である。これについて，次の問いに答えなさい。 3点×8（24点）

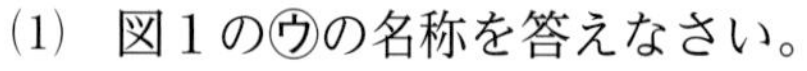

(1) 図1の㋒の名称を答えなさい。

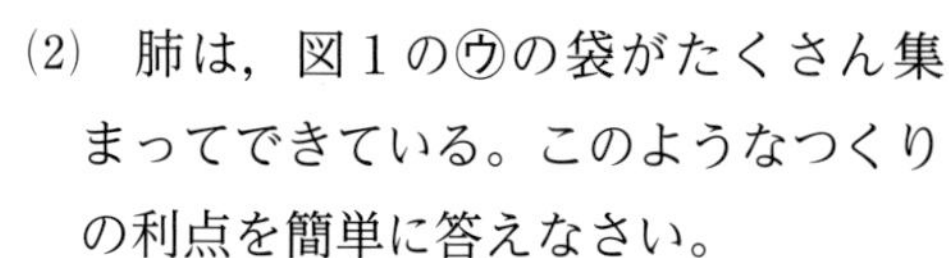

記述 (2) 肺は，図1の㋒の袋がたくさん集まってできている。このようなつくりの利点を簡単に答えなさい。

(3) 二酸化炭素を多く含む血液が流れているのは，㋐と㋑のどちらの血管か。

(4) 次の文の①にあてはまる記号と，②〜⑤にあてはまる言葉をそれぞれ答えなさい。

図2で，息を吸うときの様子を表しているのは( ① )で，㋓の( ② )が( ③ )り，㋔の( ④ )が( ⑤ )ることで肺の中に空気が吸いこまれる。

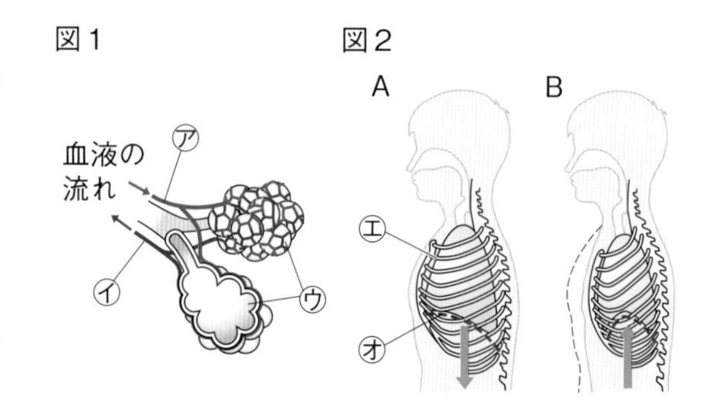


| (1) | | (2) | | (3) | | | | | |
|---|---|---|---|---|---|---|---|---|---|
| (4) | ① | | ② | | ③ | | ④ | | ⑤ |

**2** 図1は，ヒトの心臓のつくりを表したものである。ヒトの心臓は，2つの心房と2つの心室が交互（こうご）に縮んだりゆるんだりして，血液を送り出したり，取り込んだりしている。次の問いに答えなさい。 3点×4（12点）

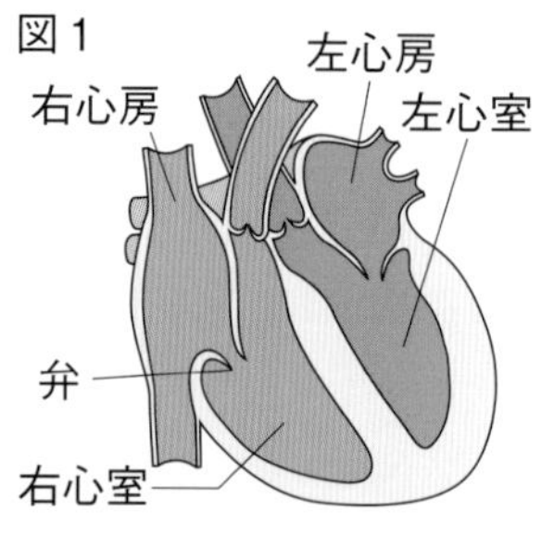


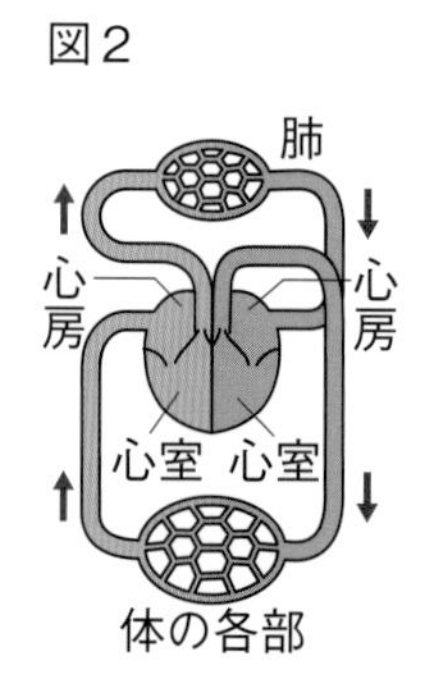


(1) 次のア〜ウを，アをはじめとして，心臓の動きの順になるように並べなさい。

**ア** 心房がゆるみ，大静脈と肺静脈から血液が流れ込む。

**イ** 心室が縮み，大動脈と肺動脈に血液が送り出される。

**ウ** 心房が縮むとともに心室がゆるみ，心室に血液が流れ込む。

記述 (2) 心房と心室の出口にある弁は，どのようなはたらきをしているか。

(3) 図2は，ある動物の心臓のつくりと血液の循環を表している。図2のつくりをもっている動物を，次のア〜オから2つ選びなさい。

**ア** ネコ　**イ** トカゲ　**ウ** フナ　**エ** カエル　**オ** ハト

| (1) | ア→　→ | (2) | | (3) | | |
|---|---|---|---|---|---|---|

## 3 右の図は，ヒトの血液の循環の様子を模式的に表したものである。次の問いに答えなさい。 4点×10(40点)

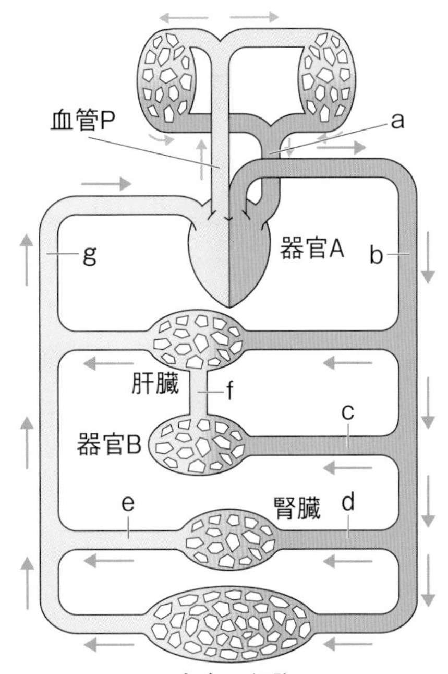


(1) 器官A，Bの名称を，それぞれ答えなさい。

(2) 血管Pについて，(　)にあてはまる言葉を答えなさい。

　血管Pを( ① )といい，( ② )を多く取り込んでいる血液が流れている。

(3) 次の①～③にあてはまる血管を，a～gからそれぞれ選びなさい。

① 動脈血が流れているが，静脈とよばれる血管。

② 二酸化炭素以外の不要な物質が最も少ない血液が流れている血管。

③ 消化，吸収された栄養分を，最も多く含む血液が流れている血管。

(4) 全身に張りめぐらされている非常に細い血管を何というか。

(5) (4)からしみ出した血しょうは，細胞のまわりを満たし，血液と細胞での物質の受けわたしのなか立ちをしている。この液を何というか。

(6) (5)の液は血管に吸収されるが，一部は別の管に取り込まれる。別の管に取り込まれたものは何とよばれるか。

| (1) | A | | B | | (2) | ① | | ② | |
|---|---|---|---|---|---|---|---|---|---|

| (3) | ① | | ② | | ③ | | (4) | | (5) | | (6) | |
|---|---|---|---|---|---|---|---|---|---|---|---|---|

## 4 体内にできる不要な物質について，次の問いに答えなさい。 4点×6(24点)

(1) 栄養分を分解してエネルギーを取り出したときにできる不要な物質は何か。2つ答えなさい。

(2) (1)の物質のうち，有害な物質は，肝臓へ運ばれる。肝臓でどのようになるか。簡単に答えなさい。

(3) (2)の結果でできた物質は，どこで血液からこし出されるか。

(4) (2)の結果でできた物質は，(3)以外の器官からも排出されている。(　)にあてはまる言葉を答えなさい。

　皮膚の( ① )から，( ② )として排出される。

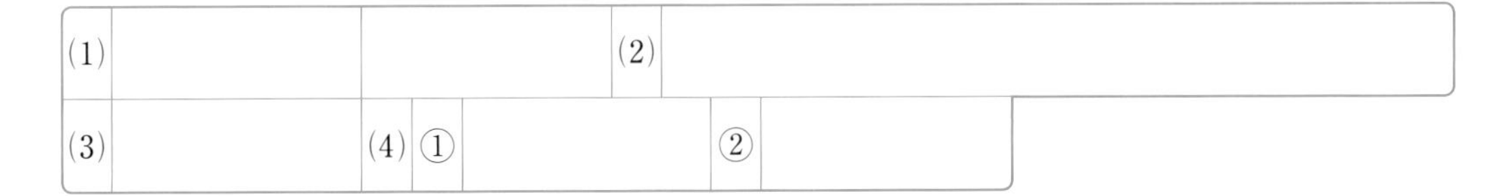

| (1) | | | (2) | |
|---|---|---|---|---|

| (3) | | (4) | ① | | ② | |
|---|---|---|---|---|---|---|

解答 p.16

# 3章 動物の体のつくりとはたらき(3)

## 教科書の要点

同じ語句を何度使ってもかまいません。

(　　)にあてはまる語句を，下の語群から選んで答えよう。

### 1 情報を受け取る仕組み

教 p.140〜155

(1) 光,音,においなどの刺激を受け取る器官を(①★　　　　　)といい，それぞれ特定の刺激を受け取る多数の**感覚細胞**がある。

(2) 刺激は，それぞれの**感覚細胞**で信号に変換され，(②★　　　　　)を伝わり，(③★　　　　　)に送られ，**感覚**が生じる。

(3) 目　外界からの光が(④　　　　　)上に像をつくる。**網膜**上の感覚細胞が刺激を信号に変換して信号が**脳**に送られる。

(4) 耳　外界からの空気の**振動**を**鼓膜**がとらえて鼓膜の振動に変換する。鼓膜の振動は**耳小骨**を通して(⑤　　　　　)に伝わり，感覚細胞が刺激を信号に変換して脳に送られる。

(5) 鼻・舌　鼻腔の粘膜にある感覚細胞が，においのもととなる物質による刺激を信号に変換し，脳に送る。また，舌の感覚細胞が味のもととなる物質による刺激を信号に変換して脳に送る。

(6) 皮膚　皮膚にある冷点や温点，圧力・接触などの**感覚点**が刺激を信号に変換して，信号が脳に送られる。

(7) 脳や脊髄を(⑥★　　　　　)といい，**感覚神経**や**運動神経**などを(⑦★　　　　　)という。これらをまとめて**神経系**といい，**神経細胞**が多数集まってできている。

(8) 刺激に対して脳から出された**命令**は，脊髄から運動神経を伝わって筋肉などに送られ，**反応**が起こる。
└信号として伝わる。

(9) 刺激に対して無意識に起こる反応を(⑧★　　　　　)という。**反射**では，脊髄が刺激の信号を脳に送ると同時に，直接命令の信号を出し，反応が起こる。刺激を受け取ってから反応が起こるまでの時間が短く，危険から身を守るのに役立つ。
└反応のあとに感覚が生じる。

(10) 体を動かす器官を(⑨★　　　　　)といい，**骨格**や**筋肉**などからなる。ヒトの骨格のように，体内にある骨格を**内骨格**という。

(11) ヒトの体内にある多数の骨は，互いに結合して骨格をつくっている。

(12) 骨と骨が結合している部分を(⑩★　　　　　)という。筋肉は**関節**をまたいで別々の骨についており，筋肉ののび縮みによって，腕などをのばしたり曲げたりすることができる。

**まるごと暗記**

視覚―目…光
聴覚―耳…音
嗅覚―鼻…におい
味覚―舌…味
温覚・冷覚・圧覚・触覚・痛覚―皮膚…温度・圧力

**ワンポイント**

感覚器官からの刺激の信号は，感覚神経を通って脳へと伝えられる。
脳からの命令の信号が運動神経を通って運動器官に伝わり，反応が起こる。

**プラスα**

筋肉と骨格は筋肉の両端にある腱という丈夫な構造によってつながっている。

**語群**

1 運動器官／感覚器官／うずまき管／末しょう神経／感覚神経／関節／脳／反射／網膜／中枢神経

★の用語は，説明できるようになろう！

同じ語句を何度使ってもかまいません。

## 教科書の図 　にあてはまる語句を，下の語群から選んで答えよう。

### 1 人の感覚器官

教 p.141

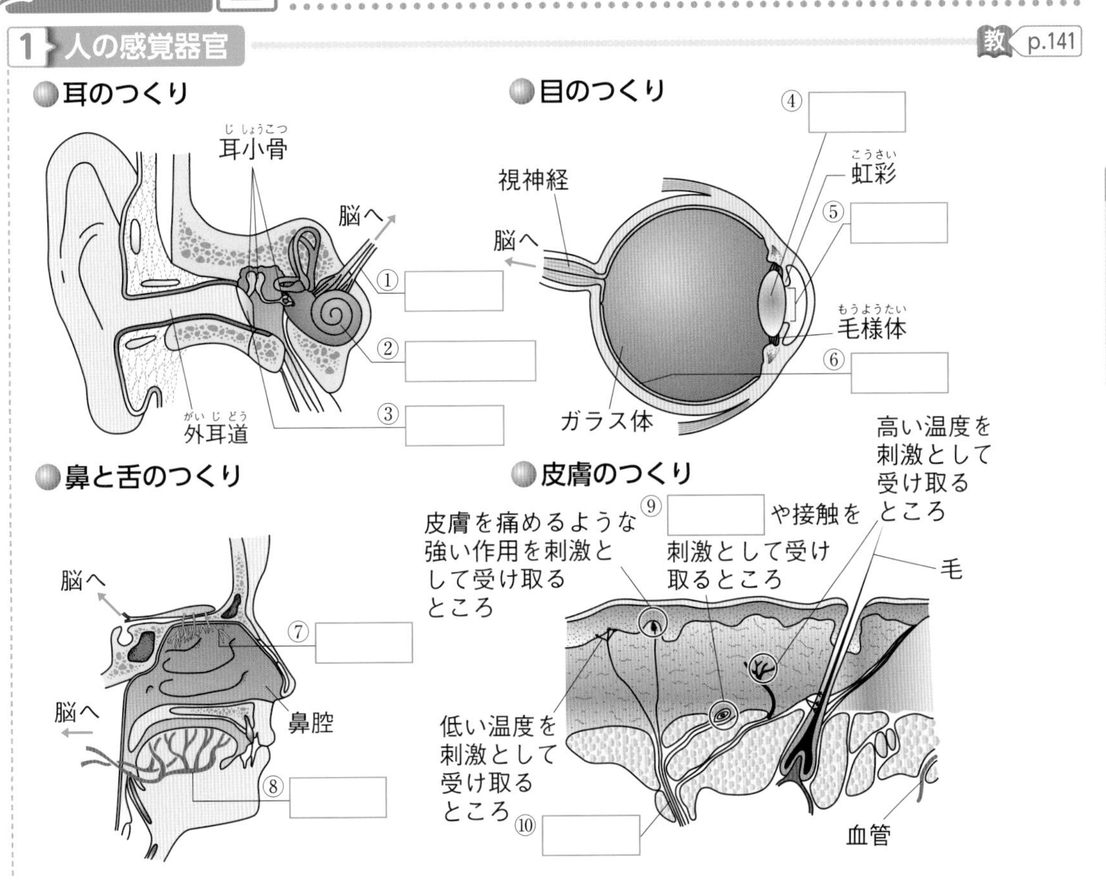


### 2 人の神経系と骨格

④～⑥は骨の名称を書こう。

教 p.142・145

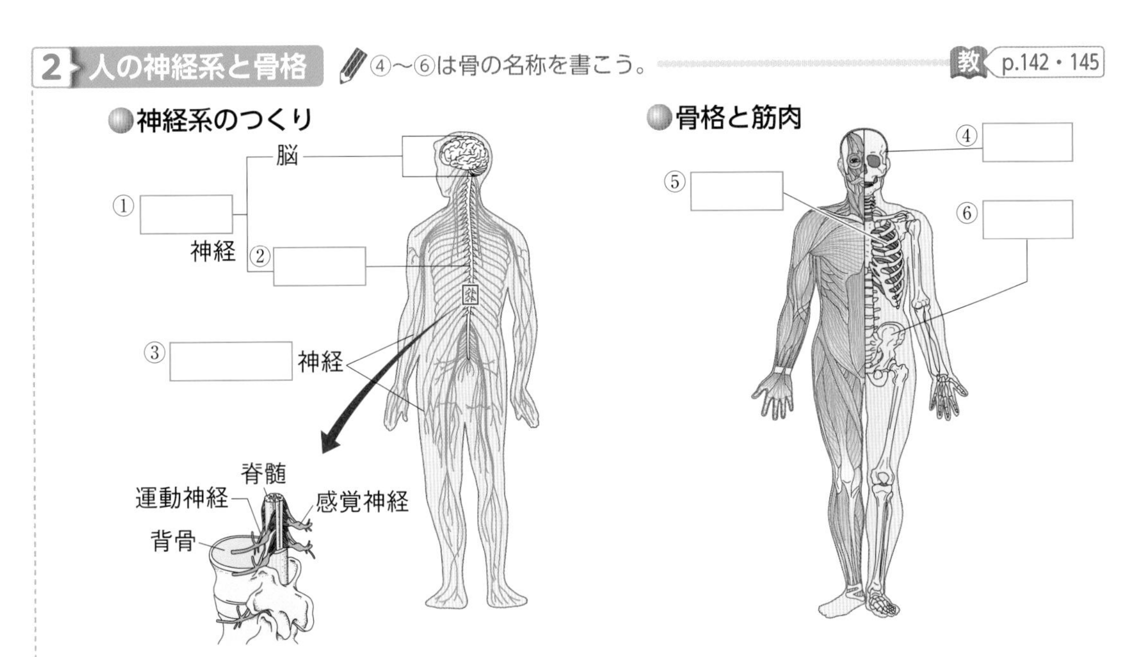


**語群**
1 嗅神経／舌神経／聴神経／神経／圧力／うずまき管／網膜／瞳孔／鼓膜／レンズ(水晶体)　2 骨盤／末しょう／頭骨／中枢／肋骨／脊髄

わからない用語は，教科書の要点の★で確認しよう！

解答 p.16

# 定着のワーク ステージ2　3章　動物の体のつくりとはたらき(3)

**1 目のしくみ**　右の図は，人の目のつくりを模式的に表したものである。これについて，次の問いに答えなさい。

(1) 図の㋐～㋓の名称をそれぞれ答えなさい。

㋐(　　　　) ㋑(　　　　)

㋒(　　　　) ㋓(　　　　)

(2) 次の①～③のはたらきをするつくりを，図の㋐～㋓からそれぞれ選びなさい。

① 光の刺激を受け取る細胞がある。(　　)

② 目に入る光の量を調節する。(　　)

③ 物体からの光を屈折させる。(　　)



(3) 目で受け取った光の刺激の信号は，神経を伝わってどこへ送られるか。(　　　　)

(4) 次の①～③の感覚器官はどこか。それぞれ名称を答えなさい。ヒント

① においのもととなる物質の刺激を受け取る細胞がある。(　　　　)

② 味のもととなる物質の刺激を受け取る細胞がある。(　　　　)

③ 圧力(あつりょく)や温度などを刺激として受け取る細胞がある。(　　　　)

**2 神経**　刺激を伝えたり，刺激に対する反応の命令を出したりするつくりについて，次の問いに答えなさい。

(1) 感覚器官で受け取った刺激の信号を伝える神経を何というか。(　　　　)

(2) 運動器官や内臓に，反応の命令の信号を伝える神経を何というか。(　　　　)

(3) (1)と(2)などの神経をまとめて何というか。(　　　　)

(4) 図の㋐は，(3)が集まってくる部分である。このつくりを何というか。ヒント(　　　　)

(5) 図の㋐のまわりにある骨㋑を何というか。ヒント(　　　　)

(6) 意識して起こす反応で，刺激に対する反応の命令を出すのはどこか。ヒント(　　　　)

(7) (4)と(6)のつくりをまとめて何というか。(　　　　)

(8) 刺激に対して無意識に起こる反応を何というか。(　　　　)



(9) 熱いものに手が触(ふ)れたときの(8)の反応では，刺激に対する反応の命令を出すのはどこか。ヒント(　　　　)

❶(4)感覚器官には，目以外にも耳，鼻，舌，皮膚などがある。 ❷(4)(5)脊髄は背骨に守られている。(6)(9)意識して起こす反応では脳が刺激に対する命令を出す。

## ❸ 刺激に対する反応

図１は意識して起こる反応，図２は無意識に起こる反応での信号の伝わり方を表したものである。あとの問いに答えなさい。

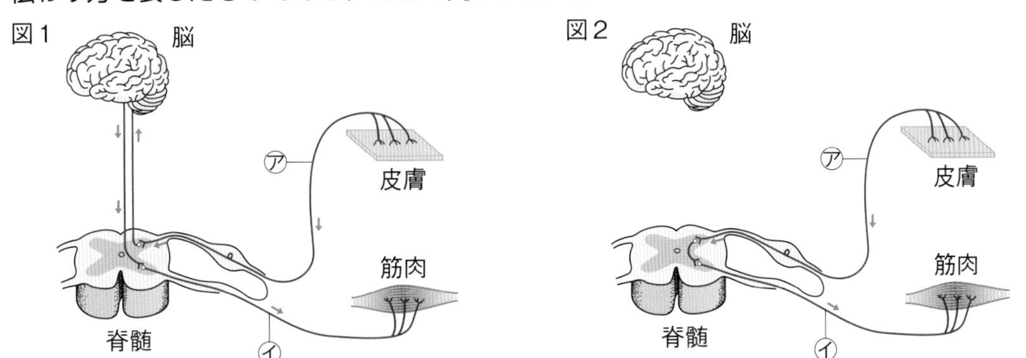


⑴ 光，音，温度の刺激を受け取る器官は，それぞれ何か。
光（　　　　　）音（　　　　　）温度（　　　　　）

⑵ ⑴のような器官のことを，何というか。（　　　　　）

⑶ ⑵にある，特定の刺激を受け取る細胞のことを何というか。（　　　　　）

⑷ 刺激の信号がどこに送られると，感覚が生じるか。（　　　　　）

⑸ 図１，図２の反応で，刺激に対する反応の命令を出しているのは，それぞれ何というつくりか。ヒント　図１（　　　　　）図２（　　　　　）

⑹ 図２のような反応を何というか。ヒント（　　　　　）

⑺ 図の㋐，㋑の神経をそれぞれ何というか。
㋐（　　　　　）
㋑（　　　　　）

⑻ 図の㋐，㋑のように，全身に広がる神経を何というか。（　　　　　）

⑼ ⑻の神経は，何という細胞が集まってできているか。（　　　　　）

⑽ ⑻に対し，脳と脊髄をまとめて何というか。（　　　　　）

## ❹ 腕（うで）と筋肉の動き

右の図は，腕の曲げのばしと筋肉のはたらきについて表したもので，図１は腕を曲げたとき，図２は腕をのばしたときの，骨格と筋肉の様子である。次の問いに答えなさい。

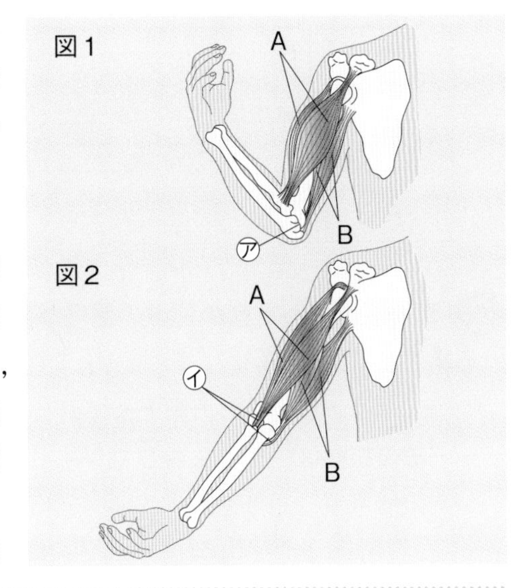


⑴ 図で，㋐，㋑の部分をそれぞれ何というか。
㋐（　　　　　）
㋑（　　　　　）

⑵ 図１と図２で，縮んでいる筋肉はそれぞれA，Bのどちらか。ヒント
図１（　　　）
図２（　　　）

⑶ 図のように，体内にある骨格を何というか。
（　　　　　）

❸⑸⑹反射では，反応の命令は脊髄から出される。
❹⑵腕を曲げるときは内側の筋肉，腕をのばすときは外側の筋肉が縮む。

単元2

# 3章 動物の体のつくりとはたらき(3)

解答 p.16

30分 /100

よく出る **1** 目で光の刺激を受け取り，腕をのばす反応を起こした。これについて，次の問いに答えなさい。なお，右の図1は目，図2は腕のつくりを模式的に表したものである。

2点×16(32点)

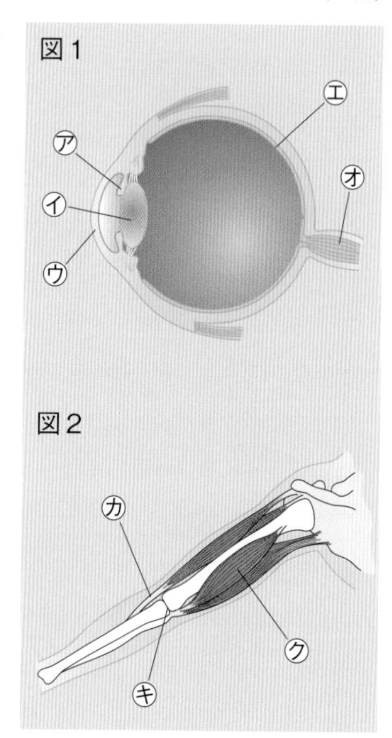


(1) 目に入る光の量を調節する部分はどこか。図1の㋐～㋔から選び，その名称も答えなさい。

(2) 光を屈折させる部分はどこか。図1の㋐～㋔から選び，その名称も答えなさい。

(3) 光の刺激を受け取る細胞がある部分はどこか。図1の㋐～㋔から選び，その名称も答えなさい。

(4) 光の刺激の信号を脳に伝える部分はどこか。図1の㋐～㋔から選び，その名称も答えなさい。

(5) デジタルカメラの次の部分と同じはたらきをする部分はどこか。それぞれ図1の㋐～㋔から選びなさい。

① しぼり

② 撮像素子(さつぞうそし)(フィルム式カメラのフィルムに相当する。)

(6) におい，音，圧力の刺激を受け取っている感覚器官は，それぞれ何か。

(7) 図2の骨と筋肉がつながっている㋕の部分の名称を答えなさい。

(8) 図2の骨と骨が結合している㋖の部分の名称を答えなさい。

(9) 腕をのばすとき，㋗の筋肉は縮むか，ゆるむか。

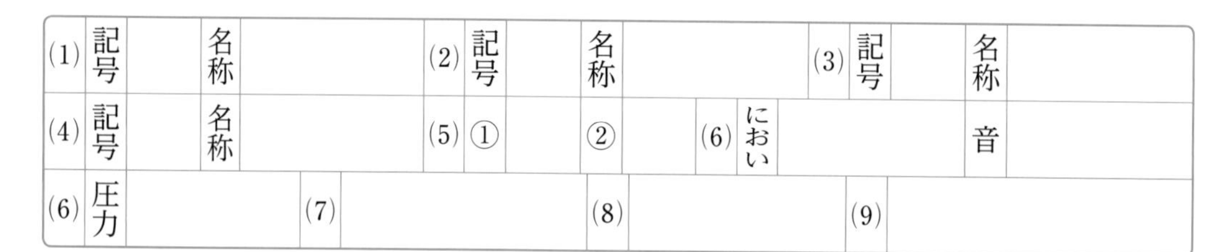

| (1) | 記号 | | 名称 | | (2) | 記号 | | 名称 | | (3) | 記号 | | 名称 | |
|---|---|---|---|---|---|---|---|---|---|---|---|---|---|---|
| (4) | 記号 | | 名称 | | (5) | ① | | ② | | (6) | におい | | 音 | |
| (6) | 圧力 | | (7) | | (8) | | (9) | | | | | | | |

**2** 耳で受け取った音の刺激の信号が脳に伝わるしくみについて，次の文の(　)にあてはまる言葉を答えなさい。

3点×5(15点)

音は，( ① )の振動として耳に伝わる。耳では，( ② )が音をとらえて振動する。その振動は( ③ )を通して( ④ )に伝わり，ここで，その振動が信号に変えられ，その信号が( ⑤ )を通って脳へと伝えられる。

| ① | | ② | | ③ | | ④ | | ⑤ | |
|---|---|---|---|---|---|---|---|---|---|

**3** 右の図は，人の皮膚と耳のつくりを表したものである。次の問いに答えなさい。　3点×7（21点）

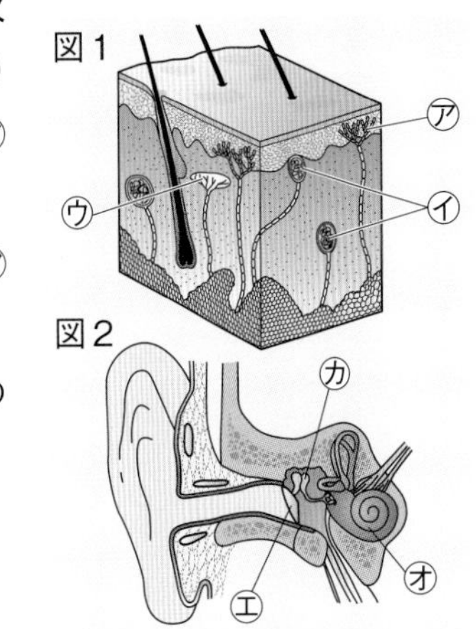


(1) 図1で，低い温度を刺激として受け取っている部分は，㋐～㋒のどれか。また，そのつくりの名称も答えなさい。

(2) 図1で，高い温度を刺激として受け取っている部分は，㋐～㋒のどれか。また，そのつくりの名称も答えなさい。

(3) 図2で，音を刺激として受け取っている部分は，㋓～㋕のどれか。また，そのつくりの名称も答えなさい。

(4) 鼻で受け取っている刺激を，次のア～ウから選びなさい。

ア　光　　イ　圧力　　ウ　におい

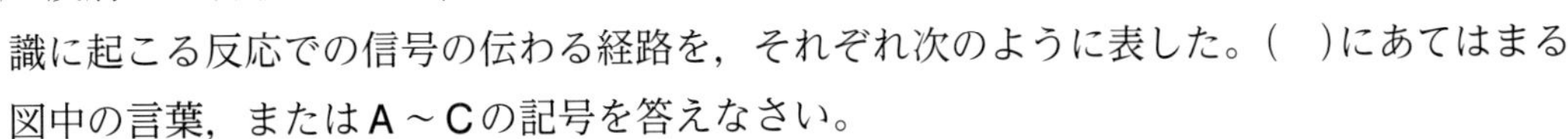

| (1) | 記号 | | 名称 | | (2) | 記号 | | 名称 | | (3) | 記号 | | 名称 | | (4) | |
|---|---|---|---|---|---|---|---|---|---|---|---|---|---|---|---|---|

**よく出る** **4** 右の図は，神経系のつくりとつながりを表したものである。次の問いに答えなさい。　2点×16（32点）

脳
皮膚
A
B
筋肉
C

(1) 図のAの名称を答えなさい。

(2) 脳やAをまとめて何というか。

(3) 図のB，Cの神経をそれぞれ何というか。

(4) 皮膚への刺激に対して，意識して起こる反応と無意識に起こる反応での信号の伝わる経路を，それぞれ次のように表した。（　）にあてはまる図中の言葉，またはA～Cの記号を答えなさい。

① 意識して起こる反応

刺激→（ ア ）→（ イ ）→A→（ ウ ）→A→（ エ ）→（ オ ）→反応

② 無意識に起こる反応

刺激→（ カ ）→（ キ ）→（ ク ）→（ ケ ）→筋肉→反応

(5) (4)の②の反応を何というか。

(6) (5)による反応を，次のア～エから2つ選びなさい。

ア　ボールが目の前に飛んできた瞬間，目を閉じた。

イ　野球をしているとき，ボールをとろうとして，ボールが飛んでいく方向に走った。

ウ　ぼうしが風で飛ばされそうになり，あわてて手でおさえた。

エ　急に暗い部屋に入ったら，瞳孔（どうこう）が大きくなった。

| (1) | | (2) | | (3) | B | | C | |
|---|---|---|---|---|---|---|---|---|
| (4) | ア | | イ | | ウ | | エ | | オ | | カ | |
| (4) | キ | | ク | | ケ | | (5) | | (6) | |

解答 p.17

# 単元末総合問題 単元2 生物の体のつくりとはたらき

40分 /100

**1** 右の図は，植物の細胞のつくりを模式的に表したものである。これについて，次の問いに答えなさい。

3点×4（12点）

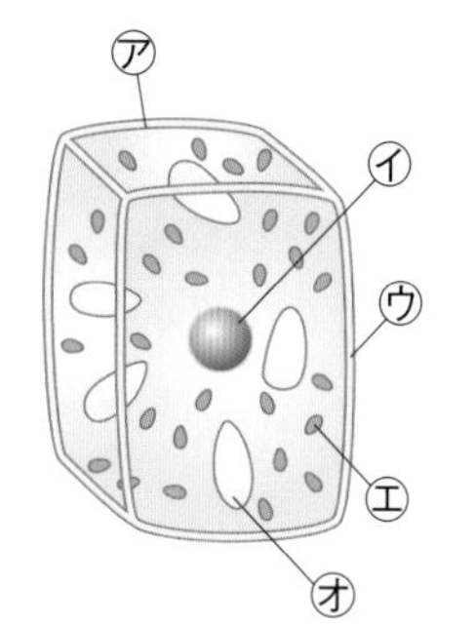


(1) 酢酸オルセイン液によく染まる部分を，㋐～㋔から選びなさい。

(2) 細胞を包んでいるうすい膜㋐を何というか。

(3) 植物の細胞にあって動物の細胞にないつくりを，㋐～㋔からすべて選びなさい。

(4) 緑色の粒㋓を何というか。

**1**

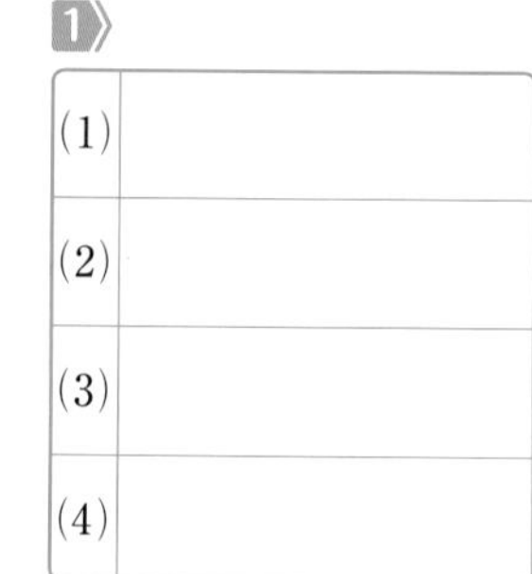


**2** 右の図は，ヒトの体の中を正面から見た模式図である。次の表には図の一部の器官の主なつくりとはたらきが示してある。これについて，あとの問いに答えなさい。 4点×10（40点）

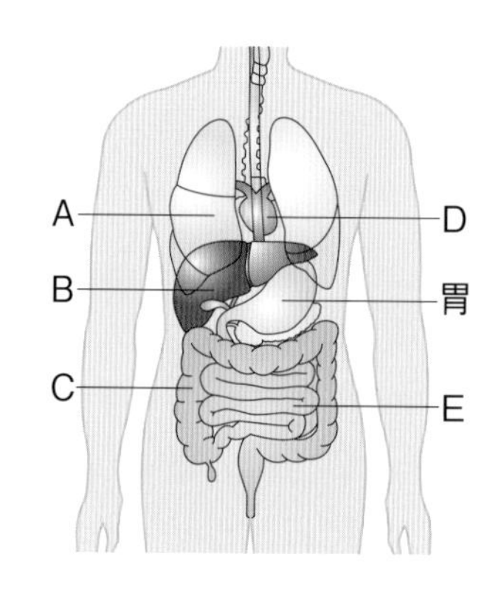


| 器官 | つくり | はたらき |
|---|---|---|
| ① | 小さな袋がたくさん集まっている。 | 血液中に空気中の酸素の一部を取り込む。 |
| ② | 多数のひだがあり，その表面には柔毛が見られる。 | 栄養分を吸収する。 |
| ③ | 筋肉でできており，自分の握り拳(にぎりこぶし)ぐらいの大きさである。 | 周期的な収縮（拍動(はくどう)）によって血液を循環させている。 |

(1) 表の①～③の器官は，それぞれA～Eのどの器官を示しているか。

(2) 最も多くの酸素を含んでいる血液は，図のA～Eのどの器官からどの器官に流れる血液か。

記述 (3) 図のDの器官に戻ってくる血液が流れる血管には，ところどころに弁がある。弁のはたらきを答えなさい。

(4) 表の①，②の器官は，それぞれのはたらきを効率よく行うつくりになっている。これらのつくりで効率がよいのはなぜか。共通する理由を簡単に答えなさい。

(5) 表の②で吸収される栄養分は，口から取り入れた食物を消化液によって分解したものである。次のア，イは消化によってそれぞれ何に分解されるか。

ア デンプン　　イ 脂肪

(6) アンモニアは，図のA～Eのどこに運ばれて無害な物質に変えられるか。

(7) (6)でできた無害な物質は，どこで血液中からこし出されるか。

**2**

| | | |
|---|---|---|
| (1) | ① | |
| | ② | |
| | ③ | |
| (2) | | |
| (3) | | |
| (4) | | |
| (5) | ア | |
| | イ | |
| (6) | | |
| (7) | | |

**目標** 生物の細胞のつくりや，動物の体のつくりとそのはたらきを理解しよう。動物の特徴を理解し，分類できるようになろう。

自分の得点まで色をぬろう!

がんばろう! | もう一歩 | 合格!
0 | 60 | 80 | 100点



**3》** 次のⅠ，Ⅱの文は，刺激に対する反応について述べたものであり，右の図は，ヒトの神経系を模式的に表したものである。これについて，次の問いに答えなさい。 3点×7（21点）

Ⅰ　熱いなべにうっかり手が触れたとき，思わず手を引いた。

Ⅱ　手が冷たくなったので，ポケットに手を入れた。

(1)　図のDの部分の名称を答えなさい。

(2)　図のC，Dをまとめて何というか。

(3)　図のX，Yで示した部分は神経を表している。それぞれの名称を答えなさい。

(4)　Ⅰについて，このような無意識に起こる反応を何というか。

(5)　Ⅰ，Ⅱについて，刺激が伝わり，反応が起こるまでの信号の伝わり方を，次のア～オからそれぞれ選びなさい。

ア　A→D→B　　イ　B→D→A

ウ　A→D→C→D→B　　エ　B→D→C→D→A

オ　B→D→C→D→B

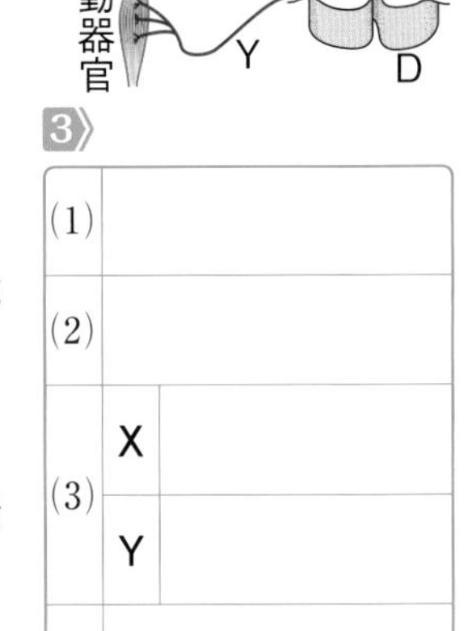


**3》**

| | | | | |
|---|---|---|---|---|
| (1) | | | | |
| (2) | | | | |
| (3) | X | | | |
| | Y | | | |
| (4) | | | | |
| (5) | Ⅰ | | Ⅱ | |

**4》** 右の図は，植物の葉で行われている光合成のしくみを表したものである。次の問いに答えなさい。 3点×9（27点）

(1)　光合成は，細胞の中のどこで行われているか。

(2)　光合成の原料となる①，②はそれぞれ何か。

(3)　光合成で②が使われるかどうかを調べるため，タンポポの葉を入れた試験管Aと，葉を入れない試験管Bの両方に息を吹き込んで光を当てた。30分後，A，Bの試験管にある薬品を入れてよく振ると，一方が白くにごった。この薬品は何か。また，変化があまり見られなかったのは，A，Bのどちらか。

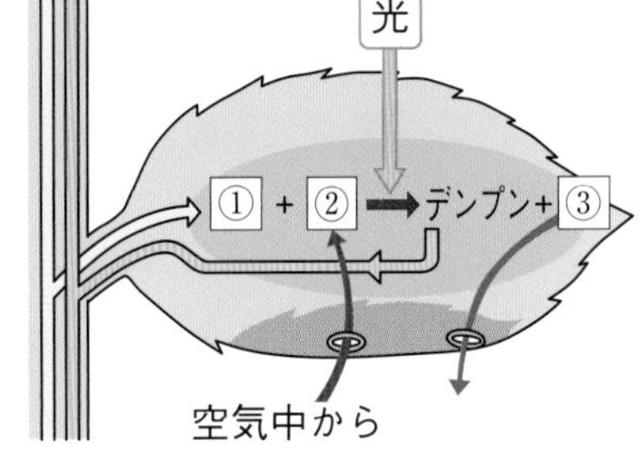


(4)　光合成の結果できる③は何か。

(5)　植物の光合成と呼吸について，次のア～カから正しいものを3つ選びなさい。

ア　光合成は昼も夜も行われている。

イ　光合成は昼に行われている。

ウ　光合成はおもに葉で行われている。

エ　光合成は根，茎，葉の全てで行われている。

オ　呼吸は昼は行われず，夜のみ行われている。

カ　呼吸は一日中行われている。

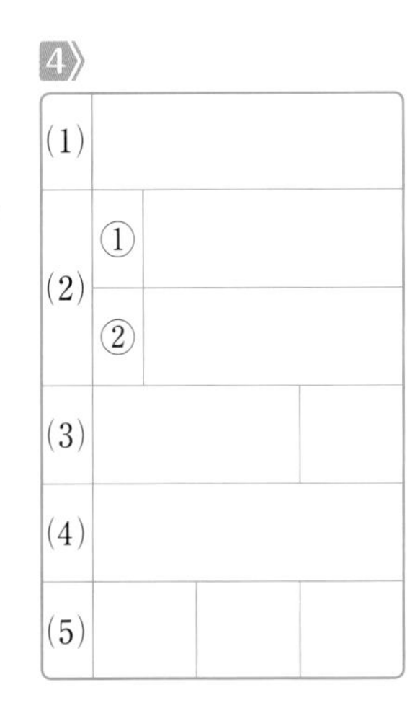

**4》**

| | | | |
|---|---|---|---|
| (1) | | | |
| (2) | ① | | |
| | ② | | |
| (3) | | | |
| (4) | | | |
| (5) | | | |

終わったら後ろの，2，10，11，12をやろう。

解答 p.18

# 確認のワーク ステージ1 1章 気象の観測

## 教科書の要点

同じ語句を何度使ってもかまいません。

(　　)にあてはまる語句を，下の語群から選んで答えよう。

### 1 気象要素

教 p.156〜165

(1) 気象情報には，気温，湿度，風向・風速，気圧，雲量などがあり，これらそれぞれを(①★　　　　)という。気象を表すためには**気象要素**を使う。

(2) 単位面積当たりの面を垂直におす力を(②★　　　　)という。とくに気体による**圧力**を(③★　　　　)という。ここでいう気体は私たちのまわりにある空気のことである。

(3) 気圧を表すには(④★　　　　)記号：**hPa**という単位が使われる。気圧は海面付近が最も大きく，平均1013hPaになる。

(4) 圧力の大きさ

$$圧力〔Pa〕=\frac{力の大きさ〔N〕}{力がはたらく面積〔m^2〕}$$

(5) 気体の圧力は，あらゆる向きに同じようにはたらく。

(6) 気象要素でいう気圧のことを(⑤★　　　　)ともいう。**大気圧**は，その上にある空気の重さによる圧力ということもできる。

**まるごと暗記**

単位面積当たりの面を垂直におす力の大きさが**圧力**。
はたらく力が同じなら，力がはたらく面積が小さいほど圧力は**大きくなる**。

### 2 気象観測

教 p.166〜171

(1) さまざまな気象の変化を調べるために，**気象要素**を考え，気象観測をする。

(2) 天気記号は，雲量が0〜1のときは快晴(天気記号○)，2〜8のときは晴れ(天気記号⦶)，9〜10のときは曇り(天気記号◎)となる。そのほか，雨は●，雪は⊗，霧は◉で表す。
雲量は空全体を10としたときの雲の割合を表す。

(3) **気温**は風通しのよい場所で地上から1.5mの高さで温度計の球部に直射日光が(①　　　　)ようにしてはかる。

(4) 乾湿計を使って，乾球と湿球の示す温度の差から，(②　　　　)を用いて**湿度**を求め，%で表す。

(5) **風向**は，風向計を使って(③　　　　)方位で表す。**風速**は風速計ではかった秒速を記録する。

(6) **気圧**は，(④　　　　)や水銀気圧計を使ってはかる。単位はhPaを用いる。

**まるごと暗記**

雲量0，1は**快晴**，2〜8は**晴れ**，9，10は**曇り**。

**語群**
1 ヘクトパスカル／大気圧／圧力／気圧／気象要素
2 アネロイド気圧計／当たらない／湿度表／16

★の用語は，説明できるようになろう！

同じ語句を何度使ってもかまいません。

## 教科書の図　□にあてはまる語句を，下の語群から選んで答えよう。

### 1 圧力

教 p.162

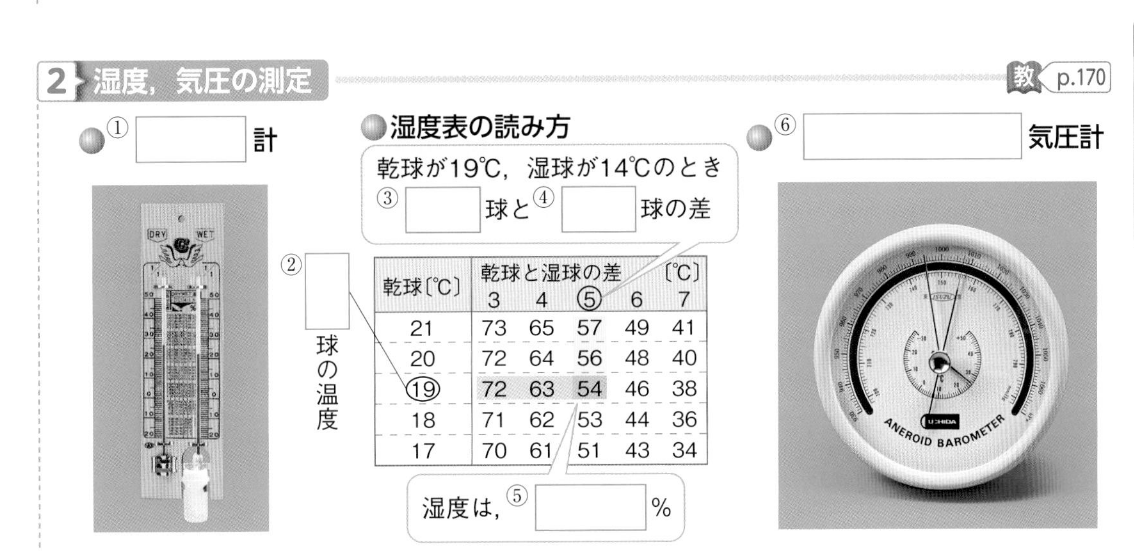


### 2 湿度，気圧の測定

教 p.170

① □ 計

② □ 球の温度

**湿度表の読み方**

乾球が19℃，湿球が14℃のとき ③ □ 球と ④ □ 球の差

| 乾球〔℃〕 | 乾球と湿球の差 3 | 4 | ⑤ | 6 | 7〔℃〕 |
|---|---|---|---|---|---|
| 21 | 73 | 65 | 57 | 49 | 41 |
| 20 | 72 | 64 | 56 | 48 | 40 |
| ⑲ | 72 | 63 | 54 | 46 | 38 |
| 18 | 71 | 62 | 53 | 44 | 36 |
| 17 | 70 | 61 | 51 | 43 | 34 |

湿度は，⑤ □ %

⑥ □ 気圧計

### 3 天気記号と雲量

教 p.170

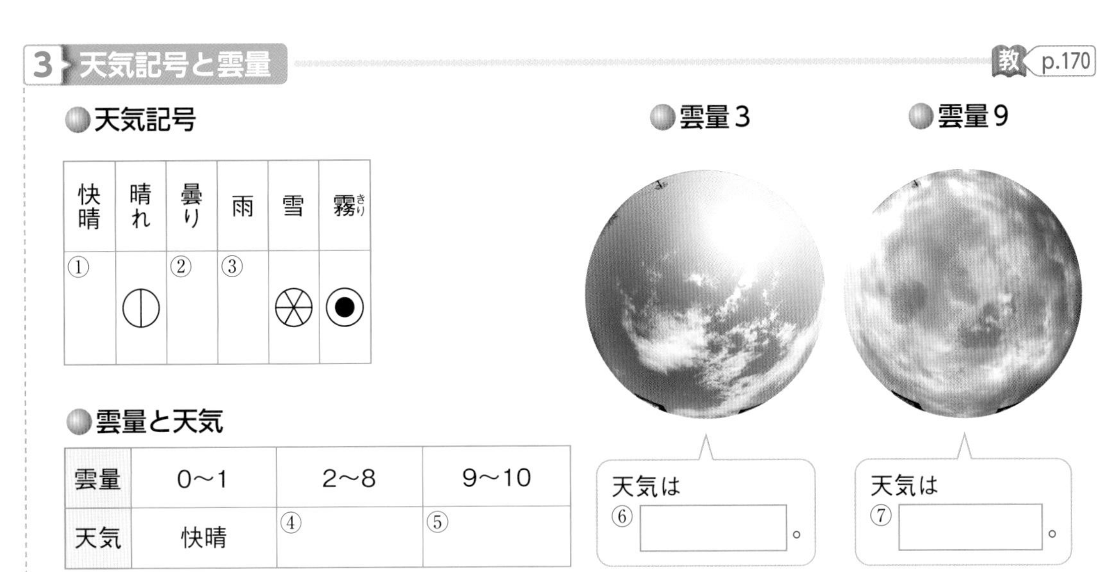

**天気記号**

| 快晴 | 晴れ | 曇り | 雨 | 雪 | 霧 |
|---|---|---|---|---|---|
| ① | ⦶ | ② | ③ | ⊛ | ◉ |

**雲量と天気**

| 雲量 | 0〜1 | 2〜8 | 9〜10 |
|---|---|---|---|
| 天気 | 快晴 | ④ | ⑤ |

**雲量3**

天気は ⑥ □。

**雲量9**

天気は ⑦ □。

**語群**
1 大きく／小さく　2 アネロイド／乾／湿／乾湿／54
3 晴れ／曇り／●／◎／○

解答 p.18

# 定着のワーク ステージ2　1章　気象の観測

**1 面をおす力**　右の図のように，水を満たした三角フラスコを，Aはスポンジの上にそのまま置き，Bはスポンジの上に逆さまにして置いた。これについて，次の問いに答えなさい。

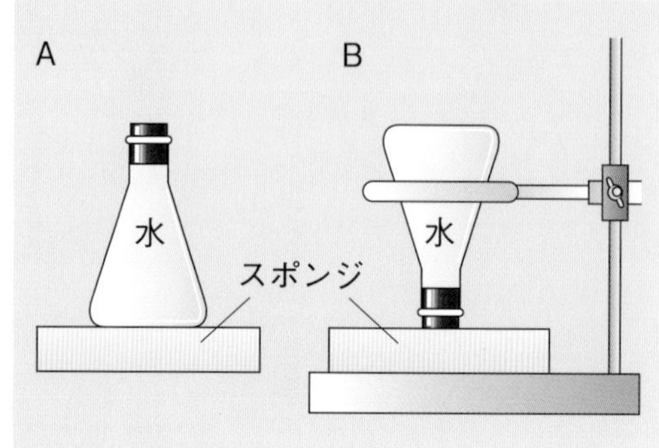


(1) 次の①〜③は，AとBのどちらが大きいか。あとのア〜ウからそれぞれ選びなさい。ヒント

① 三角フラスコがスポンジをおす力 (　　)

② 力がはたらく面積 (　　)

③ スポンジのへこみ方 (　　)

ア　Aのほうが大きい。　イ　Bのほうが大きい。

ウ　AとBで同じ。

(2) AとBでスポンジのへこみ方がちがうのは，AとBで単位面積当たりのスポンジの面を垂直におす力がちがうからである。この力を何というか。(　　)

(3) (2)の力は，AとBのどちらが大きいか。(　　)

(4) (2)の値は，次の式で求められる。次の(　)にあてはまる言葉を答えなさい。

①(　　)　②(　　)

$$(2)\text{の値}[\mathrm{Pa}]=\frac{\text{力の( ① )}[\mathrm{N}]}{\text{力がはたらく( ② )}[\mathrm{m^2}]}$$

(5) $2\,\mathrm{m^2}$の板を10Nの力でおしたときの(2)の値は何Paか。(　　)

(6) $500\mathrm{cm^2}$の板を5Nの力でおしたときの(2)の値は何Paか。(　　)

**2 空気による圧力**　右の図のように，面積$1\,\mathrm{cm^2}$にはたらく空気の重さは約10Nである。次の問いに答えなさい。

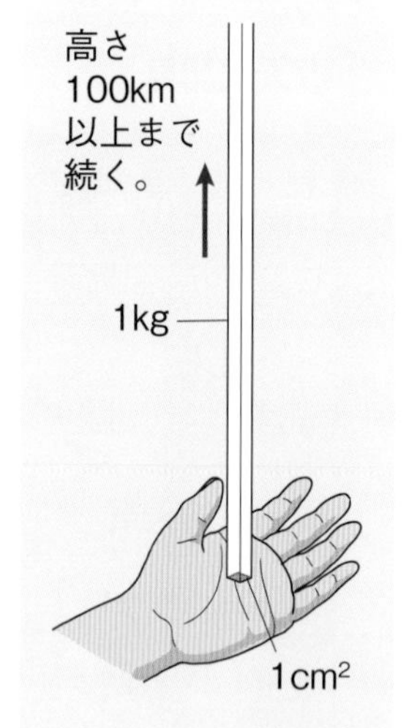


(1) 空気の重さによる圧力のことを何というか。(　　)

(2) (1)は，海面と同じ高さの場所で，約1013hPaである。単位のhPaは何と読むか。(　　)

(3) (2)の1013hPaを，何気圧というか。(　　)

(4) 山などの高い場所では，上空にある空気は，海面上に比べてどのようになるか。次のア〜ウから選びなさい。ヒント (　　)

ア　多くなる。　イ　少なくなる。　ウ　変わらない。

(5) (4)の結果，山などの高い場所の(1)は，海面上での(1)と比べてどのようになるか。次のア〜ウから選びなさい。(　　)

ア　大きくなる。　イ　小さくなる。　ウ　変わらない。

(6) (1)の力は，どのような向きにはたらくか。(　　)

**ヒントの森**　1(1)AとBは同じ質量なので，はたらく重力やそれぞれがスポンジをおす力は等しい。　2(4)高度が上がるほど，その地点よりも上にある空気は，その地点より下にある空気の分だけ少なくなる。

**3** 教 p.169 観測 1 **学校内で気象観測をする** 図1は，雨が降っていないある日の乾湿計(かんしつけい)の乾球(かんきゅう)と湿球(しっきゅう)の示す温度を表したもので，表は，湿度表の一部である。また，この観測を行ったとき，空全体の雲の様子は，図2のようであった。次の問いに答えなさい。

図1

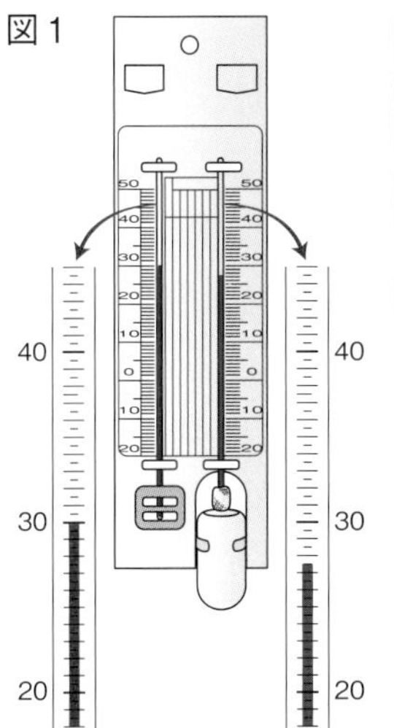


| 乾球〔℃〕 | 乾球と湿球との差〔℃〕 | | | | | | |
|---|---|---|---|---|---|---|---|
| | 0.5 | 1.0 | 1.5 | 2.0 | 2.5 | 3.0 | 3.5 |
| 35 | 97 | 93 | 90 | 87 | 83 | 80 | 77 |
| 34 | 96 | 93 | 90 | 86 | 83 | 80 | 77 |
| 33 | 96 | 93 | 89 | 86 | 83 | 80 | 76 |
| 32 | 96 | 93 | 89 | 86 | 82 | 79 | 76 |
| 31 | 96 | 93 | 89 | 86 | 82 | 79 | 75 |
| 30 | 96 | 92 | 89 | 85 | 82 | 78 | 75 |
| 29 | 96 | 92 | 89 | 85 | 81 | 78 | 74 |
| 28 | 96 | 92 | 88 | 85 | 81 | 77 | 74 |
| 27 | 96 | 92 | 88 | 84 | 81 | 77 | 73 |
| 26 | 96 | 92 | 88 | 84 | 80 | 76 | 73 |

図2

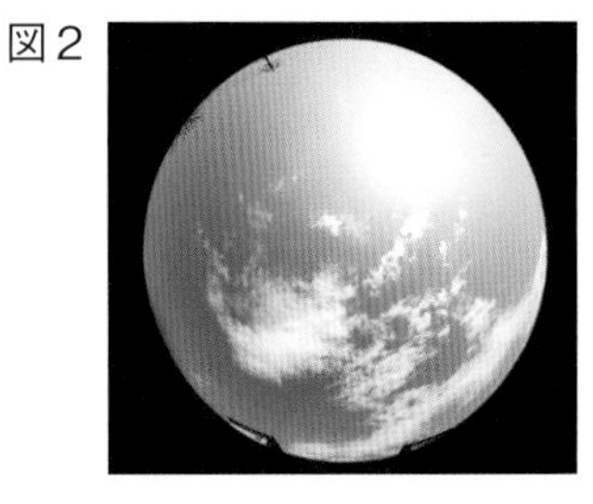

(1) 図1で，乾球と湿球の示す温度は，それぞれ何℃か。

乾球（　　　　　）

湿球（　　　　　）

(2) このときの湿度を求めなさい。

ヒント（　　　　　）

(3) このときの天気は何か。

（　　　　　）

(4) 空全体を10としたとき，晴れとするのは雲量がいくつからいくつのときか。

（　　　～　　　）

**4** **気象要素の変化と天気** 次のグラフは，同じ場所で観測された3日間の気象の変化を表したものである。あとの問いに答えなさい。

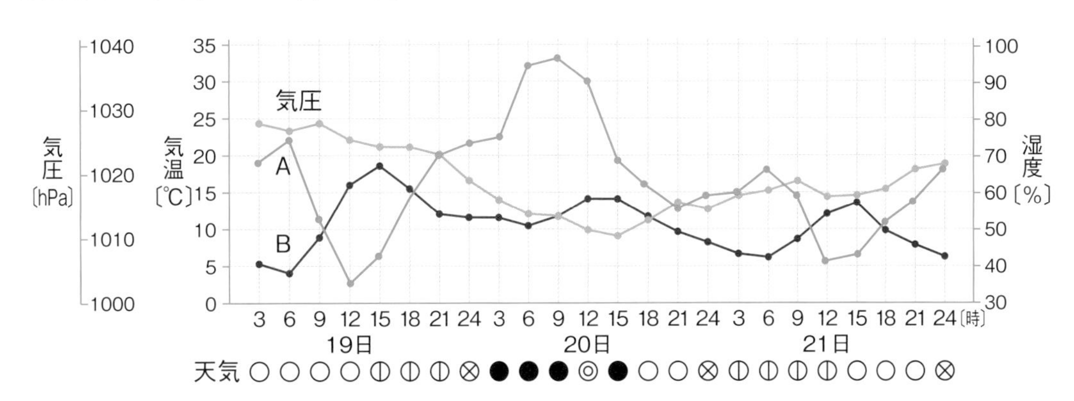


(1) 上のグラフで，気温の変化を表しているのは，A，Bのどちらか。ヒント（　　　）

(2) 晴れの日の気温や湿度の変化は，雨の日と比べて大きいか，小さいか。（　　　　　）

(3) 晴れの日の気圧は，雨の日と比べて高いか，低いか。（　　　　　）

(4) 晴れの日では，気温が上がると，湿度はどのようになるか。（　　　　　）

❸(2)乾球と湿球の示す温度の差を求め，湿度表で，乾球30℃の行と差2.5℃の列が交わる値を読み取る。　❹(1)昼に値が大きくなっているのが，気温のグラフである。

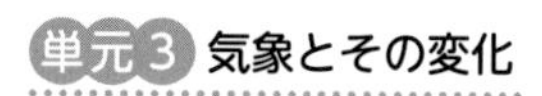

# 1章 気象の観測

**1** 右の図のように，スポンジの上に板を置き，板の上におもりをのせてスポンジのへこみ方を調べた。これについて，次の問いに答えなさい。ただし，板の重さは考えないものとする。

5点×4（20点）

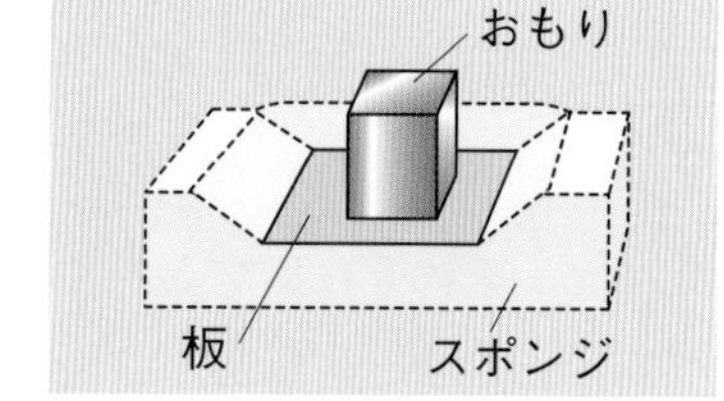


(1) 板の面積を同じにして，質量が100gと500gのおもりでスポンジのへこみ方を比べた。スポンジが大きくへこんだのは，どちらのおもりをのせたときか。

記述 (2) (1)のことから，スポンジにはたらく力の大きさと圧力の関係について，どのようなことがわかるか。

(3) おもりの質量を同じにして，板の面積を100cm$^2$と25cm$^2$にしたときのスポンジのへこみ方を比べた。スポンジが大きくへこんだのは，どちらの板のときか。

(4) (3)のことから，スポンジに力がはたらく面積と圧力の関係について，どのようなことがわかるか。

| (1) | | (2) | |
|---|---|---|---|
| (3) | | (4) | |

よく出る **2** 右の図のように，質量600gの直方体の物体をスポンジの上に置いた。これについて，次の問いに答えなさい。ただし，質量100gの物体にはたらく重力の大きさを1Nとする。

3点×12（36点）

A　30cm　40cm　50cm　B　C　スポンジ

(1) A，B，Cの各面の面積はそれぞれ何m$^2$か。

(2) 質量600gの直方体の物体にはたらく重力の大きさは何Nか。

(3) A，B，Cの各面を下にしたとき，直方体の物体がスポンジをおす力の大きさはそれぞれ何Nか。

(4) A，B，Cの各面を下にしたとき，スポンジにはたらく圧力はそれぞれ何Paか。

(5) スポンジの表面には，空気の重さによる圧力も生じている。この空気の重さによる圧力を何というか。

(6) 海面と同じ高さのところでの(5)の大きさはどのくらいか。

| (1) | A | | B | | C | | (2) | |
|---|---|---|---|---|---|---|---|---|
| (3) | A | | B | | C | | (4) | A |
| (4) | B | | C | | (5) | | (6) | |

**3** 次の①～④の記録は，ある日の気象観測の結果である。この記録について，あとの問いに答えなさい。

4点×6（24点）

① 風は，北西から吹いてきて，南東のほうへ吹いていく。

② アネロイド気圧計の針は，1010と1020のちょうどまん中をさしている。

③ 乾湿計の乾球は12.0，湿球は7.0の値をそれぞれ示している。

④ 右の図の円は，全天の雲のスケッチで，雨や雪などの降水はない。

(1) このときの風向を答えなさい。

(2) このときの気圧を，単位をつけて答えなさい。

(3) このときの気温を単位をつけて答えなさい。

(4) 右の湿度表を見て，このときの湿度を，単位をつけて答えなさい。

(5) このときの雲量はいくらか。

(6) このときの天気を答えなさい。

湿度表

| 乾球〔℃〕 | 乾球と湿球の差〔℃〕 | | | | | | | | | | | | |
|---|---|---|---|---|---|---|---|---|---|---|---|---|---|
| | 0.0 | 0.5 | 1.0 | 1.5 | 2.0 | 2.5 | 3.0 | 3.5 | 4.0 | 4.5 | 5.0 | 5.5 | 6.0 |
| 15 | 100 | 94 | 89 | 84 | 78 | 73 | 68 | 63 | 58 | 53 | 48 | 43 | 39 |
| 14 | 100 | 94 | 89 | 83 | 78 | 72 | 67 | 62 | 57 | 51 | 46 | 42 | 37 |
| 13 | 100 | 94 | 88 | 82 | 77 | 71 | 66 | 60 | 55 | 50 | 45 | 39 | 34 |
| 12 | 100 | 94 | 88 | 82 | 76 | 70 | 65 | 59 | 53 | 48 | 43 | 37 | 32 |
| 11 | 100 | 94 | 87 | 81 | 75 | 69 | 63 | 57 | 52 | 46 | 40 | 35 | 29 |

| (1) | | (2) | | (3) | | (4) | | (5) | | (6) | |
|---|---|---|---|---|---|---|---|---|---|---|---|

**4** 11月9日(晴れ)と11月18日(雨)の2日間の気温と湿度の変化を右の表にまとめた。これについて，次の問いに答えなさい。

5点×4（20点）

(1) 11月9日の気温が最高になっているのは何時か。また，最低になっているのは何時か。

(2) 湿度が高いのは，晴れの日，雨の日のどちらか。

(3) 気温の変化が小さいのは，晴れの日，雨の日のどちらか。

| | 晴れの日（11月9日） | | 雨の日（11月18日） | |
|---|---|---|---|---|
| 時刻〔時〕 | 気温〔℃〕 | 湿度〔%〕 | 気温〔℃〕 | 湿度〔%〕 |
| 9 | 7.6 | 67 | 4.5 | 97 |
| 10 | 9.7 | 56 | 4.8 | 97 |
| 11 | 12.5 | 45 | 5.0 | 98 |
| 12 | 14.5 | 39 | 5.1 | 98 |
| 13 | 15.0 | 36 | 5.5 | 98 |
| 14 | 16.5 | 34 | 5.8 | 99 |
| 15 | 16.0 | 43 | 6.0 | 99 |
| 16 | 15.5 | 48 | 6.5 | 99 |
| 17 | 13.0 | 64 | 7.0 | 97 |

| (1) | 最高 | | 最低 | | (2) | | (3) | |
|---|---|---|---|---|---|---|---|---|

単元3

解答 p.20

# 2章 空気中の水の変化

## 教科書の要点

同じ語句を何度使ってもかまいません。

(　)にあてはまる語句を，下の語群から選んで答えよう。

### 1 空気中の水蒸気

教 p.172～177

(1) $1\,m^3$の空気に含むことのできる水蒸気の量は，温度によって決まっている。それ以上水蒸気を含むことのできない状態の空気は，水蒸気で(①★　　　)しているといい，そのとき含んでいる水蒸気の量を(②★　　　)という。

└温度が高いほど大きい。

(2) 水蒸気で飽和(ほうわ)していない空気を冷やしていくと，ある温度で飽和する。このときの温度を(③★　　　)という。さらに冷やしていくと，飽和水蒸気量(ほうわすいじょうきりょう)を超(こ)えた水蒸気は(④★　　　)して液体の水になる。

(3) 空気の湿(しめ)り具合は，飽和水蒸気量に対する実際の水蒸気量を百分率で表す。これを(⑤★　　　)という。

$$湿度〔\%〕=\frac{空気1\,m^3中の水蒸気量〔g/m^3〕}{その温度での(⑥\qquad)〔g/m^3〕}\times 100$$

**まるごと暗記**

空気中の水蒸気が凝結して液体の水になるときの温度を**露点**という。
飽和水蒸気量に対する実際の水蒸気量の割合を表したものを**湿度**という。

### 2 霧や雲の発生，循環(じゅんかん)する水

教 p.178～187

(1) 地表付近の空気が冷やされたり，暖かく湿った空気が冷たい空気と触れ合ったりして，露点(ろてん)より温度が下がると，(①　　　)が発生する。

(2) ある場所の気圧は，上層にある空気の重さによって生じるため，地上から上空へいくほど気圧は(②　　　)くなる。

(3) 水蒸気を含んだ空気のかたまりが(③　　　)すると，まわりの気圧が下がり，膨張(ぼうちょう)する。これに伴(ともな)い空気の温度が下がり，(④　　　)に達すると，水蒸気が水滴(すいてき)となって現れ，(⑤　　　)をつくる。

(4) 雲をつくる水滴や氷の粒(つぶ)が成長して大きくなり，落ちてきたものが(⑥　　　)や雪である。

(5) 地球の表面を覆う大気は，(⑦　　　)を含み，雲は雨や雪を降らす。地球の表面に存在する水は姿を変えながら**循環**していて，その循環を引き起こすのは(⑧　　　)のエネルギーである。

**まるごと暗記**

水蒸気を含む空気が上昇すると，空気は膨張し，温度が下がる。そして，露点以下になると水滴ができ始める。これが雲である。

**語群**
1 露点(ろてん)／凝結(ぎょうけつ)／湿度(しつど)／飽和／飽和水蒸気量
2 上昇／低／露点／雲／太陽／水蒸気／霧／雨

★の用語は，説明できるようになろう！

同じ語句を何度使ってもかまいません。

## 教科書の図　□にあてはまる語句を，下の語群から選んで答えよう。

### 1 水滴ができるしくみ

教 p.176〜177

温度10℃　温度15℃　温度20℃　空気1 m³

冷やす。　冷やす。

あと4gの ①□ を含むことができる。

飽和する。

4gの ②□ ができる。

湿度 ③□ %

湿度76%

湿度100%

水蒸気量〔g/m³〕

17　13　9　0

4g　9g　水滴となった水蒸気量

④□ 量

13g　含まれている水蒸気量　4g　13g　含むことのできる水蒸気量

10　15（露点）　20　温度〔℃〕

### 2 雲と雨や雪のでき方

教 p.185

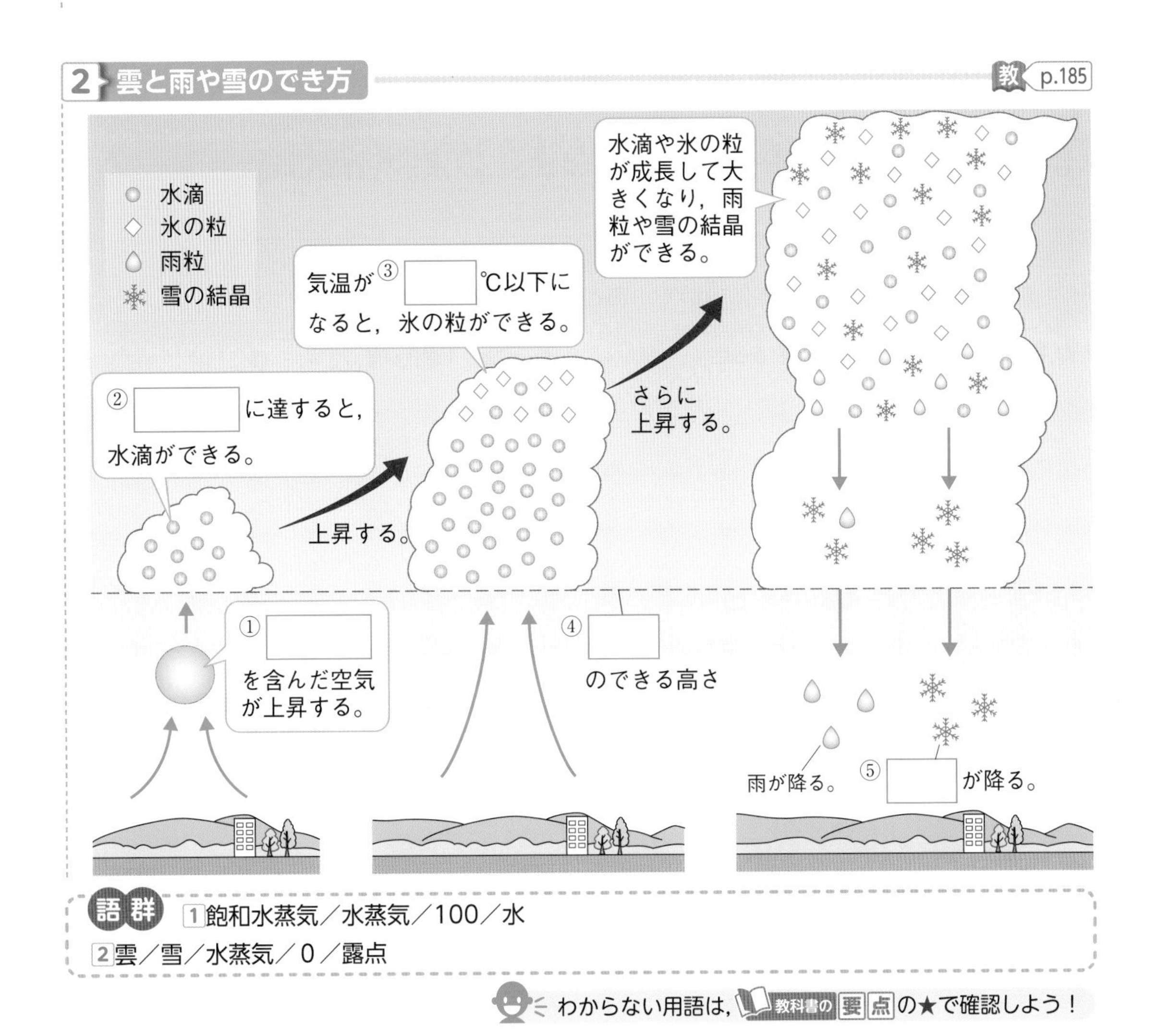


**語群** 1 飽和水蒸気／水蒸気／100／水
2 雲／雪／水蒸気／0／露点

わからない用語は，教科書の要点の★で確認しよう！

解答 p.20

# 定着のワーク ステージ2 2章 空気中の水の変化

**1 飽和水蒸気量** 右のグラフの曲線は，1 $m^3$の空気中に含むことのできる水蒸気の量と温度との関係を表したものである。次の問いに答えなさい。

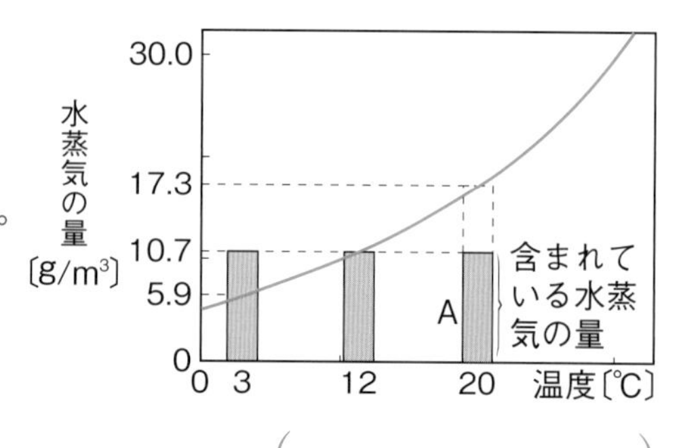


(1) 1 $m^3$の空気中に含むことのできる水蒸気の最大の量を何というか。
（　　　　）

(2) (1)の量は，温度が高いほどどのようになるか。
（　　　　）

(3) 図のAのように，10.7gの水蒸気を含む20℃の空気1 $m^3$がある。この空気は，あと何gの水蒸気を含むことができるか。
（　　　　）

(4) Aの空気の湿度は何%か。小数点以下を四捨五入して整数で答えなさい。
（　　　　）

(5) Aの空気の温度が20℃より高くなったとき，湿度は20℃のときと比べてどのようになるか。
（　　　　）

(6) Aの空気の温度が3℃まで下がったとき，空気1 $m^3$中に生じる水滴は何gか。ヒント
（　　　　）

(7) Aの空気の露点は何℃か。（　　　　）

(8) 空気が露点に達したとき，湿度は何%になっているか。（　　　　）

**2 霧を作る実験** 次の実験について，あとの問いに答えなさい。

**実験** ビーカーに氷と食塩を混ぜたものを入れてしばらく放置し，ビーカーの中が透(す)きとおってくるまで待つ。この冷気をぬるま湯の入ったペトリ皿の上に注いだ。このとき，ぬるま湯の上に霧状のものが見られた。

(1) つくった冷気を注いだとき，ぬるま湯の上の空気の温度はどのようになるか。
（　　　　）

(2) この実験で見られた霧状のものは水滴である。これは，何が水滴になったものか。ヒント
（　　　　）

(3) この実験より，自然界で霧が発生するときは，地表付近の空気の温度がどのようになったときであるといえるか。
（　　　　）

(4) 霧と同じようにして上空にできたものを何というか。（　　　　）

**ヒントの森**

1(6)温度が3℃のとき，1 $m^3$の空気中に含むことができる水蒸気の量は5.9gである。

2(2)ぬるま湯の上の空気は水蒸気を多く含んでいる。

**3 雲のでき方**　右の図は，雲のでき方について模式的に表したものである。次の問いに答えなさい。

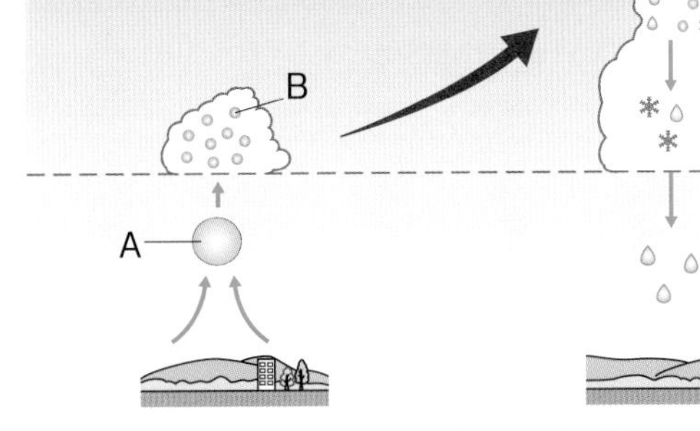


(1) 図のように，Aの空気が上昇していくとき，空気の体積と温度はそれぞれどのようになるか。

体積(　　　　　　)
温度(　　　　　　)

(2) Aの空気は，図の----の高さに達すると雲ができる。空気が上昇し，雲ができ始めるときの温度を何というか。　(　　　　　　)

(3) Aの空気が上昇すると，水蒸気がBの粒となって現れ，雲となる。図のBで表される，雲をつくる粒は何か。ヒント　(　　　　　　)

(4) 雲をつくる粒のうち，気温が0℃以下になるとできるCは何か。ヒント　(　　　　　　)

(5) BやCは，成長してさらに大きくなると，落ちてくる。このようにして地表に落ちてきた液体と固体のものを，それぞれ何というか。ヒント

液体(　　　　　　)
固体(　　　　　　)

**4 水の循環**　右の図は，大気と地表の間の水の循環の様子を表したものである。次の問いに答えなさい。

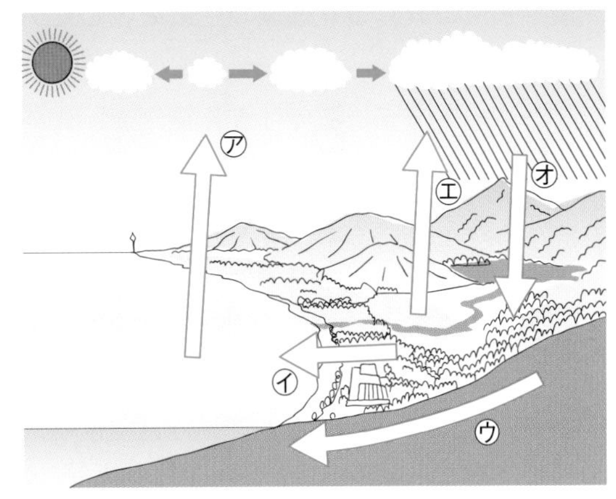


(1) 次の①～⑤にあてはまるものを，図のア～オからそれぞれ選びなさい。

① 海からの蒸発　(　　)
② 陸地からの蒸発　(　　)
③ 陸地への降水　(　　)
④ 陸地から海へ戻る流れ　(　　)
⑤ 地下水　(　　)

(2) アとエの矢印で，水は何という姿になって大気中に含まれていくか。　(　　　　　　)

(3) 大量の水が大気中に含まれていくのは，ア，エのどちらか。ヒント　(　　)

(4) 図のような水の循環を引き起こしているのは，何のエネルギーによるものか。　(　　　　　　)

3(3)～(5)雲をつくる水滴は0℃以下になると氷の粒になり，これらが成長して大きくなって落ちてきたものが雨や雪になる。　4(3)海からは水が大量に蒸発している。

# 2章　空気中の水の変化

解答 p.20

/100

**よく出る 1** 水を入れた金属製のコップを，しばらく部屋に放置した。その後，右の図のように氷を入れた試験管をコップに入れて，水温をはかりながら水を冷やしていった。このときの室温は20℃であった。下の表は，空気1 $m^3$中の飽和水蒸気量と空気の温度の関係を表したものである。次の問いに答えなさい。　7点×4（28点）

温度計
氷
金属製のコップ

| 温度〔℃〕 | 0 | 5 | 10 | 15 | 20 | 25 | 30 |
|---|---|---|---|---|---|---|---|
| 飽和水蒸気量〔g/$m^3$〕 | 5 | 7 | 9 | 13 | 17 | 23 | 30 |

(1)　水温が15℃になったとき，コップの表面に水滴がつき始めた。
　①　水蒸気などの気体が冷やされて，水などの液体になる現象を何というか。
　②　この部屋の空気1 $m^3$中には，何gの水蒸気が含まれているか。
(2)　この部屋の湿度は何％か。四捨五入して整数で答えなさい。また，露点は何℃か。

| (1) | ① | | ② | | (2) | 湿度 | | 露点 | |
|---|---|---|---|---|---|---|---|---|---|

**2** 右のグラフは，空気の温度と飽和水蒸気量との関係を表したものである。A～Dは，含んでいる水蒸気量や温度の異なる4種類の空気を表している。次の問いに答えなさい。　4点×5（20点）

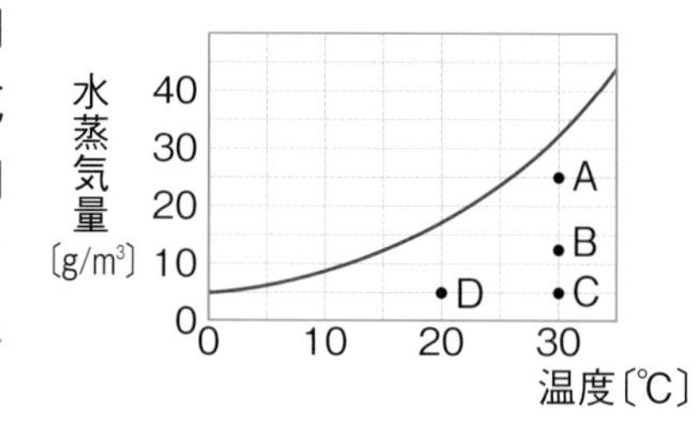


(1)　次の①～④にあてはまる空気を，A～Dからそれぞれ選びなさい。
　①　最も湿度が低い空気。
　②　最も露点が高い空気。
　③　空気1 $m^3$の温度を10℃まで下げたとき，生じる水滴が最も多い空気。
　④　露点が同じ空気。
(2)　湿度と露点について，次のア～オから正しいものをすべて選びなさい。
　**ア**　空気の温度が同じであるとき，露点が高いほど湿度は低くなる。
　**イ**　露点が同じであるとき，温度が高いほど湿度は低くなる。
　**ウ**　湿度は，空気中の水蒸気量と温度の両方に関係している。
　**エ**　湿度が同じであるとき，温度が低いほど露点は高くなる。
　**オ**　湿度が100％のとき，その空気は露点に達している。

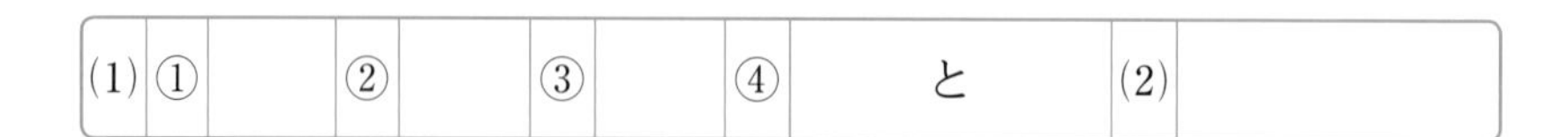

**3** 右の図は，山の頂上付近に雲がかかっている様子を表したものである。次の問いに答えなさい。　6点×4（24点）

(1) 高い山の頂上付近の気圧について，次のア～エから正しいものを選びなさい。

ア　山の頂上付近では，平地より気温が高いため，空気が膨張して気圧が高くなる。

イ　山の頂上付近では，平地より気温が低いため，空気が圧縮して気圧が低くなる。

ウ　山の頂上付近では，その高さに相当する分だけの空気の重さが減るので，気圧が低くなる。

エ　山の頂上付近では，上昇気流が発生しているので，気圧が高くなる。

(2) 密封された菓子袋は，山頂付近では平地と比べてどのようになるか。次のア～エから選びなさい。

ア　ぱんぱんに膨らむ。　　イ　空気がぬけたようにへこむ。

ウ　形は変わらないが軽くなる。　　エ　形は変わらないが重くなる。

(3) 雲ができている山の斜面では，空気は上昇しているか，下降しているか。

(4) 雲の様子から，空気の温度が露点に達する高さは，A，Bのどちらか。

レベルUP **4** 簡易真空容器の容器内をぬるま湯でぬらし，中に線香の煙を少量入れた。右の図のようにポンプで空気を抜いて様子を観察したところ，容器内がうっすらと白くなった。次の問いに答えなさい。　7点×4（28点）

(1) 容器内が白くなった理由について，次の（　）にあてはまる言葉を答えなさい。

容器内の気圧が下がって空気が（ ① ）したのと同じ状態になり，温度が下がって，空気の温度が（ ② ）に達した。このため，水蒸気が凝結して（ ③ ）となった。

(2) 自然界において，(1)と同じ仕組みで起こる現象を，次のア～カからすべて選びなさい。

ア　ストーブであたためた部屋の窓ガラスが，白く曇った。

イ　晴れた日の朝，道ばたの草に露がついていた。

ウ　風呂の水をわかすと，浴室内に湯気がたちこめて白く曇った。

エ　夏の暑い日に，上空に積乱雲ができた。

オ　雨が降った日の翌日，平地で霧が発生した。

カ　湿った空気が山の斜面に沿って上昇し，雲ができた。

単元3

解答 p.21

# 3章　低気圧と天気の変化

## 教科書の要点

同じ語句を何度使ってもかまいません。

(　　)にあてはまる語句を，下の語群から選んで答えよう。

### 1 気圧の変化と天気

教 p.188～192

(1) 気圧が等しい地点を滑(なめ)らかな線で結んだものを(①★　　　　)という。

(2) 等圧線(とうあつせん)が閉じていて，まわりよりも気圧が高いところを(②★　　　　)，まわりより気圧が低いところを(③★　　　　)という。

(3) 地図上に，等圧線や各地の観測データなどを書きこんだものを(④★　　　　)といい，高気圧(こうきあつ)や低気圧(ていきあつ)の分布を(⑤★　　　　)という。

(4) 風は空気の動きによるものであり，空気は，気圧の高いところから低いところへ流れる。等圧線の間隔が(⑥　　　　)ほど，また，気圧の差が大きいほど，風は強く吹く。

(5) 高気圧の中心付近では，風がまわりに吹き出すために(⑦　　　　)気流ができ，天気は晴れになることが多い。
北半球では時計回り。

(6) 低気圧の中心付近では，風がまわりから吹き込むために(⑧　　　　)気流ができ，雲ができやすい。
北半球では反時計回り。

**まるごと暗記**
まわりより気圧の高いところを**高気圧**，低いところを**低気圧**という。
等圧線の間隔が**狭い**ほど，風は**強く**吹く。

### 2 前線(ぜんせん)と天気の変化

教 p.193～197

(1) 暖気と寒気が接するところでは，すぐには混じり合わず，境界ができる。この境界を(①★　　　　)といい，前線面(ぜんせんめん)が地表と接しているところを(②★　　　　)という。

(2) 前線には，暖気が寒気側に向かって進行する(③★　　　　)，寒気が暖気側に向かって進行する(④★　　　　)，ほとんど移動しない(⑤★　　　　)がある。また，低気圧の中心付近で，寒冷前線(かんれいぜんせん)が温暖前線(おんだんぜんせん)に追いつくと，(⑥★　　　　)ができる。

(3) 温暖前線付近では，広い範囲に雲が生じるので，雨が長く降り続く。前線が通過すると，気温が(⑦　　　　)。

(4) 寒冷前線付近では，積乱雲などが発達し，雲の範囲は狭く，雨が降る時間は短い。前線が通過すると，気温が急に(⑧　　　　)。

**まるごと暗記**
性質のちがう気団が接する境目を**前線面**，それが地表に接するところを**前線**という。
前線には，**温暖前線**，**寒冷前線**，**停滞前線**，**閉塞前線**がある。

**語群**
1 天気図(てんきず)／高気圧／低気圧／等圧線／気圧配置(きあつはいち)／上昇／下降／狭い
2 上がる／下がる／前線／前線面／温暖前線／停滞前線(ていたいぜんせん)／寒冷前線／閉塞前線(へいそくぜんせん)

★の用語は，説明できるようになろう！

同じ語句を何度使ってもかまいません。

□にあてはまる語句を，下の語群から選んで答えよう。

## 1 高気圧と低気圧

教 p.192

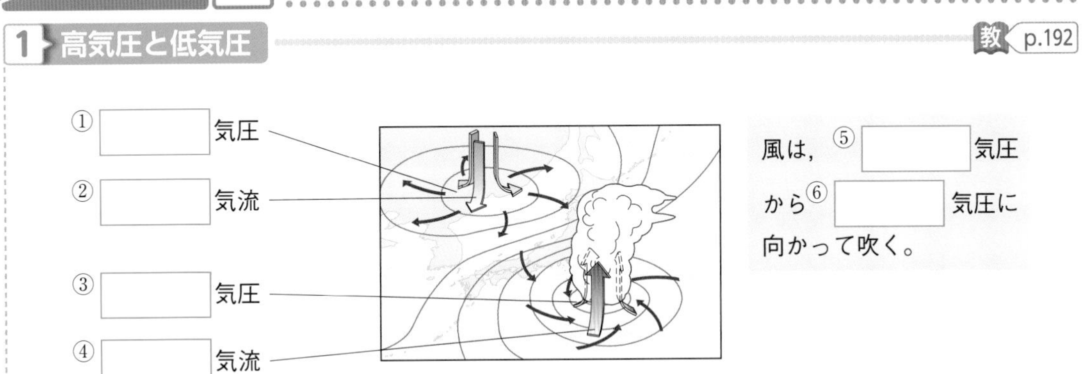


## 2 寒冷前線と温暖前線

教 p.193〜195

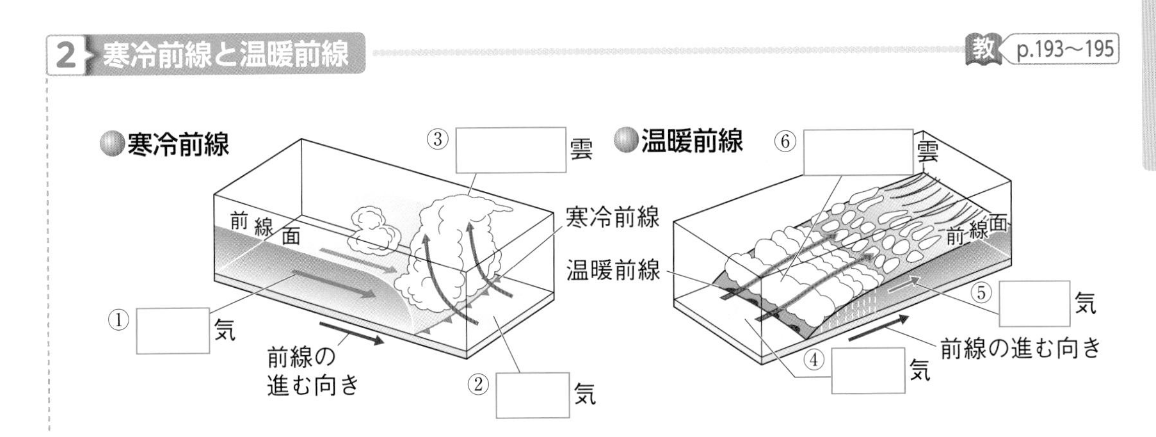


## 3 前線の通過

教 p.194〜196

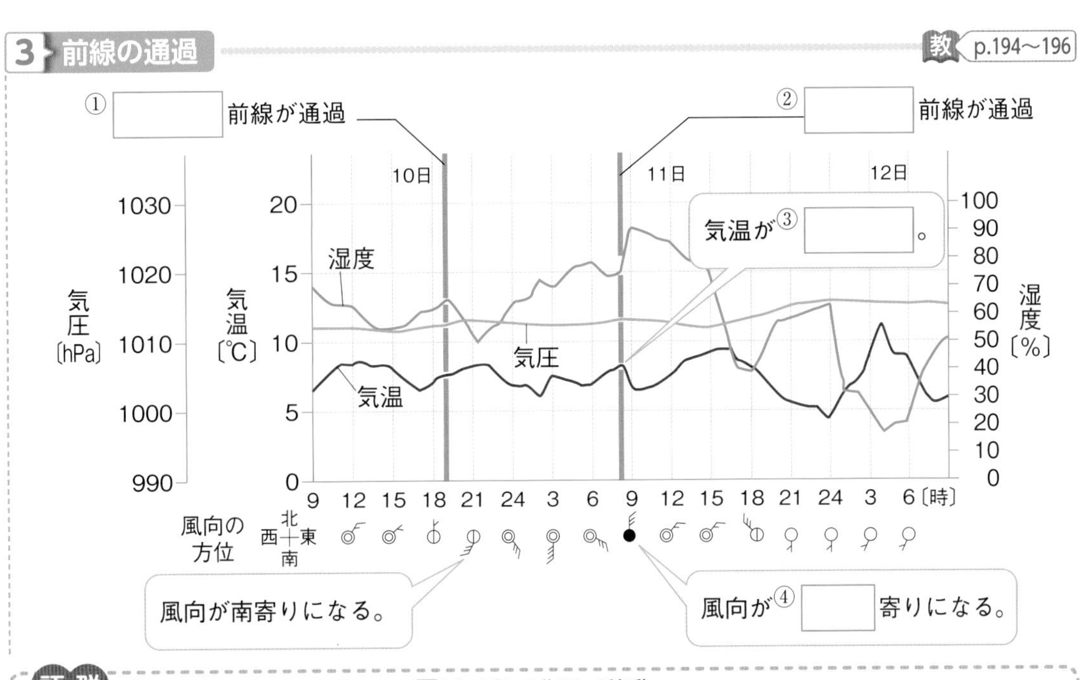


**語群** 1 高／低／上昇／下降　2 暖／寒／乱層／積乱
3 北／下がる／寒冷／温暖

わからない用語は，教科書の要点の★で確認しよう！

解答 p.21

# 3章 低気圧と天気の変化

**1 前線のモデル実験** 図1のように水槽内に仕切りをして，片側に寒気を入れ，白い煙で満たした。仕切りを上げると，図2のようになった。

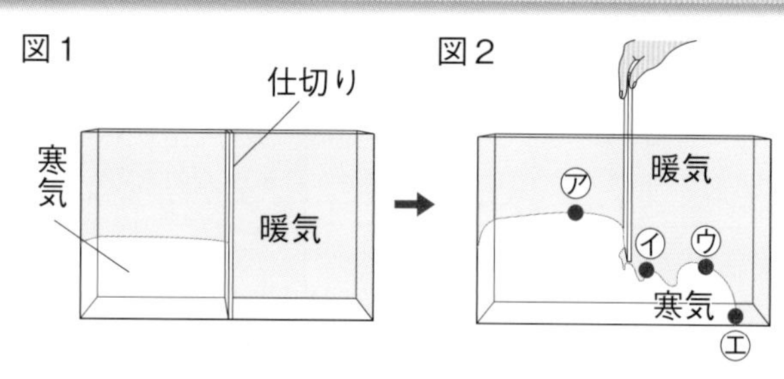


(1) 寒気と暖気では，どちらが重いか。 ヒント
( )

(2) 図2で，水槽の底を地表と考えたとき，前線にあたるのはどこか。図2の㋐〜㋓から選びなさい。
( )

(3) この実験での空気の動きは，温暖前線と寒冷前線のうち，どちらの前線付近での空気の動きと似ているか。
( )

**2 低気圧と前線** 次の図は，日本付近にできる低気圧に伴う前線付近の様子について表したものである。あとの問いに答えなさい。

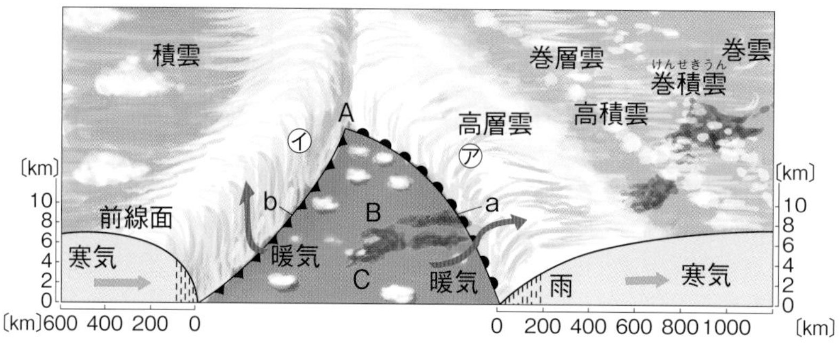


(1) 低気圧の中心は，図のA，B，Cのうちのどれか。
( )

(2) 図の前線a，bの名称を，それぞれ答えなさい。
a( ) b( )

(3) aの前線付近に多く見られる㋐の雲，bの前線付近に多く見られる㋑の雲の名称を，それぞれ答えなさい。
㋐( ) ㋑( )

(4) aの前線の特徴について，次のア〜カから正しいものをすべて選びなさい。 ヒント
( )

ア 前線面の傾きがゆるやかである。
イ 強い風を伴った激しい雨が降ることが多い。
ウ 雲の範囲が広く，雨が長く降り続く。
エ 暖気が寒気の上にはい上がるように進んでいく。
オ この前線では，強い上昇気流が生じている。
カ この前線が通過すると，風向きが北寄りになり，気温が急に下がる。

ヒントの森
1(1)寒気が暖気をおし上げている。
2(4)温暖前線付近では，穏やかな雨が長い時間続き，前線の通過後に気温が上がる。

## 3 天気の変化　図１，図２の天気図について，あとの問いに答えなさい。

図１
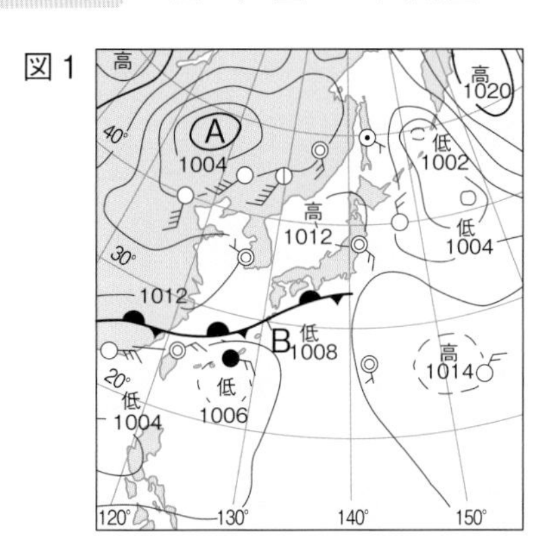


図２
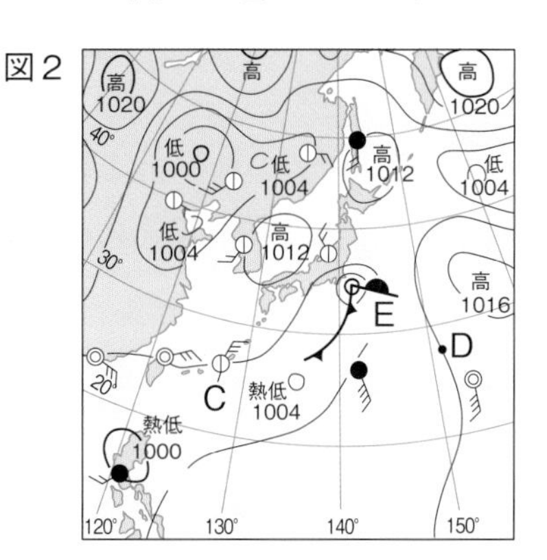


⑴　図１の天気図で，Ａは，風が吹き込んでいるところか，吹き出しているところか。ヒント
（　　　　　　　　　　　　　　　　　　　）

⑵　図１の天気図で，Ａでは上昇気流，下降気流のどちらが発生しているか。ヒント
（　　　　　　　　　　　）

⑶　図１の天気図で，Ａは高気圧か，低気圧か。（　　　　　　　　　　　）

⑷　図１の天気図に見られる前線Ｂの名称を答えなさい。（　　　　　　　　　　　）

⑸　図１の天気図で，前線Ｂにより天気はどのようになると予測できるか。次のア～エから選びなさい。（　　　）

ア　風が急に強くなり，激しい雨が降る。　　イ　気温が上がり，長時間雨が降る。

ウ　雨や曇りの日が，長期間続く。　　エ　風は弱く，しばらくの間晴れる。

⑹　図２の天気図で，Ｃ地点の天気，風向，風力をそれぞれ答えなさい。

天気（　　　　　　）　風向（　　　　　　）　風力（　　　）

⑺　図２の天気図で，Ｄ地点での気圧を，単位をつけて答えなさい。ヒント
（　　　　　　　　　　　）

⑻　図２の天気図で，Ｅ地点付近ではまもなく寒冷前線が通過する。次の①～③について，それぞれア～エから選びなさい。ヒント

①　天気はどのように変わると予想されるか。（　　　）

ア　雨が広い範囲に，長時間降る。　　イ　激しい雨が，短時間降る。

ウ　穏やかに晴れてくる。　　エ　雨は降らないが，曇りになる。

②　前線通過後，風向はどのように変わると予想されるか。（　　　）

ア　東寄り　　イ　西寄り　　ウ　北寄り　　エ　南寄り

③　前線通過後，気温はどのように変わると予想されるか。（　　　）

ア　急に上がる。

イ　急に下がる。

ウ　変わらない。

エ　上がったり下がったりする。

寒冷前線付近では寒気が暖気をおし上げるから…

3⑴⑵Ａは低気圧である。⑺等圧線はふつう４hPaごとに引かれ，20hPaごとに太くして表される。⑻寒冷前線付近では，積乱雲などが発達しやすい。

単元3

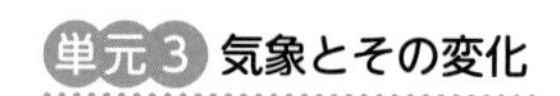

# 3章　低気圧と天気の変化

解答 p.22

30分　/100

## 1

右の図は，日本付近の地図上に等圧線をかき入れたものである。次の問いに答えなさい。

4点×9（36点）

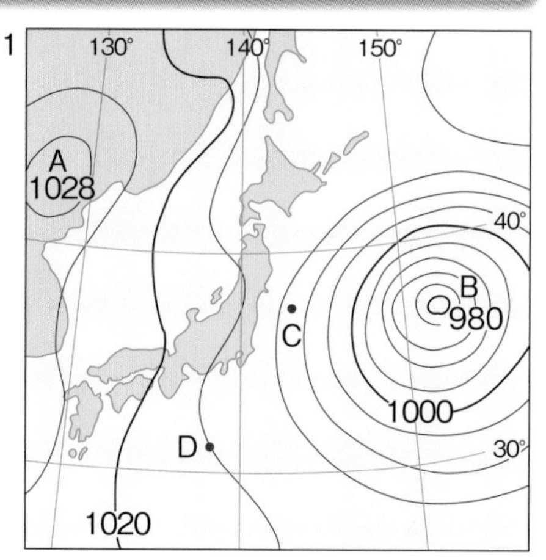


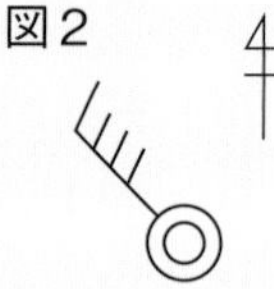


(1)　図1のような，広い地域の気圧の分布の様子を何というか。

(2)　等圧線が閉じていて，まわりよりも気圧の低いところを何というか。

(3)　図のA，Bのうち，(2)であるものはどちらか。

(4)　図のC点の天気の様子が，図2の記号で表されるとき，この地点の天気，風向，風力を，それぞれ答えなさい。

(5)　等圧線の細い線は何hPaごとに引かれているか。また，太い線は何hPaごとに引かれているか。

(6)　図のD点の気圧は何hPaか。

| (1) | | (2) | | (3) | |
|---|---|---|---|---|---|
| (4) 天気 | | 風向 | | 風力 | |
| (5) 細い線 | | 太い線 | | (6) | |

## 2

右の図は，日本付近のある地域の等圧線の様子で，矢印は空気の動きを表したものである。次の問いに答えなさい。

2点×7（14点）

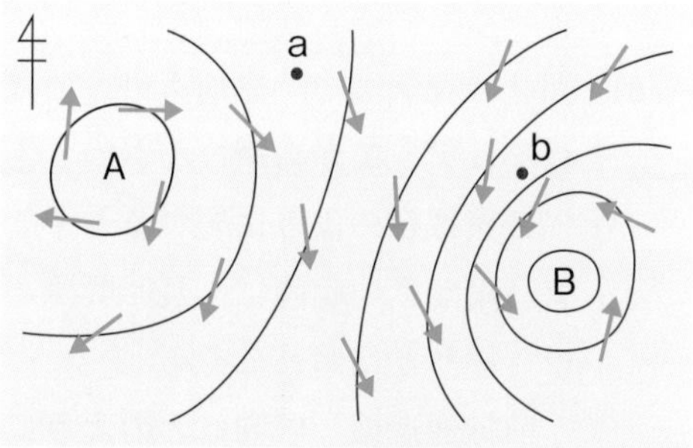

(1)　空気の動きによって吹くものを何というか。

(2)　図のa，bの2地点を比べたとき，(1)が強いのはどちらか。

(3)　図のA，Bのうち，高気圧はどちらか。

(4)　次の①〜④は，A，Bのどちらについて説明したものか。それぞれ記号で答えなさい。

①　風が吹き出し，下降気流ができる。　②　風が吹き込み，上昇気流ができる。

③　雲ができやすく，曇りや雨になることが多い。

④　雲ができにくく，晴れることが多い。

| (1) | | (2) | | (3) | |
|---|---|---|---|---|---|
| (4) ① | | ② | | ③ | ④ |

よく出る 3 次のグラフは，日本のある地点で観測したある日の気象要素の変化をまとめたものである。あとの問いに答えなさい。

5点×10（50点）

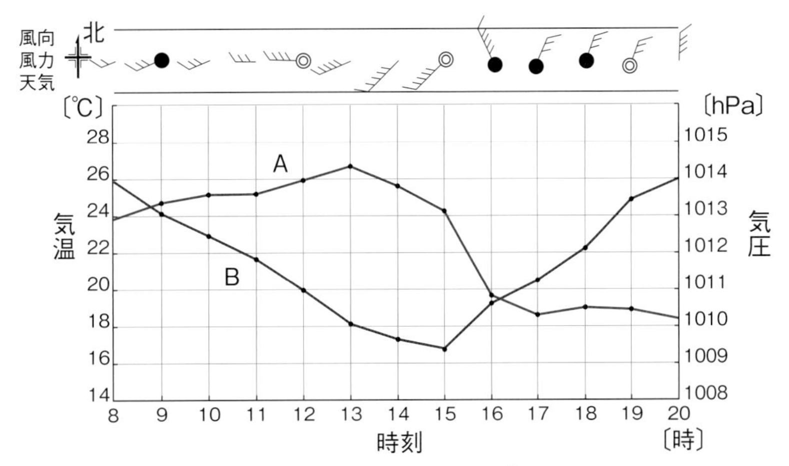


(1) グラフのA，Bは，それぞれ気温と気圧のどちらを表しているか。

(2) この観測を行っている間に，前線がこの地点を通過した。前線が通過したのは何時頃であると考えられるか。次のア～エから選びなさい。

ア 11時～12時

イ 13時～14時

ウ 15時～16時

エ 17時～18時

(3) 前線の通過によって雨が降り始めたとき，気温はどのように変化したか。

(4) 前線の通過によって雨が降り始めたとき，風向はどのように変化したか。

(5) 観測中に通過した前線は何か。

(6) (5)の前線付近では，何という雲が発達するか。

(7) (5)の前線付近での雨の様子について，次のア～エから正しいものを選びなさい。

ア 弱い雨が短い時間降る。

イ 強い風を伴う激しい雨が短い時間降る。

ウ 弱い雨が長く降り続く。

エ 強い風を伴う激しい雨が長く降り続く。

(8) 各地で測定された気圧は，海面の高さでの値に直して天気図上に書きこまれる。この値の等しい地点をなめらかな線で結んだものを何というか。

(9) (8)の間隔と風の強さは関係している。(8)の間隔が広い場合と狭い場合を比べると，風が強く吹くのはどちらか。

| (1) | A | | B | | (2) | | (3) | |
|---|---|---|---|---|---|---|---|---|
| (4) | | | | | (5) | | (6) | |
| (7) | | (8) | | | (9) | | | |

単元3

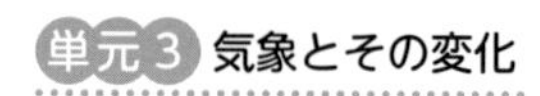

解答 p.23

# 確認のワーク ステージ1 4章 日本の気象 5章 大気の躍動と恵み

## 教科書の要点 (　)にあてはまる語句を，下の語群から選んで答えよう。

同じ語句を何度使ってもかまいません。

### 1 大気の動き

教 p.198～201

(1) 地球上には大規模な大気の動きがあり，中緯度地域(日本付近)の上空では，(①★　　　　)という西寄りの風が吹いている。低緯度地域(赤道付近)では，東寄りの風が吹いている。

(2) 偏西風(へんせいふう)の影響(えいきょう)により，日本付近の天気は(②　　　　)から(③　　　　)へ移り変わる。

└雲が西から東へ移動する。

### 2 日本の四季の天気

教 p.202～225

(1) 日本の天気に影響を与(あた)える気団(きだん)は，(①★　　　　)気団，オホーツク海気団(かいきだん)，小笠原気団(おがさわらきだん)である。

(2) 陸は海より温まりやすく冷めやすいので，昼間の海岸では，海から陸に向かう(②★　　　　)が吹く。また，夜間の海岸では，陸から海に向かう(③★　　　　)が吹く。

└陸上の気圧が海上より高くなる

(3) 冬はシベリア気団(きだん)が発達し，(④★　　　　)の気圧配置になる。北西の強い季節風(きせつふう)が吹き，日本海側に雪を降らせる。太平洋側は晴れの天気になる。

(4) 春は，(⑤　　　　)高気圧と低気圧が交互に通過するため，穏やかな晴れの日と雨の日が短い周期でやってくる。

(5) 夏が近づくと，(⑥★　　　　)気団と小笠原気団が接して，(⑦★　　　　)という停滞前線ができる。これがつゆ(梅雨(ばいう))で，ぐずついた雨の日が続く。

(6) (⑧★　　　　)気団の勢力が増してつゆ明(あ)けとなると，(⑨★　　　　)の気圧配置になる。南東の季節風が吹き，蒸し暑い晴れの日が続く。

(7) 台風(たいふう)は，日本の南方海上で発生する(⑩　　　　)低気圧が発達したもので，強い風を伴った激しい雨が降る。

└最大風速 17.2m/s 以上。

(8) 秋になると，(⑪★　　　　)という停滞前線が現れ，ぐずついた天気が多くなる。その後，春と同じように移動性高気圧(いどうせいこうきあつ)と低気圧が交互に通過するようになる。

(9) 日本では，アメダスによる地上での観測だけでなく，海上や上空，(⑫　　　　)による宇宙からの観測も常時行われている。

#### まるごと暗記

冬の西高東低の気圧配置，梅雨・初秋の停滞前線，春・秋の移動性高気圧と低気圧，夏の南高北低の気圧配置など，季節ごとに特徴がある。

#### まるごと暗記

偏西風の影響で，日本付近の天気は西から東へと移り変わる。

**語群** 1 東／西／偏西風　2 南高北低(なんこうほくてい)／西高東低(せいこうとうてい)／気象衛星／オホーツク海／小笠原／シベリア／移動性／熱帯／秋雨前線(あきさめぜんせん)／梅雨前線(ばいうぜんせん)／陸風(りくかぜ)／海風(うみかぜ)

★の用語は，説明できるようになろう！

同じ語句を何度使ってもかまいません。

□にあてはまる語句を，下の語群から選んで答えよう。

## 1 春，つゆ，夏，秋の天気，台風

教 p.204〜207

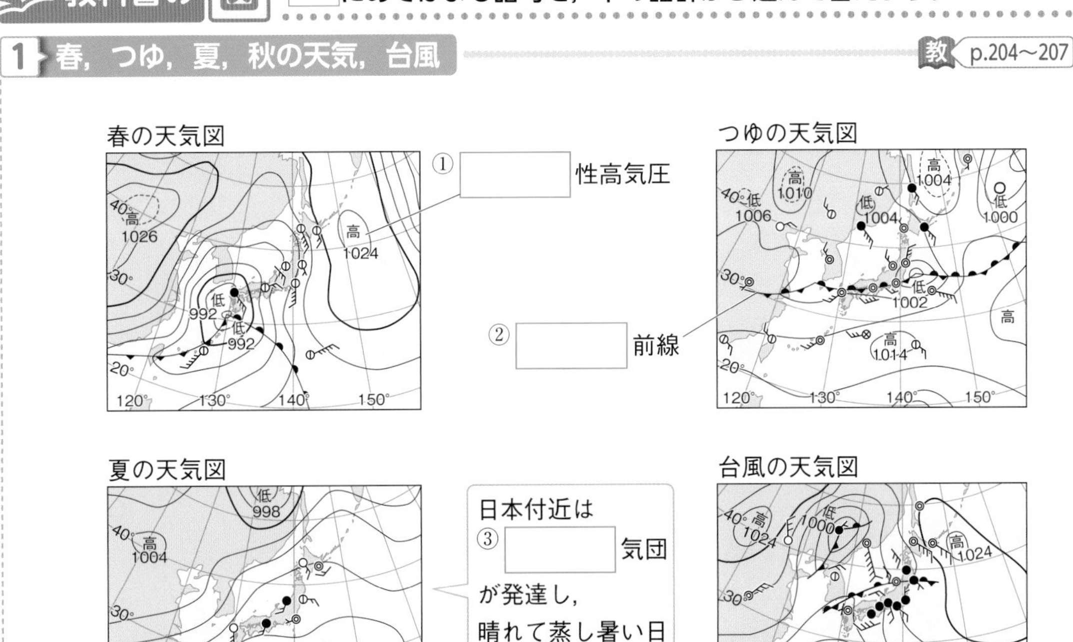

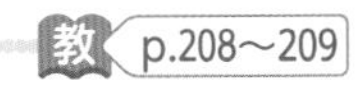

## 2 冬の天気

教 p.208〜209

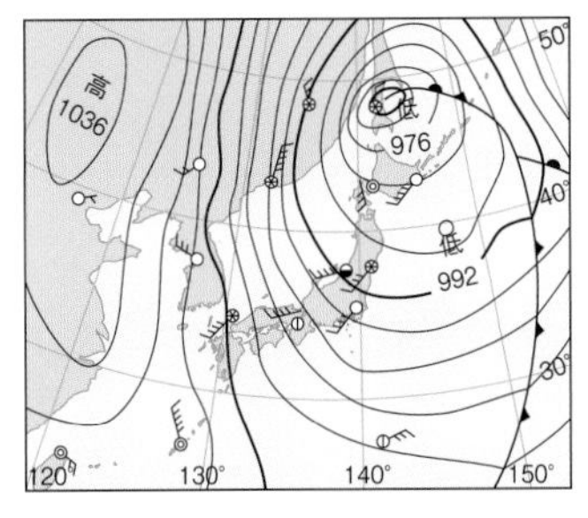

日本付近では，南北方向の① □が狭い間隔で並んでいることが多い。

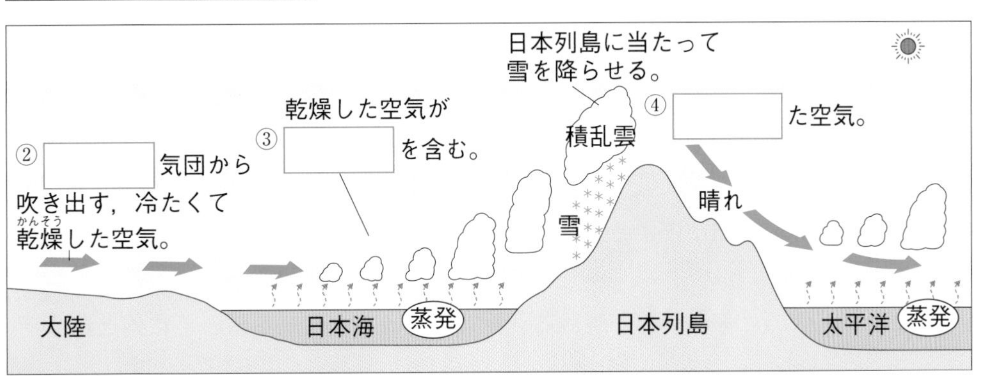


**語群**
1 小笠原／移動／台風／梅雨
2 水蒸気／シベリア／乾燥し／等圧線

わからない用語は，教科書の要点の★で確認しよう！

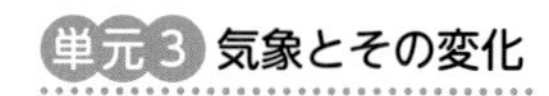


# 定着のワーク ステージ2 4章 日本の気象 5章 大気の躍動と恵み

**1 日本の四季と気団** 右の図は，日本の四季に影響を与える３つの気団を表したものである。次の問いに答えなさい。

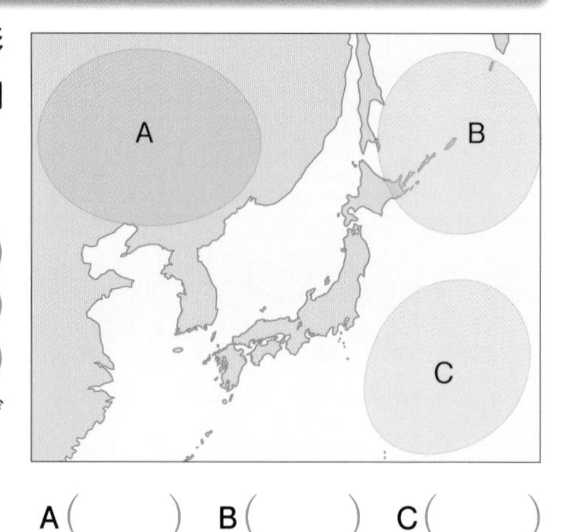


(1) A～Cの気団の名称をそれぞれ答えなさい。

A(　　　　　　)
B(　　　　　　)
C(　　　　　　)

(2) A～Cの気団の特徴を，次のア～エからそれぞれ選びなさい。ヒント

A(　　) B(　　) C(　　)

ア 冷たくて乾燥している。　イ 冷たくて湿っている。
ウ 暖かくて乾燥している。　エ 暖かくて湿っている。

(3) 春や秋に発生し，低気圧と交互に日本を通過する高気圧を何というか。(　　　　　　)

(4) 春や秋に天気が西から東に移り変わるのは，何という風の影響を受けているからか。(　　　　　　)

(5) 夏に日本上空を覆う気団は，A～Cのどれか。(　　)

(6) 夏の午後に起こりやすい，激しい雷雨(らいう)(夕立(ゆうだち))をもたらす雲の名称を答えなさい。(　　　　　　)

(7) 冬に発達する気団は，A～Cのどれか。(　　)

(8) 冬の日本に特徴的な気圧配置を何というか。(　　　　　　)

**2 前線と日本の天気** 右の図は，夏が近づく頃の日本付近の天気図を表したものである。次の問いに答えなさい。

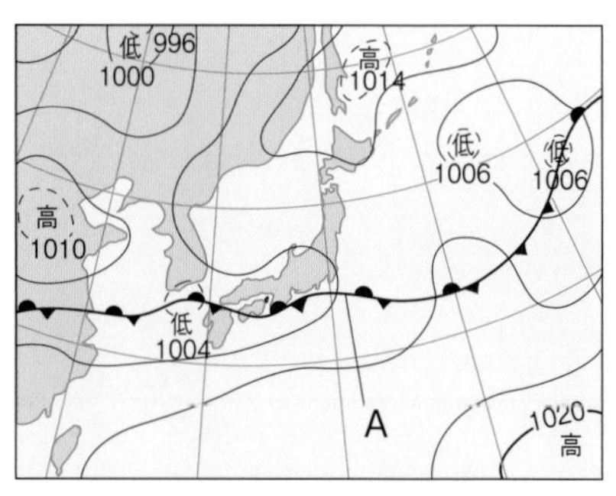


(1) この時期に現れる停滞前線Aを，とくに何というか。ヒント (　　　　　　)

(2) この時期，日本付近ではぐずついた雨の日が続く。これを何というか。(　　　　　　)

(3) 前線Aは２つの気団が接するところにできる。この２つの気団の名称を答えなさい。
(　　　　　　)(　　　　　　)

(4) 秋にも同じように停滞前線が現れる。秋に現れる停滞前線を，とくに何というか。ヒント
(　　　　　　)

1(2)大陸上にできる気団は乾燥していて，海洋上にできる気団は湿っている。
2(1)(4)前線Aは日本付近にしばらくの間とどまる停滞前線である。

## 3 日本の四季

日本は，季節ごとに天気の特徴がある。図１は，冬の日本付近の天気図で，図２は，冬の日本海側と太平洋側の天気の様子について説明しようとしたものである。また，図３は，いろいろな季節の天気図である。次の問いに答えなさい。

図１
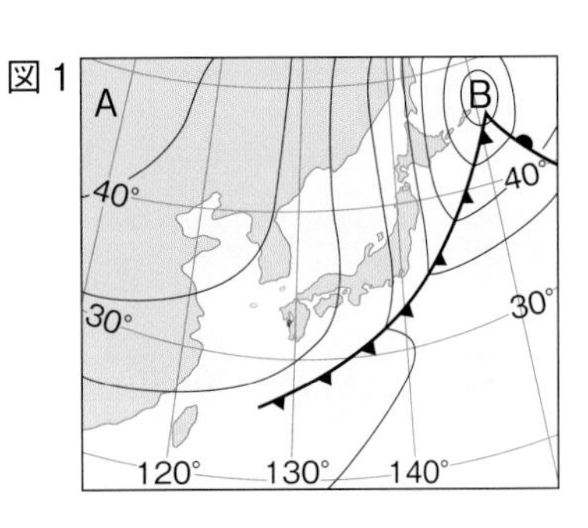


(1) 図１で，気圧が高いのは，A，Bのどちらか。ヒント
（　　　）

(2) 冬に発達する気団を何というか。ヒント
（　　　　　　）

図２

積乱雲
多量の水蒸気を含む。
積雲
冬の季節風
大陸
日本海
日本列島
太平洋

(3) 図２の空気の流れによって，日本列島の日本海側と太平洋側はどのような天気になることが多いか。ヒント
日本海側（　　　　　　　　　　）　太平洋側（　　　　　　　　　　）

(4) 夏の天気図を表しているのは，図３の㋐～㋒のどれか。
（　　　）

(5) 夏に太平洋上で発達する気団を何というか。
（　　　　　　）

(6) 夏の日本付近に見られる，夏型の気圧配置を何というか。
（　　　　　　）

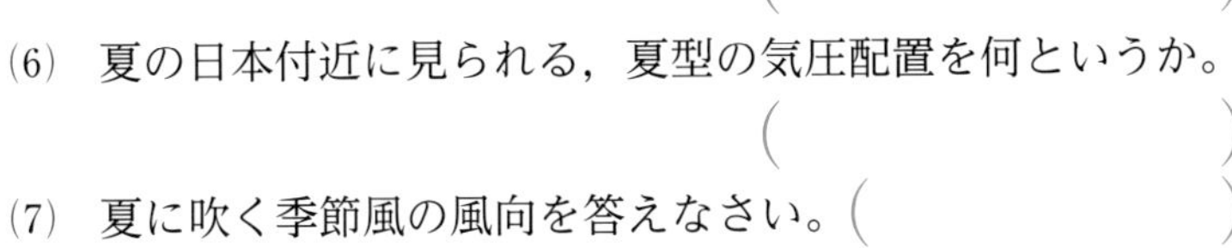

(7) 夏に吹く季節風の風向を答えなさい。（　　　　　　）

(8) 夏の日本では，どのような天気の日が続くか。
（　　　　　　　　　）

(9) 台風の天気図を表しているのは，図３の㋐～㋒のどれか。
（　　　）

(10) 台風は，南方海上で発生した何が発達したものか。
（　　　　　　）

(11) 夏から秋にかけて発生した台風は，初めは西に進み，途中で進路を北東に変える。進路が変わるのは，何の影響によるか。（　　　　　　）

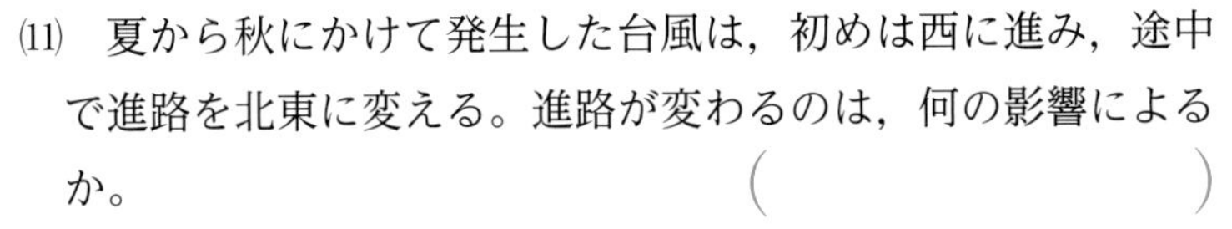

(12) 図１や図３の㋐～㋒の天気図のような気象情報を発表しているのは，国の何という機関か。（　　　　　　）

(13) (12)の機関などが発表する情報は，何を通して得ることができるか。１つ答えなさい。（　　　　　　）

図３

㋐
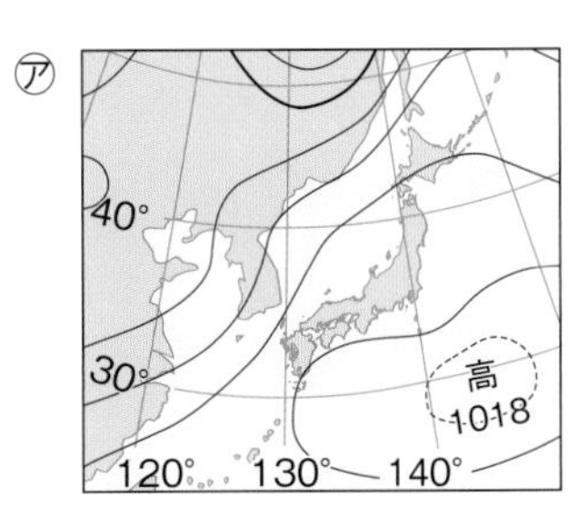


㋑
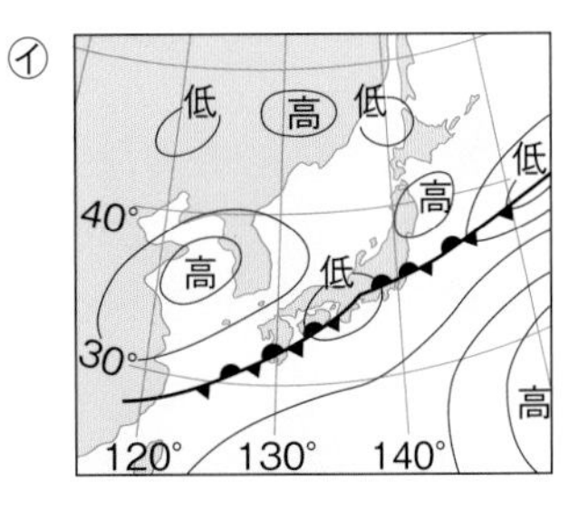


㋒
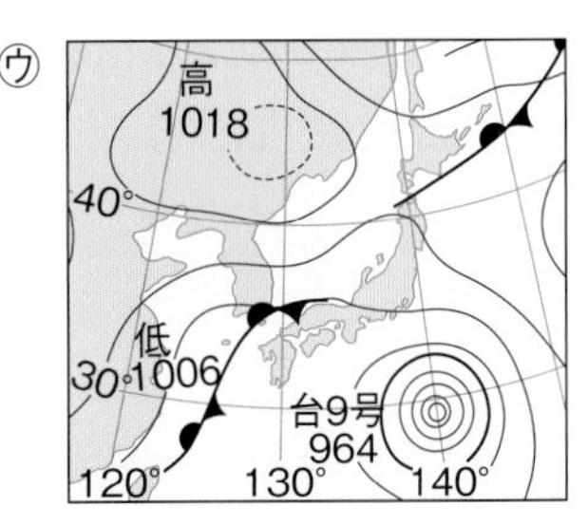

3(1)(2)冬には，大陸上の気団が発達し，高気圧ができる。海洋上には，前線を伴った低気圧がある。(3)太平洋側へ流れた空気は乾燥している。

解答 p.23

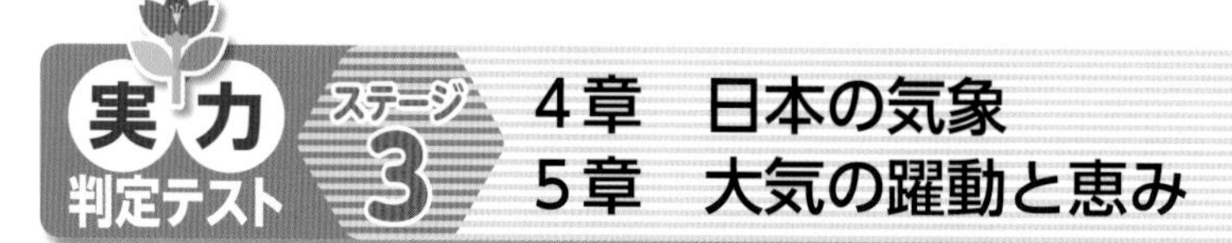


# 4章 日本の気象
# 5章 大気の躍動と恵み

## 1 次の文について，正しいものには○を，まちがっているものには×を書きなさい。

4点×5（20点）

① 地球規模で見ると，赤道付近では上昇気流，北極付近では下降気流が発生する。
② 同じ面積で受ける太陽のエネルギーの量は，赤道付近よりも北極付近の方が多い。
③ 海は陸よりも温まりやすく，冷めやすい。
④ 冬の季節風は，大陸で空気が冷やされて気圧が高くなるために吹く。
⑤ 梅雨前線は，シベリア気団と小笠原気団が接してできる。

| ① | | ② | | ③ | | ④ | | ⑤ | |
|---|---|---|---|---|---|---|---|---|---|

## 2 右の図は，晴れた日の昼や夜に，海岸で吹く風を表したものである。これについて，次の問いに答えなさい。

3点×6（18点）

図1
㋐
陸
海

図2
㋑
陸
海

(1) 図の㋐，㋑のような風をそれぞれ何というか。
(2) 陸と海とで，温まりやすく，冷めやすいのはどちらか。
(3) 図1で，陸上では海上に比べて，気温と気圧がそれぞれどのようになっているか。
(4) 晴れた日の昼の様子を表しているのは，図1と図2のどちらか。

| (1) | ㋐ | | ㋑ | | (2) | | (3) | 気温 | | 気圧 | | (4) | |
|---|---|---|---|---|---|---|---|---|---|---|---|---|---|

## よく出る 3 右の図は，冬のシベリア気団からの風が日本列島に向かって吹く様子を表したものである。これについて，次の問いに答えなさい。

4点×5（20点）

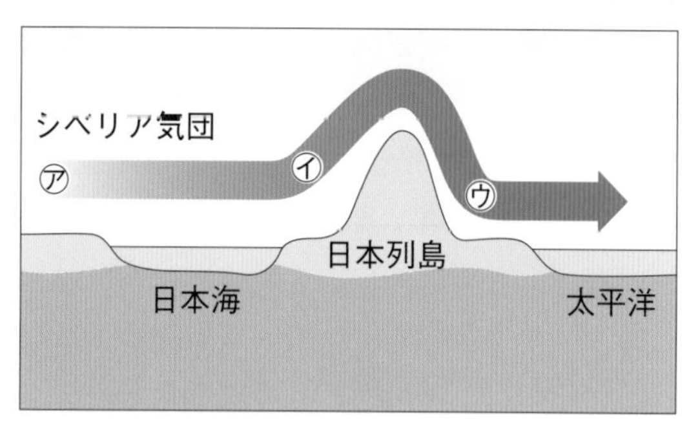


(1) 図のように，季節によって決まった方向から吹く風を何というか。
(2) 冬の(1)の風向を答えなさい。
(3) 空気が乾燥しているところを，㋐〜㋒からすべて選びなさい。

(4) 冬の日本海側と太平洋側の天気の特徴を簡単に答えなさい。

| (1) | | (2) | | (3) | | (4) | 日本海側 | | 太平洋側 | |
|---|---|---|---|---|---|---|---|---|---|---|

## 4 右の天気図は，日本付近のある季節の天気図である。これについて，次の問いに答えなさい。

4点×6（24点）

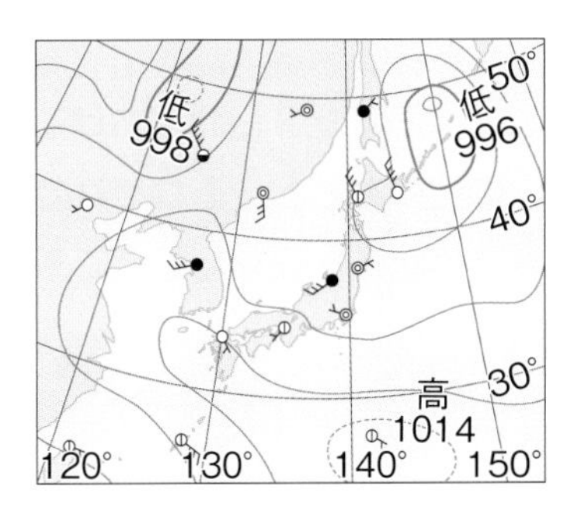


(1) 右の天気図は，どの季節のものか。次のア～ウから選びなさい。

ア 冬　イ 梅雨　ウ 夏

(2) この季節の天気に影響を与える気団は何か。

(3) この季節に吹く季節風の風向を答えなさい。

(4) この季節に発生し，夕立などをもたらす雲の名称を答えなさい。

(5) 図のような気圧配置を何というか。

記述 (6) 図のような気圧配置のときの日本列島の天気の特徴を簡単に答えなさい。

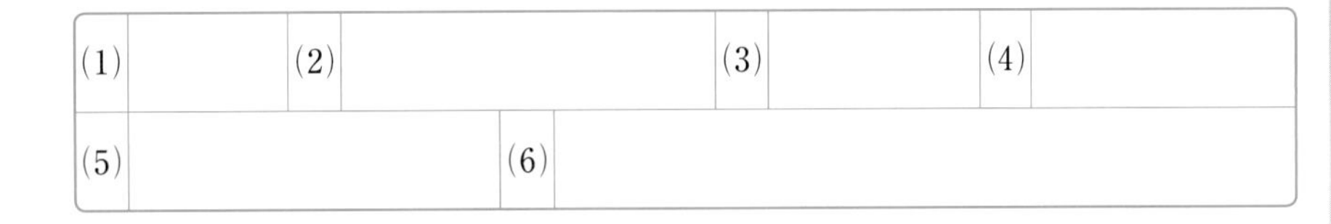

| (1) | | (2) | | (3) | | (4) | |
|---|---|---|---|---|---|---|---|
| (5) | | (6) | | | | | |



## よく出る 5 下の㋐～㋒の図は，日本付近の異なる季節の特徴的な天気図で，㋓は㋐～㋒のいずれかの天気図の季節の雲画像である。これについて，あとの問いに答えなさい。

2点×9（18点）

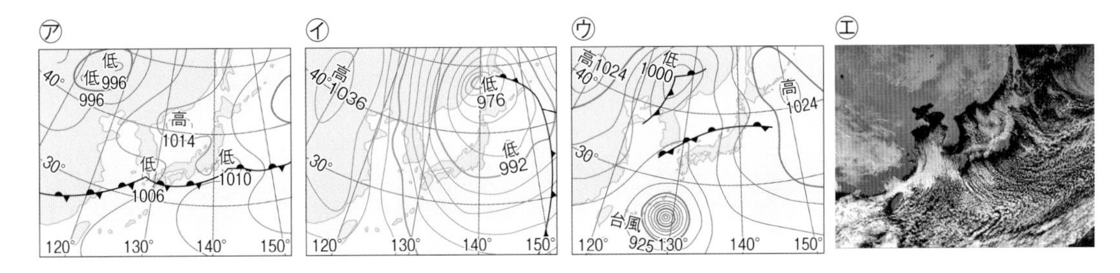


(1) ㋐～㋒の天気図は，それぞれどの季節のものか。次のア～エから選びなさい。

ア 春　イ 梅雨　ウ 秋　エ 冬

(2) ㋐，㋒の時期に見られる停滞前線を，それぞれ何というか。

(3) ㋑のような気圧配置を何というか。

(4) ㋓の雲画像は，㋐～㋒のどの天気図の季節のものか。

(5) ㋒の天気図に見られる台風の進み方について，次の文の(　)にあてはまる言葉を答えなさい。

この季節の台風は，( ① )の西のへりに沿って，( ② )の影響を受けながら北東に進み，日本に近づくものが多い。

| (1) | ㋐ | | ㋑ | | ㋒ | | (2) | ㋐ | | ㋒ | |
|---|---|---|---|---|---|---|---|---|---|---|---|
| (3) | | | | (4) | | | (5) | ① | | ② | |

## 単元3 気象とその変化

**1** 連続した3日間における12時の天気を観測し，天気記号で記録した。また温湿度記録計の記録をもとにそれぞれの日の気圧，気温，湿度を3時間ごとに記録した。下の図はこのときの記録を表したものである。これについて，あとの問いに答えなさい。 9点×4（36点）

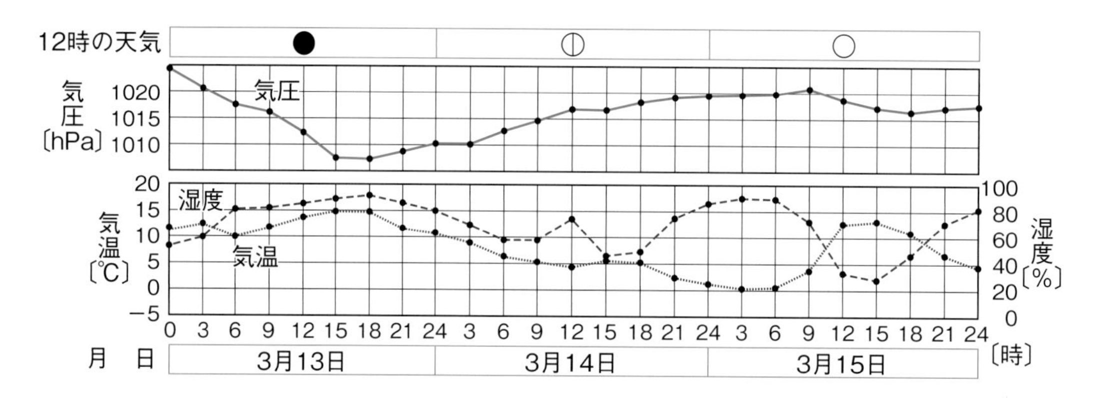


(1) 気象観測を行うとき，天気が「快晴」「晴れ」「曇り」のいずれであるかは，何によって判断するか。次のア～エから選びなさい。

ア 地表付近の水蒸気の量

イ 空を覆う雲の量

ウ 太陽から地表に届く光の量

エ 太陽から地上に届く熱の量

(2) 下の表は，それぞれの空気の温度での飽和水蒸気量を表したものである。3月13日午前6時の空気1 m³中に含まれていた水蒸気の量は何gか。四捨五入して小数第1位まで求めなさい。

| 温度〔℃〕 | 8 | 10 | 12 | 14 | 16 | 18 |
|---|---|---|---|---|---|---|
| 飽和水蒸気量〔g/m³〕 | 8.3 | 9.4 | 10.7 | 12.1 | 13.6 | 15.4 |

(3) 観測した3日間で，露点が最も高かったのはいつか。次のア～エから選びなさい。

ア 3月13日18時　　イ 3月14日12時

ウ 3月15日3時　　エ 3月15日15時

(4) 次の㋐～㋒は，ある3日間における午前9時の天気図である。天気図を日付の順に並べかえなさい。

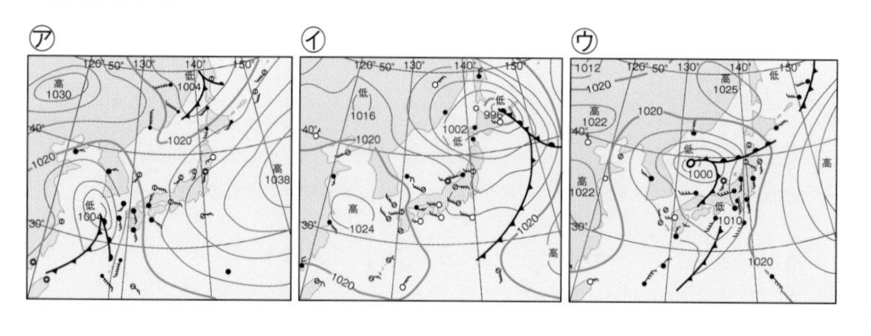


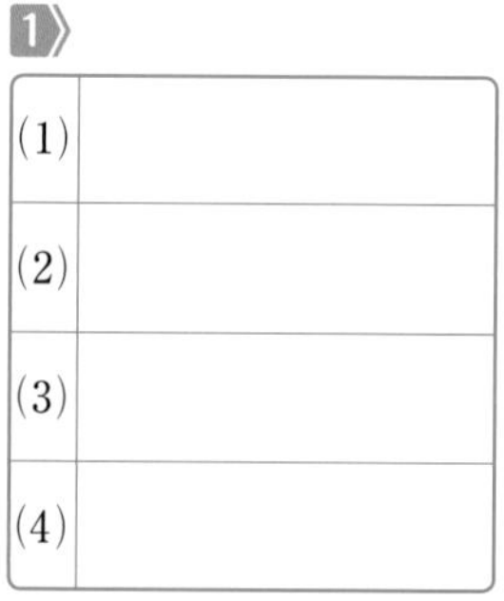

**目標** 湿度の計算ができるようになろう。日本付近の天気の特徴や，低気圧・高気圧，前線について正しく理解しよう。

自分の得点まで色をぬろう！

がんばろう！ もう一歩 合格！

0 60 80 100点

**2** 右の図は，ある日の日本付近の天気図である。これについて，次の問いに答えなさい。 9点×4（36点）

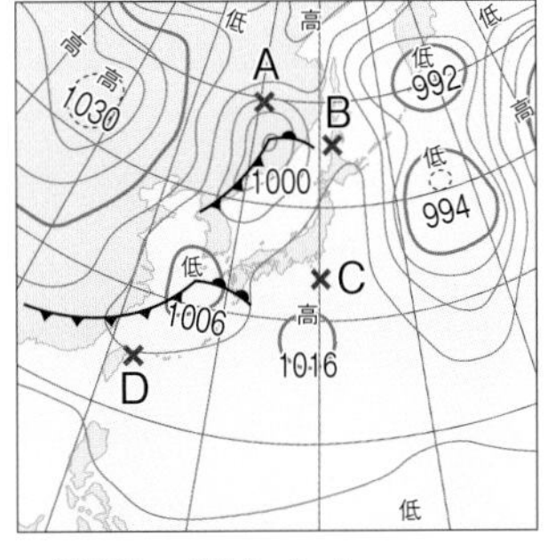


(1) 風の強さが最も強い地点はどこか。図のA～Dから選びなさい。

(2) 日本付近の低気圧は，一般にどの方向に進むことが多いか。次のア～エから選びなさい。

ア 西から東　イ 東から西

ウ 北から南　エ 南から北

(3) (2)の方向に低気圧が進むのはなぜか。簡単に答えなさい。

(4) D地点の風向を天気図から読み取り，最も近いものを次のア～エから選びなさい。

ア 東　イ 西　ウ 南　エ 北

**2**

| | |
|---|---|
| (1) | |
| (2) | |
| (3) | |
| (4) | |

**3** 右の図は，ある日の日本付近の雲画像である。また，図のAの方向には低気圧の中心が，Bの方向には気団の中心がある。これについて，次の問いに答えなさい。 4点×7（28点）

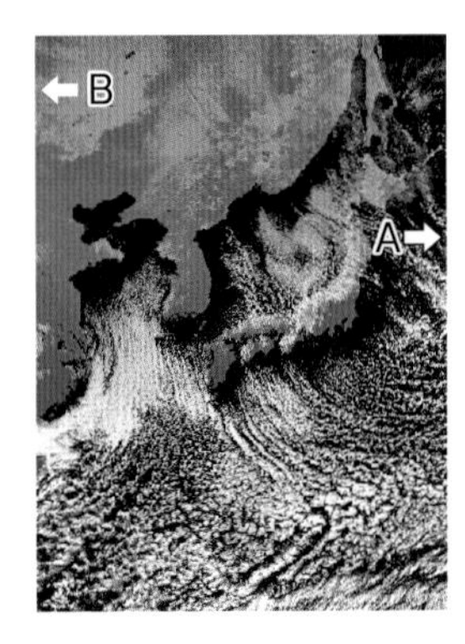


(1) 低気圧から寒冷前線に沿って南西に雲ができていた。この前線付近に見られる雲の名称を答えなさい。

(2) Bの方向にある気団の名称を答えなさい。

(3) Bの方向にある気団の性質を，次のア～エから選びなさい。

ア 冷たく乾燥している。　イ 冷たく湿っている。

ウ 暖かく乾燥している。　エ 暖かく湿っている。

(4) 図の雲画像が見られる季節の日本の天気の特徴として適切なものを，次のア～エから選びなさい。

ア 日本海側では曇りや雪の日が多く，太平洋側では晴れの日が続く。

イ 高気圧や低気圧が交互に通過し，天気が周期的に変化する。

ウ ぐずついた天気の日が続き，大雨が降ることもある。

エ 晴れの日が続き，太平洋側では蒸し暑い日が多い。

(5) ある地点の天気を天気記号で表すと右の図のようになった。この記号が表している天気，風向，風力を答えなさい。

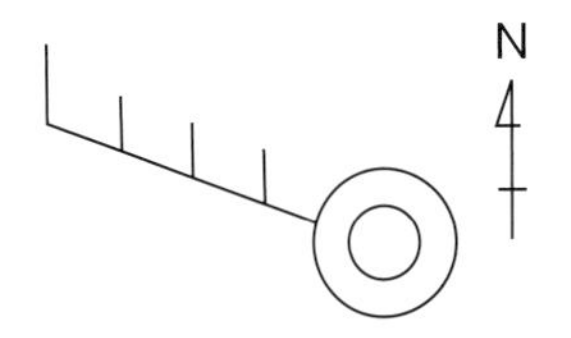


**3**

| | | |
|---|---|---|
| (1) | | |
| (2) | | |
| (3) | | |
| (4) | | |
| (5) | 天気 | |
| | 風向 | |
| | 風力 | |

単元3

終わったら後ろの，3，4，8，13をやろう。

解答 p.25

# 確認のワーク ステージ1 1章 電流と電圧(1)

## 教科書の要点

同じ語句を何度使ってもかまいません。

(　　)にあてはまる語句を，下の語群から選んで答えよう。

### 1 回路と電源

教 p.226〜235

(1) 電流が流れる道筋を(①★　　　　)という。

(2) 発光ダイオード(LED)の端子には＋極－極の区別があり，長い端子を電池の－極側につないでも点灯(②　　　　)。

(3) 電池のように，電流を流すはたらきをもつ装置を(③★　　　　)という。電源が回路に電流を流すはたらきの大きさを(④★　　　　)(電圧)といい，単位は(⑤★　　　　)(記号：V)が使われる。

(4) 乾電池を直列つなぎにすると，電圧の大きさを増すことができる。乾電池を並列つなぎにしても，電源電圧の大きさは変化しない。

(5) 電気器具を記号で表したものを**電気用図記号**といい，電気用図記号を使って回路を表したものを(⑥★　　　　)という。

**まるごと暗記** 電流が流れる道筋を**回路**という。**電気用図記号**を使って回路図に表すことができる。

### 2 回路の中の電流

電流の大きさを表す記号には，*I* を使う。

教 p.236〜239

(1) 電流の大きさを表す単位は(①★　　　　)(記号：A)や(②★　　　　)(記号：mA)が使われる。

1 mA = 0.001A

(2) 電流計は，測定する部分に(③　　　　)につなぐ。

(3) 乾電池で豆電球を点灯するときのように，一本道の回路では，電流の値がしだいに減ることはなく，どの部分でも流れる電流の大きさが(④　　　　)なっている。

**まるごと暗記** 乾電池で豆電球を点灯させるときなど，一本道の回路では，どの部分の電流も**同じ大きさ**である。

### 3 回路の中の電圧

教 p.240〜243

(1) 回路には，２点間で決まる(①★　　　　)という量がある。

(2) 電圧計は，測定する部分に(②　　　　)につなぐ。

(3) 乾電池で豆電球を点灯するとき，電源電圧と豆電球の両端の電圧は(③　　　　)。

電圧の大きさを表す記号には V を使う。

(4) スイッチや導線部分の電圧はほぼ０Ｖである。

(5) 導線と比べて電流が流れにくく，電流が流れるときだけ電圧が生じる物体を(④★　　　　)(**抵抗体**)という。豆電球以外にも，(⑤　　　　)(ニクロム線)や抵抗器がある。

**まるごと暗記** 乾電池で豆電球を点灯するときでは，乾電池と豆電球の両端の電圧は**等しい**。

**語群** ①電源／電源電圧／回路／回路図／しない／ボルト　②直列／等しく／アンペア／ミリアンペア　③等しい／抵抗／並列／電圧／電熱線

★の用語は，説明できるようになろう！

同じ語句を何度使ってもかまいません。

## 教科書の 図

□にあてはまる語句を，下の語群から選んで答えよう。

### 1 電気用図記号

教 p.235

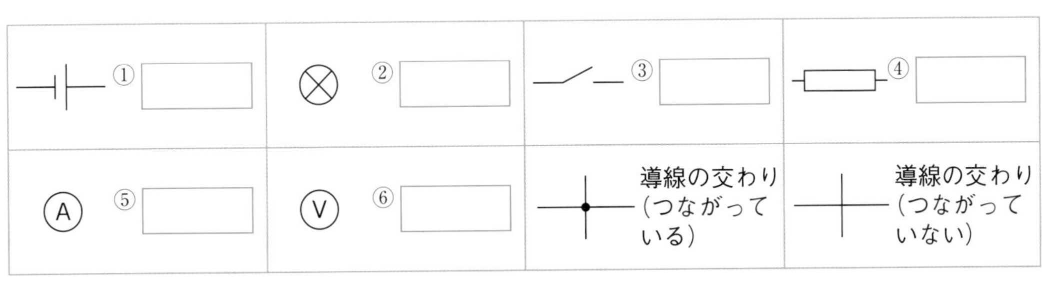


### 2 電圧計の使い方

教 p.232

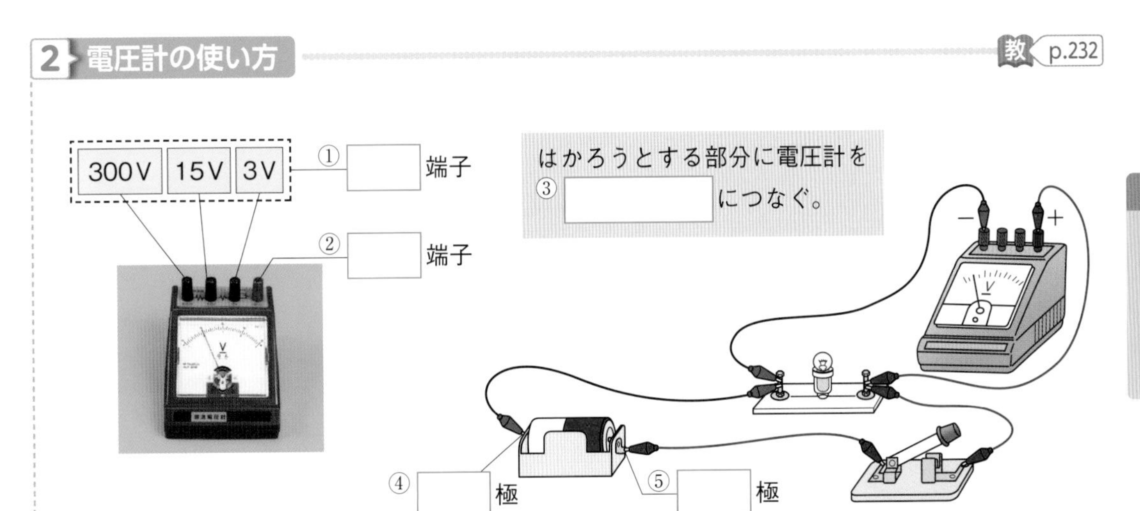


### 3 電流計の使い方

教 p.238〜239

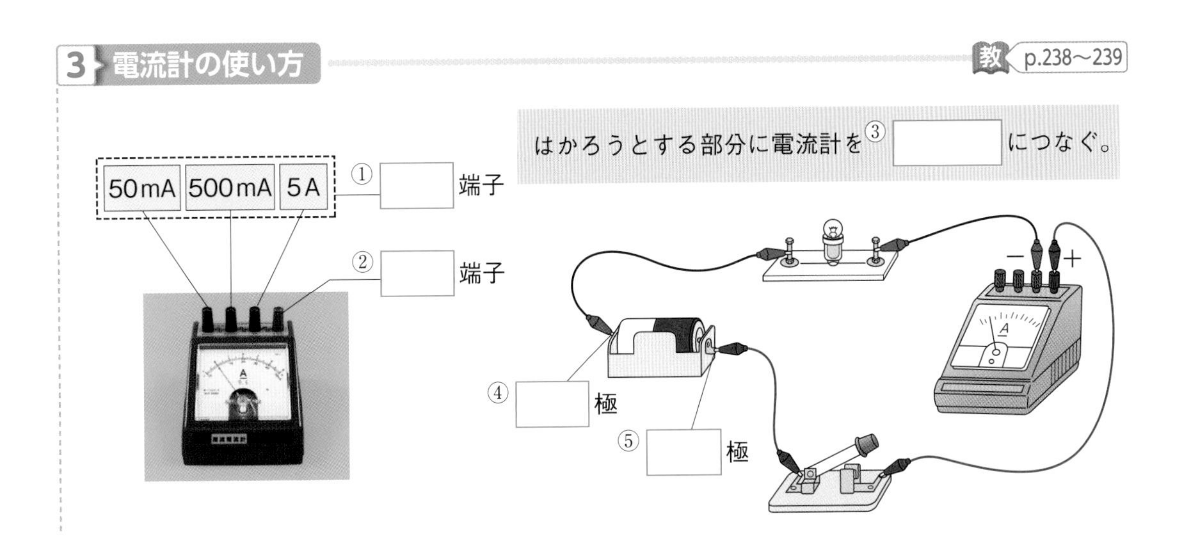


**語群**
1 電流計／電圧計／スイッチ／電池（直流電源）／電球／抵抗器（電熱線）
2 ＋／－／並列　　3 ＋／－／直列

わからない用語は，教科書の要点の★で確認しよう！

解答 p.25

# 定着のワーク ステージ2 1章 電流と電圧(1)

**レベルUP 1 電流の流れる向き** 下の図のように，モーターと発光ダイオードに電流を流した。あとの問いに答えなさい。ヒント

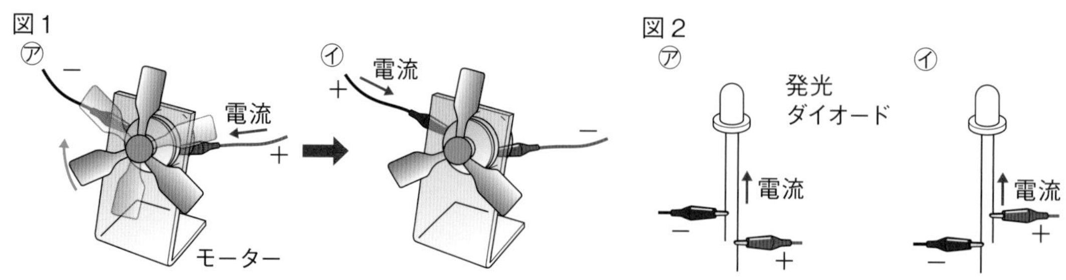


(1) 図1の㋐で，電流を流すと，プロペラは矢印の向きに回転した。その後，㋑のように電流の流れる向きを反対にすると，プロペラの回転方向はどうなるか。(　　　　　　　)

(2) 図2の㋐，㋑のうち，電流を流したとき発光ダイオードが点灯するのはどちらか。(　　　)

**2 電流計と電圧計** 右の図は，電流計と電圧計である。これについて，次の問いに答えなさい。ヒント

㋐ ㋑

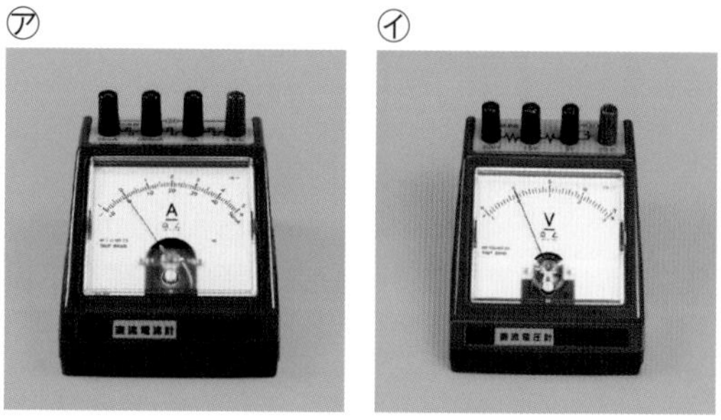

(1) 電流計は㋐，㋑のどちらか。(　　　)

(2) 電流計は，電流をはかりたい部分にどのようにつなげばよいか。(　　　　　　)

(3) 電流計の＋端子は，電源の＋極側と－極側のどちらにつなぐか。(　　　　)

(4) 電流の大きさが予測できないとき，どの－端子につなげばよいか。次のア～ウから選びなさい。(　　　)

ア 50mA　イ 500mA　ウ 5A

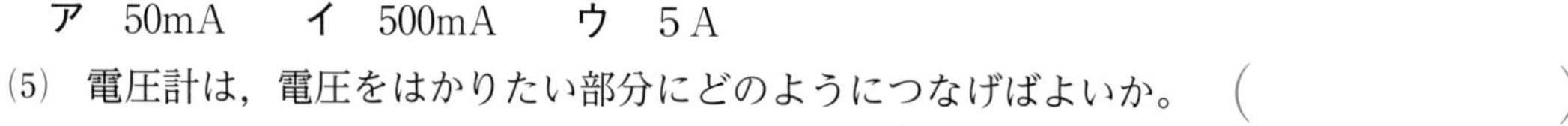

(5) 電圧計は，電圧をはかりたい部分にどのようにつなげばよいか。(　　　　　　)

(6) 電圧計の＋端子は，電源の＋極側と－極側のどちらにつなぐか。(　　　　)

(7) 電圧の大きさが予測できないとき，どの－端子につなげばよいか。次のア～ウから選びなさい。(　　　)

ア 300V　イ 15V　ウ 3V

(8) 右の図の①，②で表された電流や電圧の値をそれぞれ読み取りなさい。

①(　　　　　　)

②(　　　　　　)

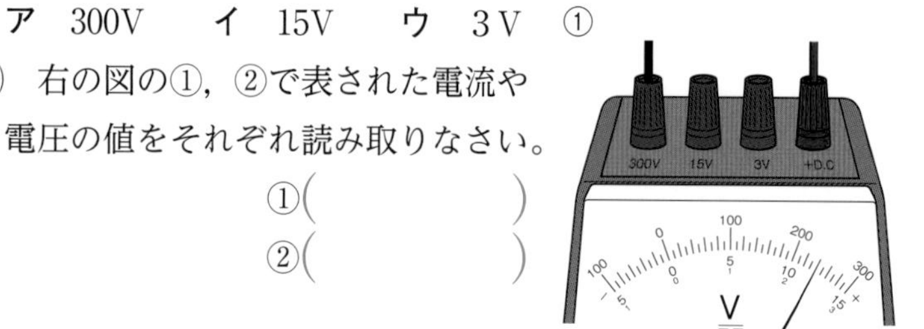


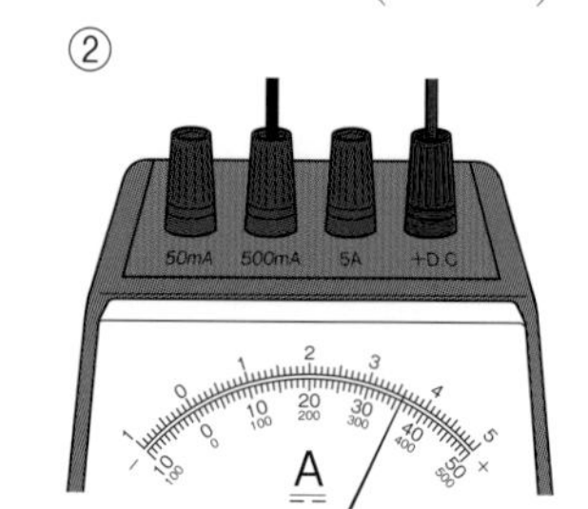

ヒントの森

❶発光ダイオードは，長い端子を電池の＋極，短い端子を電池の－極につないだときだけ光る。
❷電流計ははかりたい部分に直列に，電圧計ははかりたい部分に並列につなぐ。

**3 電源のつなぎ方**　右の図のように，豆電球１個と乾電池２個をつないで，明かりをつけた。これについて，次の問いに答えなさい。

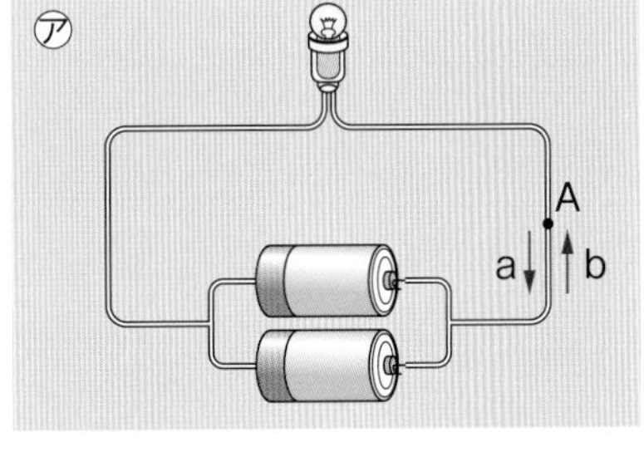


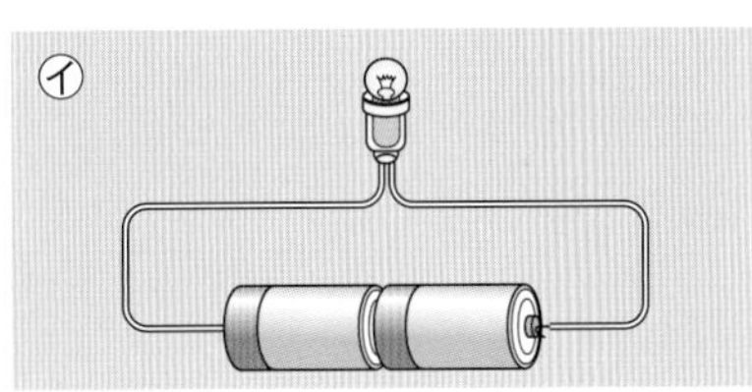


(1)　㋐のように，枝分かれさせて乾電池をつなぐつなぎ方を何つなぎというか。（　　　　　）

(2)　㋑のように，ひとまわりの道筋で乾電池をつなぐつなぎ方を何つなぎというか。（　　　　　）

(3)　㋐のA点で，電流の流れる向きを正しく表しているのは，a，bのうちどちらの矢印か。ヒント（　　　）

(4)　㋐と㋑のつなぎ方で，乾電池が１個とのときと２個のときで電源電圧が違うのはどちらか。（　　　）

**4 電源の直列つなぎ**　下の図は，豆電球と乾電池１個をつないだ回路，乾電池２個を直列つなぎにした回路を表している。あとの問いに答えなさい。

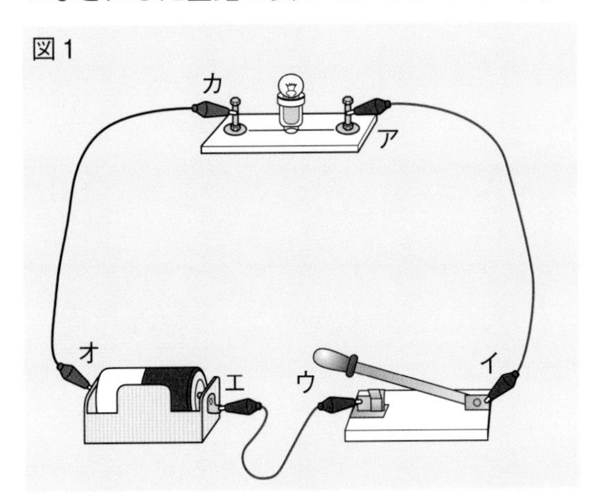


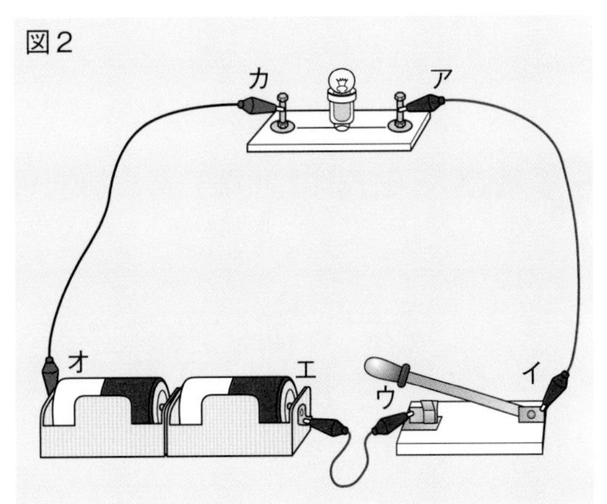


(1)　図１の点アで電流計の示す値を測定すると125mAであった。点イ～オに流れる電流はそれぞれ何mAか。ヒント

イ（　　　　　）　ウ（　　　　　）　エ（　　　　　）　オ（　　　　　）

(2)　図１で，電源の電圧を1.5Vとすると，点アと点カの間の電圧$V_{アカ}$は何Vになるか。（　　　　）

(3)　図２の点アで電流を測定すると250mAであった。点イ～オに流れる電流を答えなさい。

イ（　　　　　）　ウ（　　　　　）　エ（　　　　　）　オ（　　　　　）

(4)　図２で，点エと点オの間の電圧$V_{エオ}$を測定すると，3Vであった。点アと点カの間の電圧$V_{アカ}$は何Vになるか。（　　　　）

3(3)電流は，＋極を出て，－極に入る。
4(1)一本道の回路（直列回路）では，電流の値はどこでも等しい。

単元4

# 1章 電流と電圧(1)

## 1 回路について，あとの問いに答えなさい。

4点×8（32点）

図1

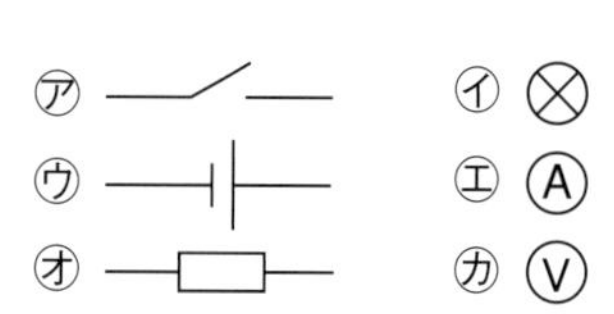


図2

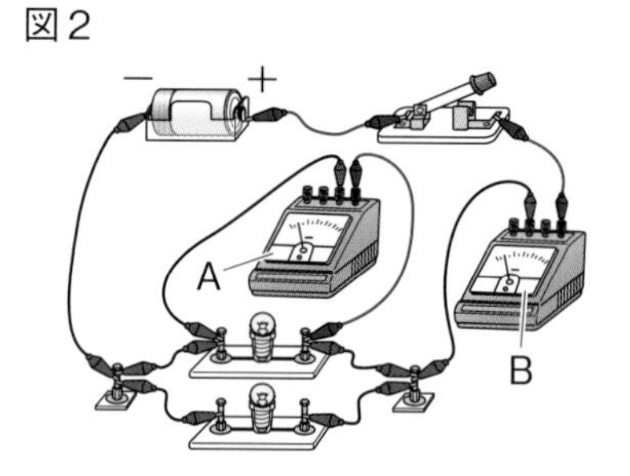


(1) 図1は，いろいろな電気器具を，電気用図記号で表したものである。㋐〜㋕はそれぞれ何という電気器具を表しているか。

(2) 図2は，ある回路を表したものである。A，Bの電気器具をそれぞれ何というか。

| (1) | ㋐ | | ㋑ | | ㋒ | | ㋓ | | ㋔ | |
|---|---|---|---|---|---|---|---|---|---|---|
| (1) | ㋕ | | (2) | A | | B | | | | |

## 2 電流計と電圧計について，あとの問いに答えなさい。

6点×6（36点）

図1

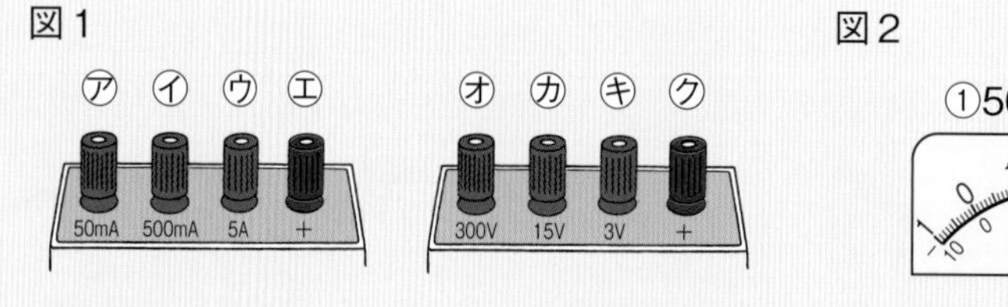


図2

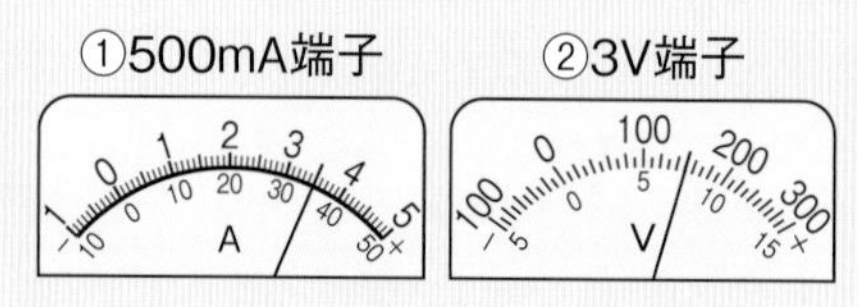


(1) 電流計は，測定しようとする部分にどのようにつなぐか。

(2) 電圧の大きさを表すとき，何という単位を用いるか。カタカナで答えなさい。

(3) 電流計と電圧計を回路につなぐとき，大きさが予想できない場合はまずどの－端子につなぐか。図1の㋐〜㋗からそれぞれ選びなさい。

(4) 500mAの－端子につないだとき，電流計の指針は図2の①のようになった。このときの電流の値を読み取りなさい。

(5) 3Vの－端子につないだとき，電圧計の指針は図2の②のようになった。このときの電圧の値を読み取りなさい。

| (1) | | | | (2) | | | |
|---|---|---|---|---|---|---|---|
| (3) | 電流計 | | 電圧計 | | (4) | | (5) | |

よく出る **3** 図1〜3のような回路をつくり，図のそれぞれの点を流れる電流と電圧の大きさを測定し，それぞれの結果を表にまとめた。これについて，あとの問いに答えなさい。ただし，乾電池1個の電圧は1.5Vとする。

4点×8（32点）

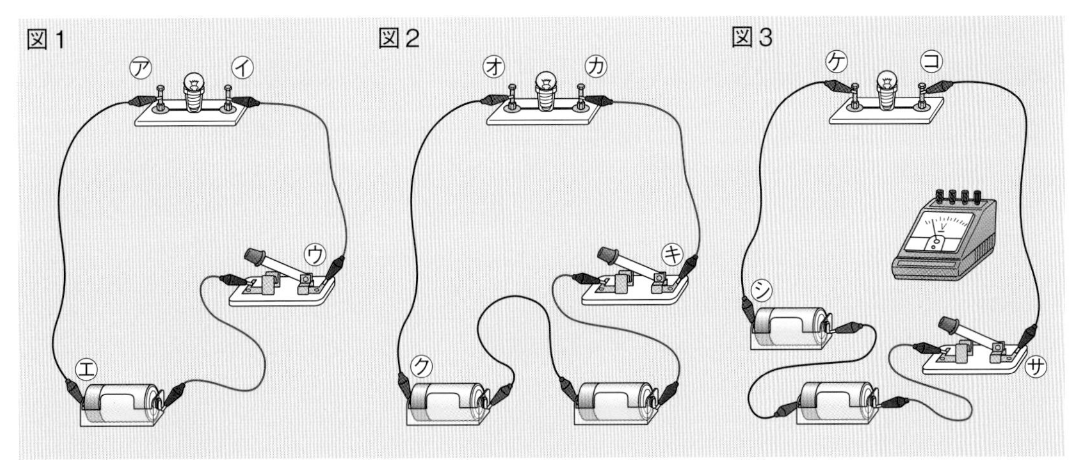


表1

| はかったところ | ㋐ | ㋑ | ㋒ | ㋓ | ㋔ | ㋕ | ㋖ | ㋗ |
|---|---|---|---|---|---|---|---|---|
| 電流〔mA〕 | $I_1$ | $I_2$ | $I_3$ | $I_4$ | $I_5$ | $I_6$ | $I_7$ | $I_8$ |

表2

| はかった区間 | ㋐㋑間 | ㋑㋒間 | ㋖㋗間 | ㋔㋕間 |
|---|---|---|---|---|
| 電圧〔V〕 | 1.5 | | | |

(1) 図1の回路で，電流の大きさ$I_1$，$I_2$，$I_3$，$I_4$にはどのような関係があるか。$I_1$，$I_2$，$I_3$，$I_4$と記号(＋，＝)を用いた式で表しなさい。

(2) 図1の㋐に流れる電流が800mAのとき，㋒を流れる電流は何mAか。

(3) 図2の回路で，電流の大きさ$I_5$，$I_6$，$I_7$，$I_8$にはどのような関係があるか。$I_5$，$I_6$，$I_7$，$I_8$と記号(＋，＝)を用いた式で表しなさい。

(4) 図2の㋔に流れる電流が700mAのとき，㋖に流れる電流は何mAか。

(5) 図3の㋘㋙間の電圧をはかりたい。電圧の大きさが予想できないとき，電圧計と導線のつなぎ方を図3にかき加えなさい。

(6) 表2で，㋑㋒間の電圧は何Vか。

(7) 図2で，㋖㋗間の電圧は何Vか。次の**ア**〜**エ**から選びなさい。

**ア** 0V　**イ** 1.2V　**ウ** 1.8V　**エ** 3.0V

作図

(8) 図2の回路図を，電気用図記号を用いて，図4にかきなさい。

図4

| (1) | | (2) | | (3) | | (4) | | (5) | 図3に記入 |
|---|---|---|---|---|---|---|---|---|---|
| (6) | | (7) | | (8) | 図4に記入 | | | | |

解答 p.27

# 確認のワーク ステージ1 1章 電流と電圧(2)

同じ語句を何度使ってもかまいません。

## 教科書の要点 (　)にあてはまる語句を，下の語群から選んで答えよう。

### 1 電圧と電流の関係

教 p.244〜258

(1) 電熱線などの抵抗に流れる電流の大きさは，抵抗に加わる電圧に比例する。この関係を(①★　　　　)という。

(2) 電流の流れにくさの程度を(②★　　　　)(抵抗)といい，抵抗の単位にはオーム(記号：Ω)を使う。

抵抗を表す記号には，*R* を使う。

(3) 抵抗，電流，電圧の関係を示す**オームの法則**は，次の式で表す。

・抵抗〔Ω〕＝(③　　　　)〔V〕／(④　　　　)〔A〕

・電圧〔V〕＝抵抗〔Ω〕×電流〔A〕　・電流〔A〕＝電圧〔V〕／抵抗〔A〕

(4) 抵抗が小さくて電流が流れやすい物質を(⑤★　　　　)，抵抗が大きくて電流が流れにくい物質を(⑥★　　　　)(絶縁体)という。**導体**と**不導体**の中間の物質を**半導体**という。

(5) 抵抗を直列につなぐと，回路全体の抵抗は，それぞれの抵抗の(⑦　　　　)になる。抵抗を並列につなぐと，回路全体の抵抗はそれぞれの抵抗よりも小さくなる。

**まるごと暗記**

電熱線に流れる電流の大きさは，電熱線に加わる電圧に比例するという法則を，**オームの法則**という。

**まるごと暗記**

複数の抵抗を枝分かれせずに1本の道筋でつなぐつなぎ方を**直列回路**という。

抵抗を枝分かれしてつなぐつなぎ方を**並列回路**という。

### 2 電力と電力量

教 p.259〜265

(1) 1秒間あたりに消費される電気エネルギーの大きさを(①★　　　　)といい，単位にはワット(記号：W)を使う。

**電力〔W〕＝電圧〔V〕×電流〔A〕**

(2) 電熱線に電流を流すと**熱**が発生する。このときの**熱量**は(②　　　　)(記号：J)という単位で表される。熱量は，電流を流した時間と電力に比例する。

熱量〔J〕＝電力〔W〕×時間〔s〕

(3) 消費された**電気エネルギー**の大きさを(③★　　　　)といい，単位にはジュールが使われる。

**電力量〔J〕＝電力〔W〕×時間〔s〕**

(4) 日常生活では，電力量の単位に(④★　　　　)(記号：Wh)や，キロワット時(記号：kWh)が使われる。

**まるごと暗記**

- 電力〔W〕＝電圧〔V〕×電流〔A〕
- 電力量〔J〕＝電力〔W〕×時間〔s〕

**語群**

1 電圧／電流／導体／不導体／和／電気抵抗／オームの法則

2 ジュール／ワット時／電力／電力量

★の用語は，説明できるようになろう！

同じ語句を何度使ってもかまいません。

## 教科書の図　□にあてはまる語句を，下の語群から選んで答えよう。

### 1 電圧と電流の関係

教 p.244〜248

電流は電圧に①□する。

↳②□の法則という。

計算をするとき，電流の単位にはアンペアを使うよ。

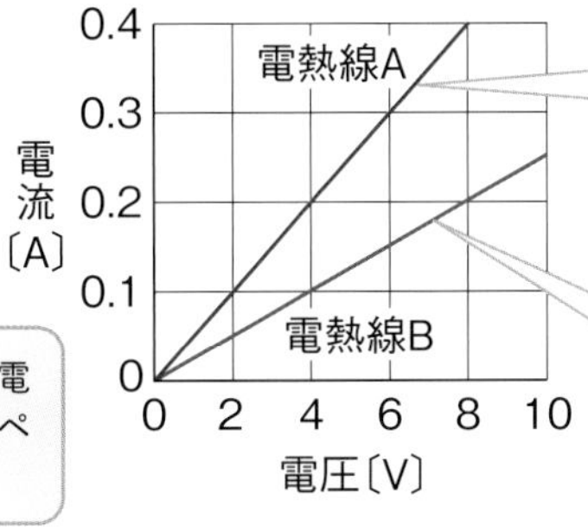

電熱線A：電流が流れ③□。➡抵抗が④□。

電熱線B：電流が流れ⑤□。➡抵抗が⑥□。

（グラフ：縦軸 電流〔A〕 0〜0.4，横軸 電圧〔V〕 0〜10，電熱線A，電熱線B）

### 2 回路全体の抵抗

①は計算の記号を書こう。

教 p.257〜258

※全体の抵抗を$R$，各抵抗を$R_1$，$R_2$とする。

●直列つなぎ

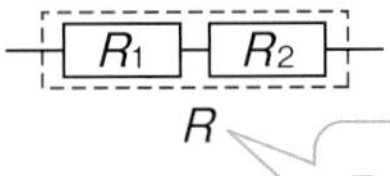

$R$＝$R_1$ ①□ $R_2$（記号）

●並列つなぎ

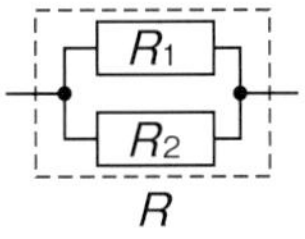

$R$は$R_1$や$R_2$よりも②□。

$\left(\frac{1}{R}=\right.$ ③□＋④□ が成り立つ。）

### 3 電熱線の発熱量

教 p.260〜264

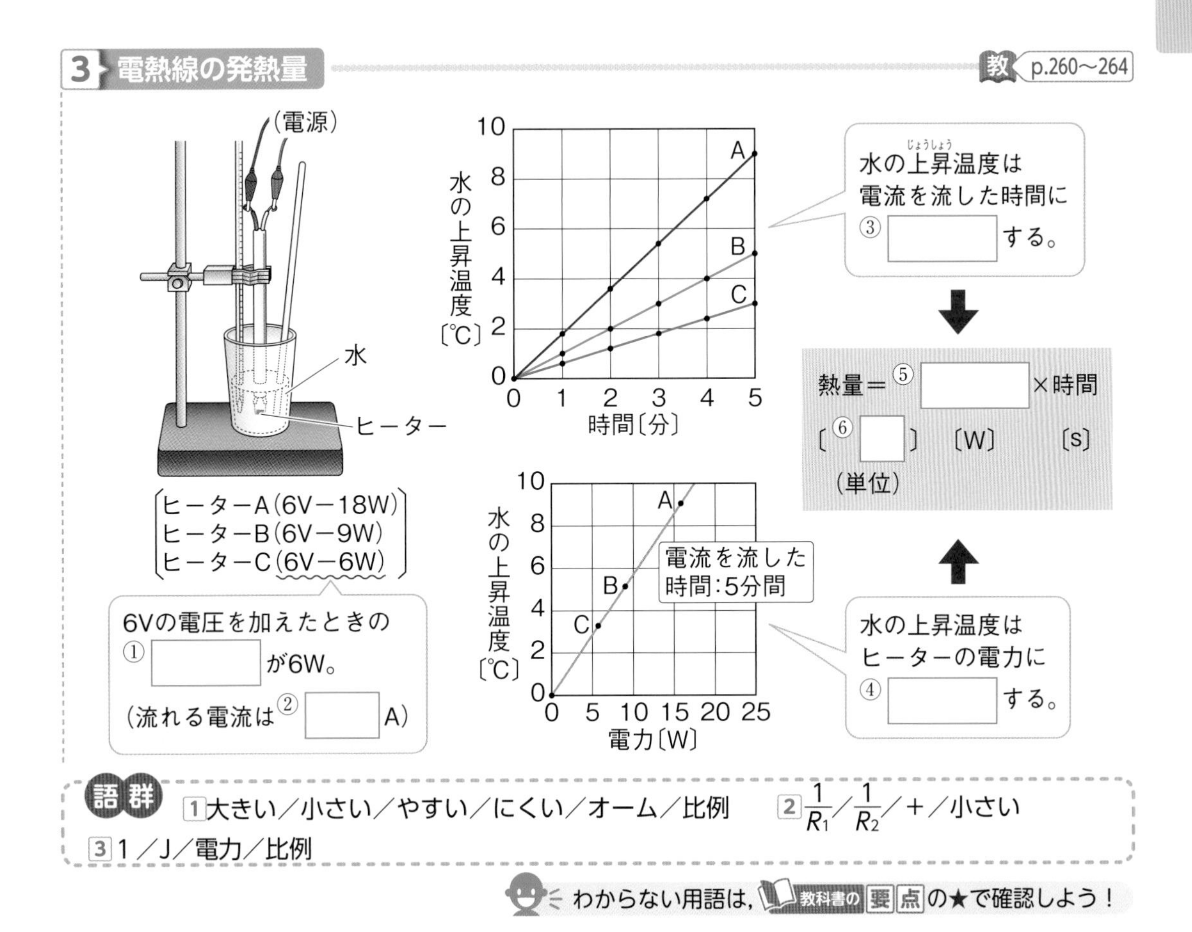


**語群**

1 大きい／小さい／やすい／にくい／オーム／比例　2 $\frac{1}{R_1}$／$\frac{1}{R_2}$／＋／小さい

3 1／J／電力／比例

わからない用語は，教科書の要点の★で確認しよう！

解答 p.27

# 1章 電流と電圧(2)－①

**1** 教 p.246 実験3 **電圧と電流の関係** 次の図のように，電熱線aを使って，加わる電圧と流れる電流の大きさを同時に測定する回路をつくった。そして，電熱線aに加わる電圧を変え，それぞれの場合の電流の大きさを測定した。次に，電熱線bについても同じ実験を行った。表はその結果を表したものである。これについて，あとの問いに答えなさい。

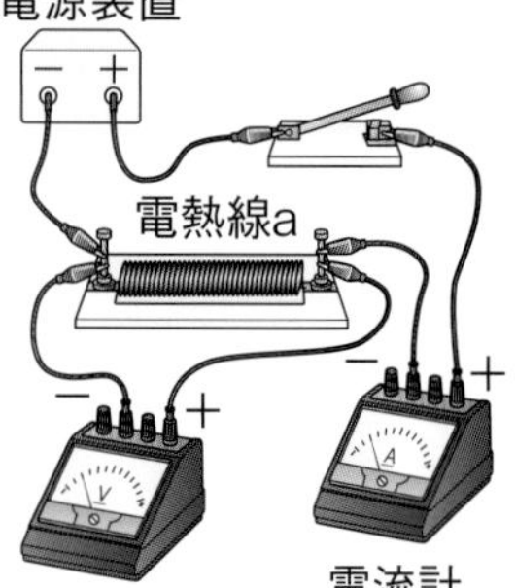


| 電圧〔V〕 | | 0 | 2.0 | 4.0 | 6.0 | 8.0 | 10.0 |
|---|---|---|---|---|---|---|---|
| 電流〔A〕 | 電熱線a | 0 | 0.08 | 0.16 | 0.23 | 0.32 | 0.41 |
| | 電熱線b | 0 | 0.10 | 0.20 | 0.30 | 0.40 | 0.50 |

作図 (1) 電熱線a，bでの電圧と電流の関係を，横(よこ)軸(じく)に電圧〔V〕，縦軸に電圧〔A〕をとり，右のグラフにそれぞれ表しなさい。

(2) グラフより，電熱線に加わる電圧と流れる電流の大きさにはどのような関係があることがわかるか。ヒント（　　　）

(3) (2)の関係を何というか。（　　　）

(4) 電熱線aに5Vの電圧を加えると，何Aの電流が流れるか。（　　　）

(5) 電熱線bに5Vの電圧を加えると，何Aの電流が流れるか。（　　　）

(6) 電熱線aと電熱線bに同じ電圧を加えたとき，流れる電流が小さいのはどちらか。（　　　）

(7) 電熱線aと電熱線bで，電流が流れにくいのはどちらか。ヒント（　　　）

(8) (7)のような，電流の流れにくさのことを何というか。（　　　）

(9) 図のような回路で，電熱線の(8)の大きさを$R$，電熱線に加える電圧を$V$，流れる電流の大きさを$I$としたとき，$R$はどのように表せるか。$V$と$I$を使った式で答えなさい。（　　　）

(10) 図のような回路で，電熱線の(8)の大きさを$R$，電熱線に加える電圧を$V$，流れる電流の大きさを$I$としたとき，$V$はどのように表せるか。$R$と$I$を使った式で答えなさい。（　　　）

ヒントの森
**1**(2)原点を通る直線になっている。(7)電圧と電流の関係を表した(1)のグラフの傾きが小さいほど，電流が流れにくいことを示す。

**2 オームの法則の利用**　オームの法則を使って，電流$I$，電圧$V$，抵抗$R$の大きさを計算で求めなさい。ヒント

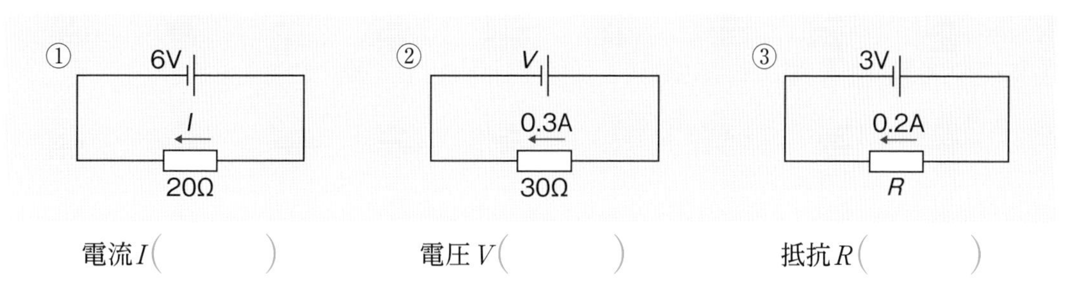


電流$I$（　　　）　電圧$V$（　　　）　抵抗$R$（　　　）

**3 回路全体の抵抗**　次の図のように，抵抗が20Ωの電熱線Aと，抵抗が30Ωの電熱線Bを使って回路をつくった。これについて，あとの問いに答えなさい。

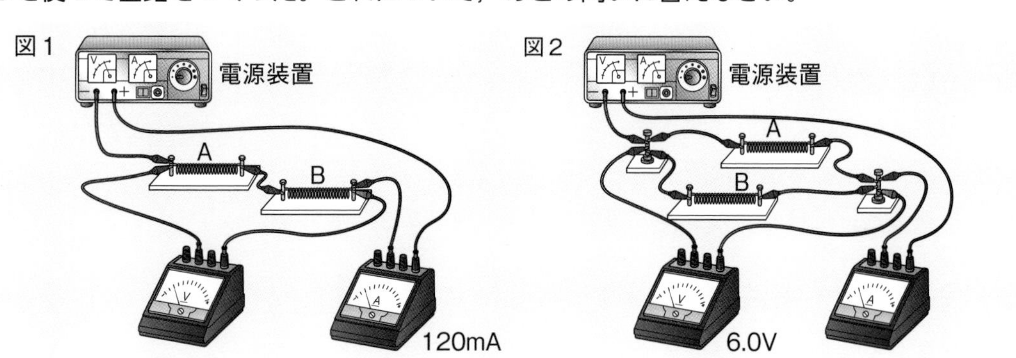


(1)　図1で，電熱線A，Bを流れる電流はそれぞれ何Aか。ヒント

A（　　　）　B（　　　）

(2)　図1で，電熱線A，Bに加わる電圧はそれぞれ何Vか。オームの法則を利用して計算しなさい。

A（　　　）　B（　　　）

(3)　図1で，全体の電圧は何Vか。(2)から計算しなさい。（　　　）

(4)　図1で，全体の抵抗は何Ωか。(3)から計算しなさい。（　　　）

記述

(5)　抵抗を直列につなぐと，回路全体の抵抗はどのように求められることがわかるか。「それぞれの抵抗」という言葉を使って簡単に答えなさい。

（　　　）

(6)　図2で，電熱線A，Bに加わる電圧はそれぞれ何Vか。ヒント

A（　　　）　B（　　　）

(7)　図2で，電熱線A，Bに流れる電流はそれぞれ何Aか。オームの法則を利用して計算しなさい。

A（　　　）　B（　　　）

(8)　図2で，全体を流れる電流は何Aか。(7)から計算しなさい。（　　　）

(9)　図2で，全体の抵抗は何Ωか。(8)から計算しなさい。（　　　）

(10)　抵抗を並列につなぐと，回路全体の抵抗はそれぞれの抵抗よりも大きくなるか，小さくなるか。（　　　）

ヒントの森

❷$R=V\div I$, $V=R\times I$, $I=V\div R$と表せる。　❸(1)電流の単位はA（アンペア）で計算する。直列回路では，どの部分でも電流は等しい。(6)並列回路では，全体の電圧と各部分の電圧は等しい。

単元4

解答 p.28

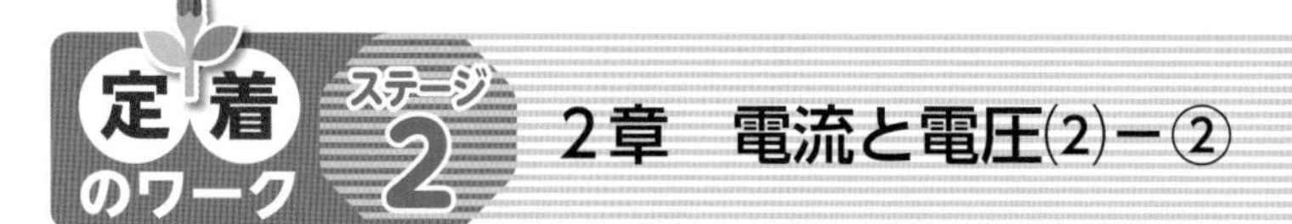


## 1 物質の種類と抵抗

物質の種類と抵抗について，次の問いに答えなさい。

⑴ 抵抗が小さい物質は，電流が流れやすいか，流れにくいか。（　　　）

⑵ 金属のように，抵抗が小さく，⑴の性質がある物質を何というか。（　　　）

⑶ ガラスやゴムのように，抵抗が大きく電流が流れにくい物質のことを何というか。（　　　）

## 2 オームの法則の利用

右の図の回路について，オームの法則を利用して，次の問いに答えなさい。ヒント

⑴ 抵抗Aに流れる電流は何Aか。（　　　）

⑵ 抵抗Aに加わる電圧は何Vか。（　　　）

⑶ 抵抗Bと抵抗Cの部分全体に加わる電圧は何Vか。（　　　）

⑷ 抵抗Bに加わる電圧は何Vか。（　　　）

⑸ 抵抗Bを流れる電流は何Aか。（　　　）

⑹ 抵抗Bの抵抗は何Ωか。（　　　）

⑺ 抵抗Cに加わる電圧は何Vか。（　　　）

⑻ 抵抗Cの抵抗は何Ωか。（　　　）

⑼ 回路全体の抵抗は何Ωか。（　　　）

抵抗B
抵抗A
4Ω
←0.1A
抵抗C
6V
0.5A→

## 3 電気エネルギー

電気エネルギーについて，次の問いに答えなさい。

⑴ 電気器具で1秒間当たりに消費される電気エネルギーの大きさのことを何というか。（　　　）

⑵ ⑴の大きさは何という単位で表されるか。（　　　）

⑶ 次のア〜ウの白熱電球のうち，最も明るく点灯する電球はどれか。（　　　）

**ア** 20Wの白熱電球

**イ** 40Wの白熱電球

**ウ** 60Wの白熱電球

⑷ ある電気器具の表示を見ると，「100V−300W」とあった。この電気器具に100Vの電圧を加えたときに消費する⑴の大きさを求めなさい。（　　　）

⑸ ⑷で，100Vの電圧を加えたとき，この電気器具に流れる電流は何Aか。ヒント（　　　）

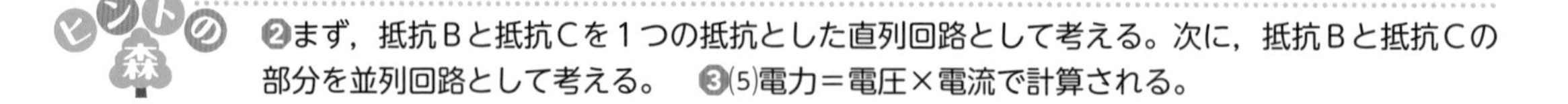

❷まず，抵抗Bと抵抗Cを1つの抵抗とした直列回路として考える。次に，抵抗Bと抵抗Cの部分を並列回路として考える。 ❸⑸電力＝電圧×電流で計算される。

**4** 教 p.262 実験4 **電熱線の発熱** 次の図のように，6V－6W，6V－9W，6V－18Wの電熱線を用意し，装置を組み立てた。そして，電熱線に6Vの電圧を加え，５分間電流を流し続けた。表はそれぞれの電熱線で実験したときの，開始前の水温と１分ごとの水温である。これについて，あとの問いに答えなさい。

| 電熱線 | 開始前水温℃ | 時間 | 水温℃ |
|---|---|---|---|
| ㋐ 6V-6W | 18.0 | １分後<br>２分後<br>３分後<br>４分後<br>５分後 | 18.7<br>19.5<br>20.1<br>20.8<br>21.5 |
| ㋑ 6V-9W | 18.0 | １分後<br>２分後<br>３分後<br>４分後<br>５分後 | 19.1<br>20.1<br>21.3<br>22.4<br>23.5 |
| ㋒ 6V-18W | 18.0 | １分後<br>２分後<br>３分後<br>４分後<br>５分後 | 20.2<br>22.5<br>24.6<br>26.9<br>29.0 |

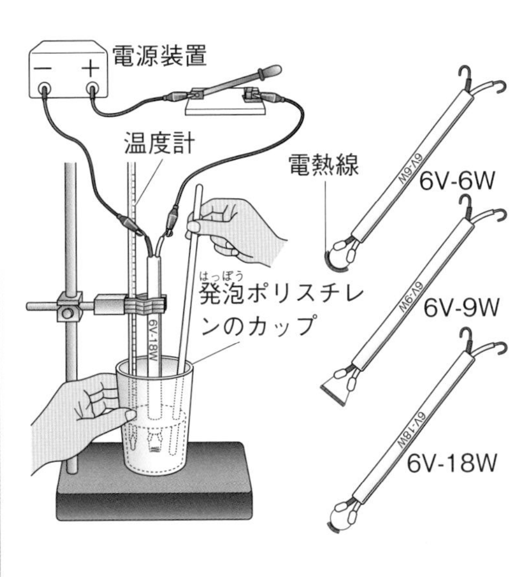


(1) ㋐～㋒の電熱線に６Ｖの電圧を加えると，それぞれ何Ａの電流が流れるか。ヒント

㋐(　　　　) ㋑(　　　　) ㋒(　　　　)

(2) ㋐～㋒の電熱線の抵抗はそれぞれ何Ωか。ヒント

㋐(　　　　) ㋑(　　　　) ㋒(　　　　)

(3) ５分間の水の上昇温度が最も大きかったのは，㋐～㋒のどの電熱線か。(　　　　)

(4) 水の上昇温度と電流を流した時間には，比例の関係があるか。(　　　　)

(5) 水の上昇温度と電力には，比例の関係があるか。(　　　　)

(6) ㋐～㋒の電熱線に５分間電流を流し続けたとき，電熱線から発生する熱量をそれぞれ求めなさい。ヒント

㋐(　　　　) ㋑(　　　　) ㋒(　　　　)

**5** **電力量** 右の図は，ある家庭の電気器具に100Vの電圧を加えた様子を示す配線図である。これについて，次の問いに答えなさい。ヒント

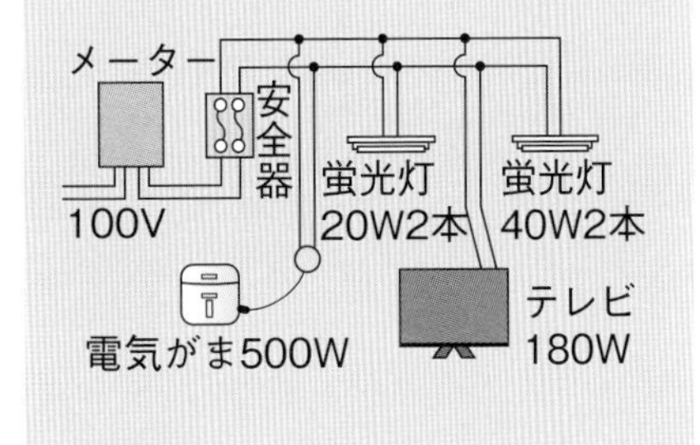


(1) テレビを２時間見ると，その電力量は何Whになるか。(　　　　)

(2) 電気がま以外の電気器具を同時に５時間使うと，その電力量は何kWhになるか。(　　　　)

(3) 電気がまを１時間使うと，電力量は何Ｊになるか。(　　　　)

❹(1)電力＝電圧×電流から求める。(2)オームの法則から求める。(6)熱量＝電力×時間から求める。 ❺1Wh＝3600J，1kWh＝1000Whである。

単元4

# 2章　電流と電圧(2)

**1** 2種類の電熱線A，Bを用意し，それぞれにいろいろな大きさの電圧を加えて，流れる電流の大きさを測定した。右のグラフは，その結果を表したものである。これについて，次の問いに答えなさい。

3点×8（24点）

(1)　電熱線Aに6.0Vの電圧を加えたとき，流れる電流の大きさは何Aか。

(2)　電熱線Bに0.4Aの電流を流すためには，何Vの電圧が必要か。

(3)　電熱線A，Bのそれぞれで，加わる電圧と電流の大きさにはどのような関係があるか。

(4)　(3)の法則を何というか。

(5)　電熱線A，Bのそれぞれに同じ電圧を加えたとき，どちらを流れる電流のほうが大きくなるか。

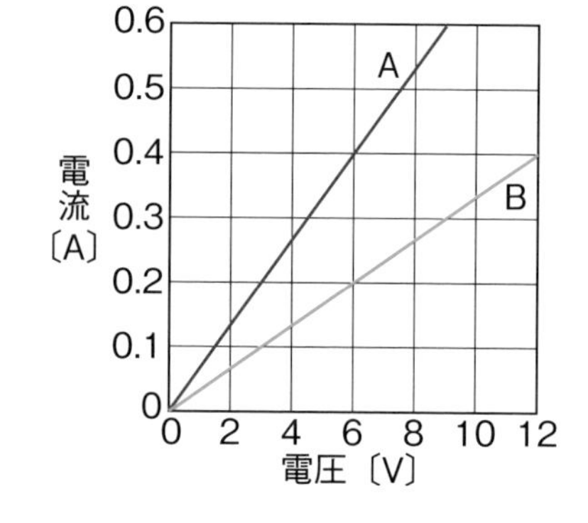


(6)　電熱線A，Bのそれぞれに同じ大きさの電流が流れるとき，どちらに加える電圧のほうが大きくなるか。

(7)　電熱線A，Bの抵抗は，それぞれ何Ωか。

| (1) | | (2) | | (3) | | (4) | |
|---|---|---|---|---|---|---|---|
| (5) | | (6) | | (7) | A | B | |

**よく出る 2** 電熱線a，bをつなぎ，右の図のような回路をつくった。この回路に5.0Vの電圧を加えたところ，電流計は0.2Aを示し，電圧計㋐は3.0Vを示した。次の問いに答えなさい。

4点×7（28点）

(1)　電熱線aを流れる電流は何Aか。

(2)　電熱線aの抵抗は何Ωか。

(3)　電圧計㋑は何Vを示すか。

(4)　電熱線bを流れる電流は何Aか。

(5)　電熱線bの抵抗は何Ωか。

(6)　この回路全体の抵抗は何Ωか。

(7)　回路全体の抵抗を$R$，電熱線a，bの抵抗をそれぞれ$R_1$，$R_2$としたとき，$R$，$R_1$，$R_2$の関係を式で表しなさい。

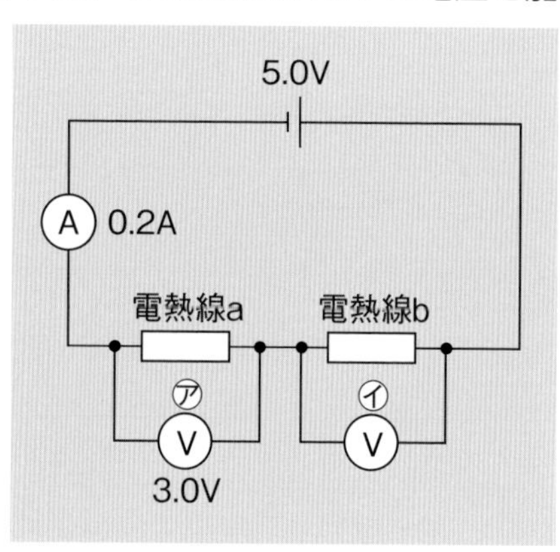

| (1) | | (2) | | (3) | | (4) | |
|---|---|---|---|---|---|---|---|
| (5) | | (6) | | (7) | | | |

よく出る **3** 電熱線a，bをつなぎ，右の図のような回路をつくった。この回路に9.0Vの電圧を加えたところ，電流計㋐は0.5Aを，電流計㋑は0.2Aを示した。次の問いに答えなさい。

3点×8（24点）

(1) 電熱線aを流れる電流は何Aか。

(2) 電熱線aに加わる電圧は何Vか。

(3) 電熱線aの抵抗は何Ωか。

(4) 電熱線bを流れる電流は何Aか。

(5) 電熱線bに加わる電圧は何Vか。

(6) 電熱線bの抵抗は何Ωか。

(7) この回路全体の抵抗は何Ωか。

(8) 回路全体の抵抗を$R$，電熱線a，bの抵抗をそれぞれ$R_1$，$R_2$としたとき，$R$，$R_1$，$R_2$の関係を式で表しなさい。

9.0V
㋐ A 0.5A
㋑ A 0.2A
電熱線a
電熱線b

| (1) | | (2) | | (3) | | (4) | |
|---|---|---|---|---|---|---|---|
| (5) | | (6) | | (7) | | (8) | |



**4** 下の図のように，㋐6V－6W，㋑6V－9W，㋒6V－18Wの3つの電熱線を用いて，水の上昇温度を調べた。表はその結果を表したものである。あとの問いに答えなさい。

4点×6（24点）

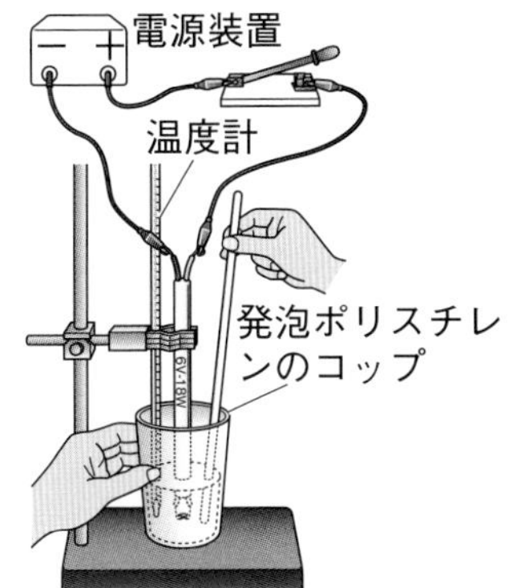


| 電熱線 | 開始前 | 3分後 |
|---|---|---|
| ㋐ 6V-6W | 18.0℃ | 19.8℃ |
| ㋑ 6V-9W | 18.0℃ | 20.7℃ |
| ㋒ 6V-18W | 18.0℃ | 23.4℃ |

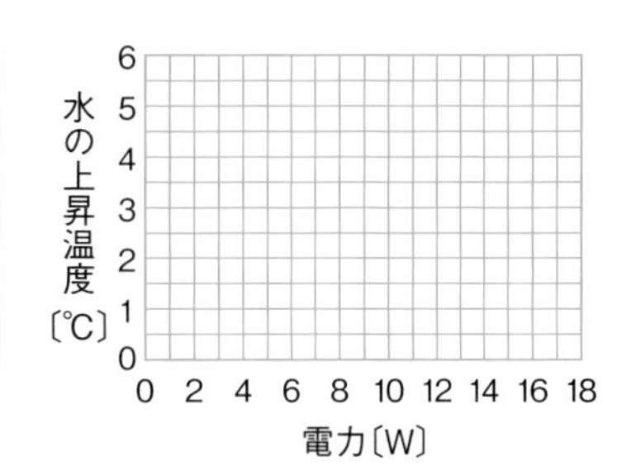


(1) 電熱線㋐に6Vの電圧を加えると，何Aの電流が流れるか。

(2) 電熱線㋑の抵抗は何Ωか。

(3) 電熱線㋒に3分間電流を流したとき，電熱線㋒から発生する熱量は何Jか。

(4) 電熱線㋐～㋒のうち，消費する電力が最も大きいのはどれか。

作図 (5) この実験での電力と3分後の水の上昇温度の関係を，グラフに表しなさい。

(6) 電力と水の上昇温度には，どのような関係があるか。

| (1) | | (2) | | (3) | | (4) | |
|---|---|---|---|---|---|---|---|
| (5) | 図に記入 | (6) | | | | | |

解答 p.29

# 確認のワーク ステージ1 2章 電流と磁界

## 教科書の要点 (　)にあてはまる語句を，下の語群から選んで答えよう。

同じ語句を何度使ってもかまいません。

### 1 電流と磁界(じかい)

教 p.266〜277

(1) 磁石による力を(①★　　　　)といい，磁石の磁極で最も大きくはたらく。
磁石の両端の部分。

(2) 磁力のはたらく空間を，(②★　　　　)という。磁界の中に置かれた磁針のN極が指す向きを(③★　　　　)という。

(3) 磁界(じかい)の向(む)きを滑らかにつないだ線を(④★　　　　)といい，N極からS極の向きに矢印をつける。

(4) 磁力線(じりょくせん)の間隔が狭いところは，磁界が強い。

(5) まっすぐな導線に電流を流すと，導線を中心として(⑤　　　　)状の磁界ができる。磁界の向きは，電流の向きによって決まる。

(6) 導線をコイルにすると，中心の磁界が(⑥　　　　)なる。

(7) 磁界の中で電流を流すと，磁界から電流に(⑦　　　　)がはたらく。

(8) 磁界の中の電流にはたらく力の向きを逆にする方法

・磁界の向きを逆にする。
・(⑧　　　　)の向きを逆にする。

**まるごと暗記**
まっすぐな導線に電流を流すと，同心円状の磁界ができる。
磁界の中で電流を流すと，電流に力がはたらく。

### 2 電磁誘導(でんじゆうどう)と直流(ちょくりゅう)，交流(こうりゅう)

教 p.278〜284

(1) 導線のまわりやコイルの中の磁界が変化したとき，電圧が生じ，電流が流れる。この現象を(①★　　　　)という。

(2) 電磁誘導によって流れる電流を(②★　　　　)という。

(3) 誘導電流(ゆうどうでんりゅう)を大きくする方法

・磁石を(③　　　　)動かす。(磁界の変化を大きくする。)

(4) 誘導電流の向きを逆にする方法

・磁石の動く向きを逆にする。
・磁界の向きを逆にする。

(5) 電流の向きが一定の電流を(④★　　　　)，電流の向きと大きさが周期的に変わる電流を(⑤★　　　　)という。

(6) 交流の(⑥　　　　)の単位には，ヘルツ(記号：Hz)を使う。

**まるごと暗記**
コイルの中の磁界が変化すると，電磁誘導が起こり，誘導電流が流れる。
流れる向きが一定の電流を直流，周期的に向きや大きさが変わる電流を交流という。

**語群**
1 磁力線／磁力／磁界／力／電流／同心円／磁界の向き／強く
2 直流／交流／速く／周波数／電磁誘導／誘導電流

★の用語は，説明できるようになろう！

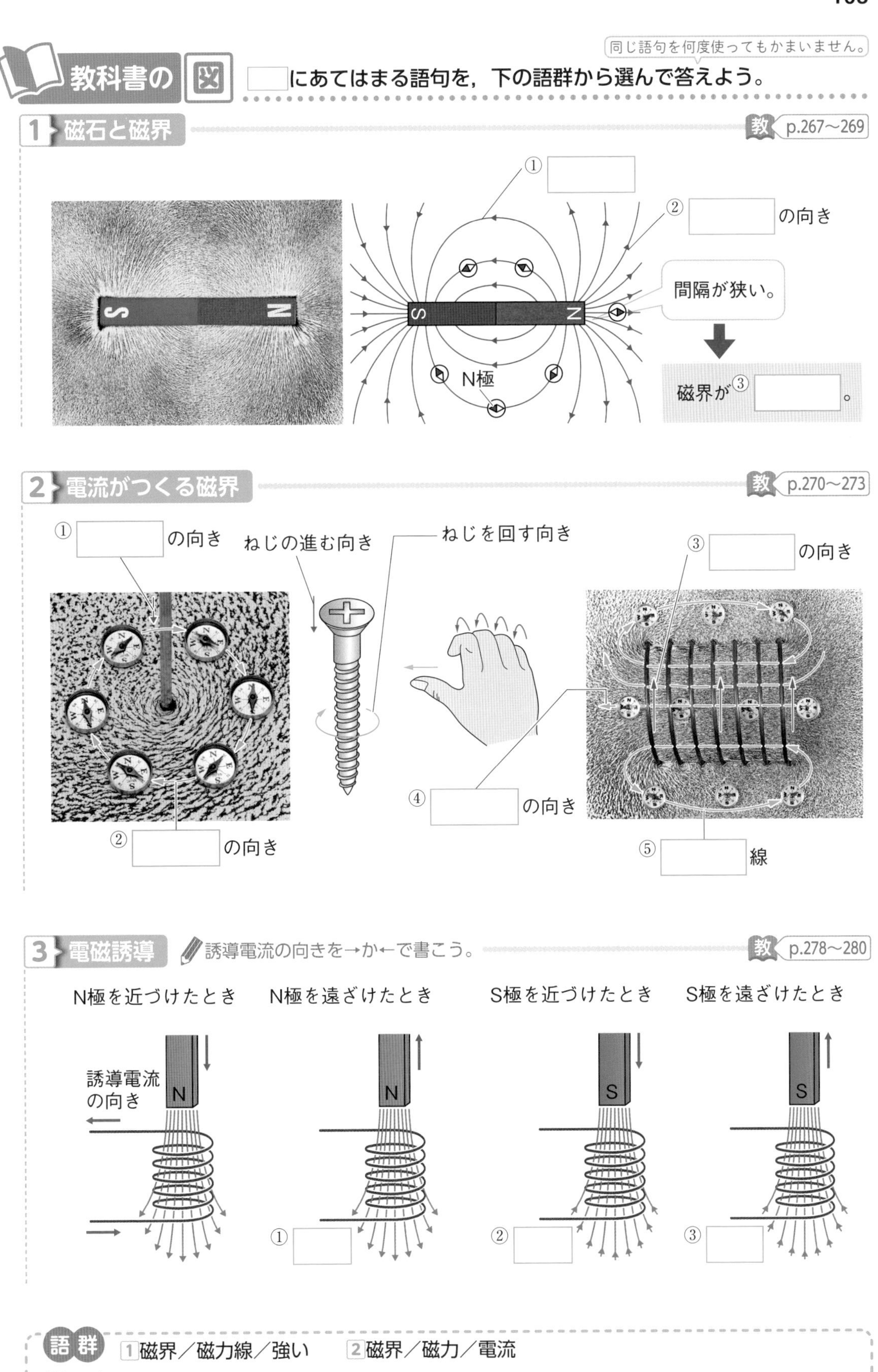
同じ語句を何度使ってもかまいません。
教科書の図
にあてはまる語句を，下の語群から選んで答えよう。
1 磁石と磁界
教 p.267〜269
①
②　の向き
S
N
間隔が狭い。
N極
磁界が③　。
2 電流がつくる磁界
教 p.270〜273
①　の向き
ねじの進む向き
ねじを回す向き
③　の向き
④　の向き
②　の向き
⑤　線
3 電磁誘導
誘導電流の向きを→か←で書こう。
教 p.278〜280
N極を近づけたとき
N極を遠ざけたとき
S極を近づけたとき
S極を遠ざけたとき
誘導電流の向き
①
②
③
語群
1 磁界／磁力線／強い
2 磁界／磁力／電流
3 ←／→

単元4

解答 p.29

# 定着のワーク ステージ2　2章　電流と磁界

**1 磁石がつくる磁界**　右の図は，棒磁石のまわりに磁石による力がはたらいている様子を表したものである。これについて，次の問いに答えなさい。

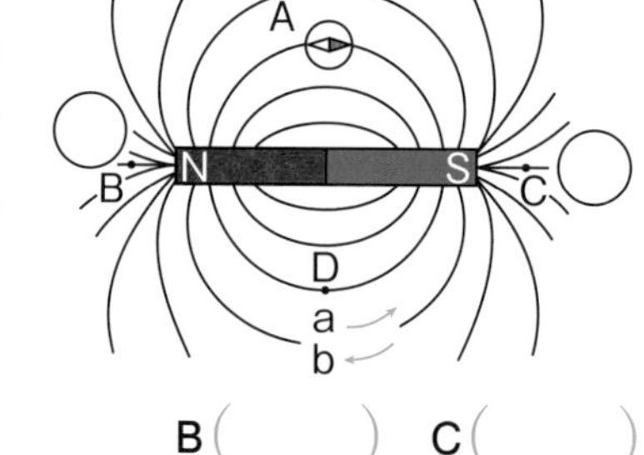


(1) 磁石による力を何というか。（　　　）

(2) (1)のはたらく空間を何というか。（　　　）

(3) (2)の向きをなめらかにつないだ，図のような曲線を何というか。（　　　）

(4) 点Dでの(2)の向きはa，bのどちらか。ヒント（　　　）

(5) 点B，点Cに置いた磁針の向きとして正しいものを，次の㋐〜㋓からそれぞれ選びなさい。

B（　　　）　C（　　　）

㋐ 

㋑ 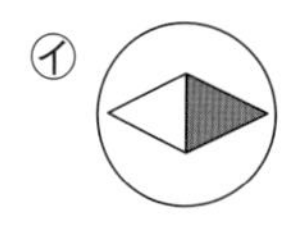
㋒ 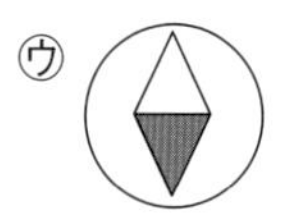
㋓ 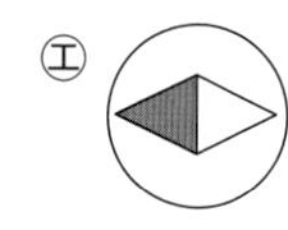

(6) 点Bの(2)の強さは，点Aよりも強いか，弱いか。（　　　）

**2 教 p.271 実験5 導線がつくる磁界**　まっすぐな導線に電流を流したときの磁界の様子を調べた。これについて，次の問いに答えなさい。

図1

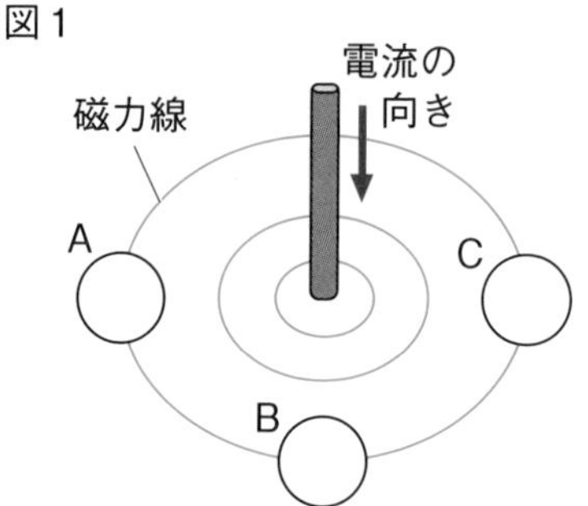


(1) 図1のように導線に電流を流すと，導線を中心としたどのような形の磁力線で表される磁界ができるか。（　　　）

(2) 図1のA〜Cに置いた磁針の向きを，次の㋐〜㋓からそれぞれ選びなさい。ヒント

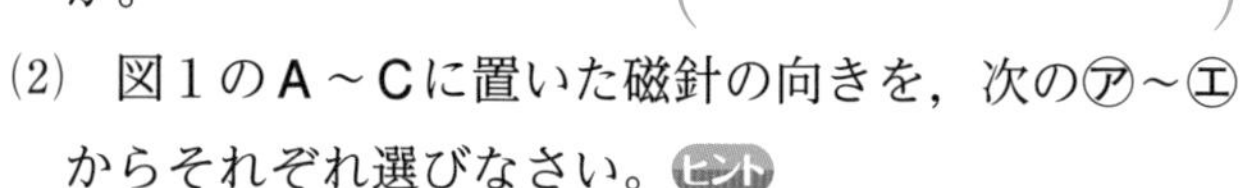

A（　　　）　B（　　　）　C（　　　）

㋐ 

㋑ 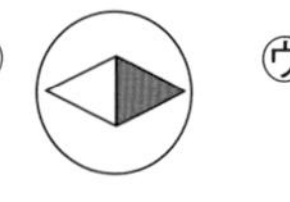
㋒ 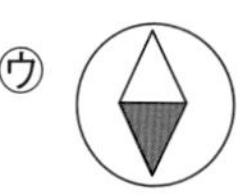
㋓ 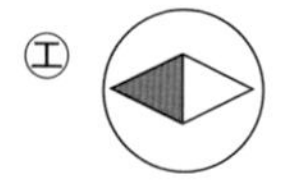

図2

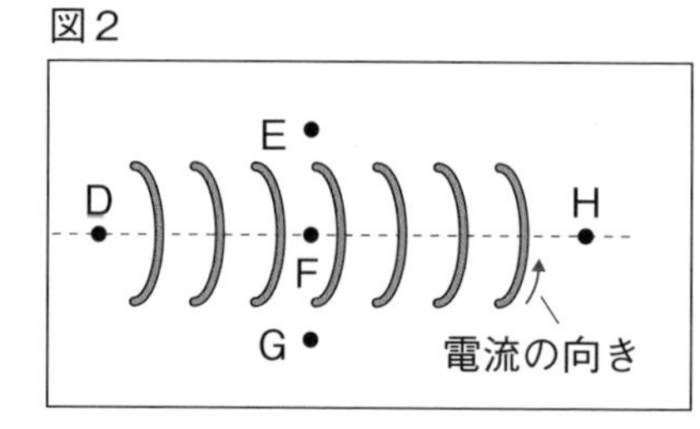


(3) 図1で，導線に流す電流の向きを逆にしたとき，A〜Cに置いた磁針の向きはどのようになるか。(2)の㋐〜㋓からそれぞれ選びなさい。

A（　　　）　B（　　　）　C（　　　）

(4) 図1で，電流が大きくなると，磁界の強さはどのようになるか。（　　　）

(5) 図2のようなコイルをつくって電流を流した。D〜Hに置いた磁針の向きはどのようになるか。(2)の㋐〜㋓からそれぞれ選びなさい。ヒント

D（　　　）　E（　　　）　F（　　　）　G（　　　）　H（　　　）

❶(4)磁力線を表すときは，N極からS極の向きに矢印をつける。　❷(2)ねじを回す向きとねじの進む向きを考える。(5)導線を輪にしていくつも重ねたものがコイルである。

**3** 教 p.275 実験 6 **電流が磁界から受ける力** 右の図のように，磁界の中のコイルに電流を矢印の向きに流したところ，コイルはBの向きに動いた。これについて，次の問いに答えなさい。

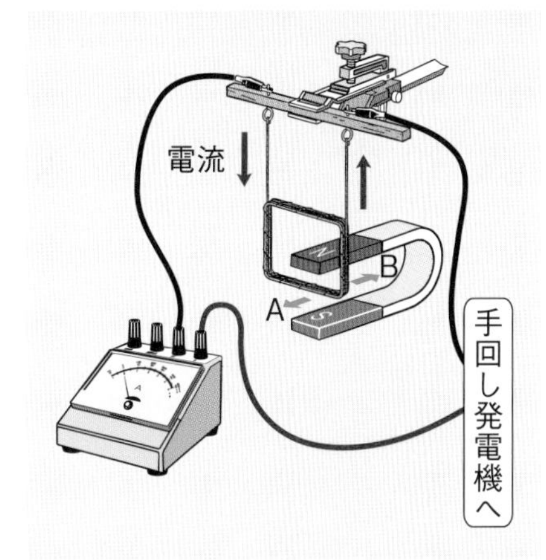


(1) 電流の向きを逆にすると，コイルはA，Bのどちらに動くか。 (　　)

(2) 磁石のN極とS極を逆にすると，コイルはA，Bのどちらに動くか。 (　　)

(3) 電流の向きを逆にし，磁石のN極とS極も逆にすると，コイルはA，Bのどちらに動くか。 (　　)

記述 (4) コイルにはたらく力を大きくする方法を，2つ答えなさい。

(　　)

(　　)

**4** 教 p.279 実験 7 **電流を発生させる仕組み** 右の図のように，コイルを検流計につなぎ，コイルの上から棒磁石のN極を近づけると，検流計の針は左に振れた。次の問いに答えなさい。

N
検流計

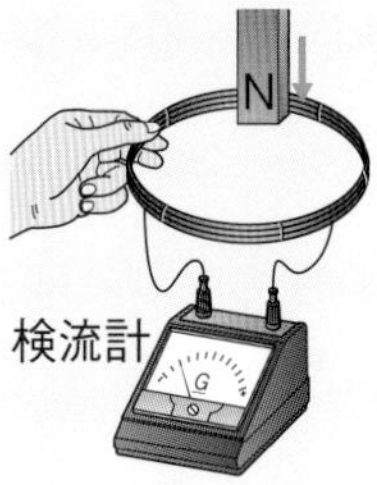

(1) 磁石のS極をコイルに近づけると，検流計の針は左右のどちらに振れるか。 (　　)

(2) 磁石のN極をコイルから遠ざけると，検流計の針は左右のどちらに振れるか。 (　　)

(3) 磁石のS極をコイルから遠ざけると，検流計の針は左右のどちらに振れるか。 (　　)

(4) 磁石を速く動かすと，発生する電流の大きさはどのようになるか。

(　　)

(5) 磁石をコイルの中で静止させると，発生する電流はどのようになるか。ヒント

(　　)

(6) このように，コイルの中の磁界が変化すると電流が流れる現象を何というか。

(　　)

(7) (6)のときに流れる電流を何というか。 (　　)

**5** **直流と交流** 右の図は，2個の発光ダイオードの向きを逆にしてつなぎ，乾電池とコンセントにつないで左右に振ったときの様子を表したものである。次の問いに答えなさい。ヒント

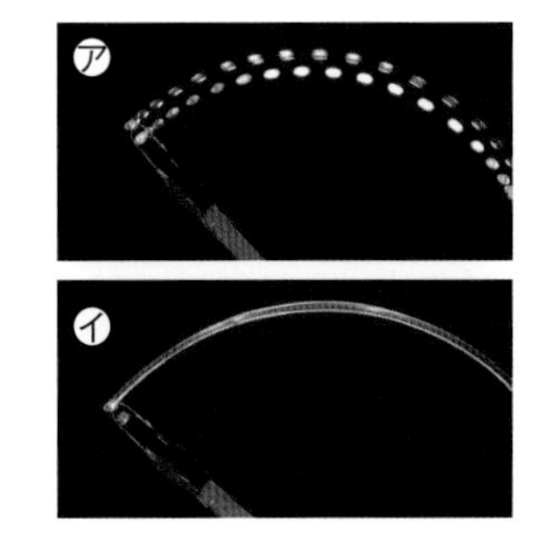


(1) 乾電池につないだときの様子は，㋐，㋑のどちらか。

(　　)

(2) 乾電池の電流を何というか。 (　　)

(3) コンセントの電流を何というか。 (　　)

❹(5)コイルの中の磁界が変化したときに，電圧が生じ，電流が流れる。 ❺㋐は電流の向きが交互に変わっている。㋑は電流の向きが変わっていない。

# 2章　電流と磁界

**1** 右の図は，棒磁石のまわりの磁界の様子を，磁力線を使って表したものである。これについて，次の問いに答えなさい。　4点×6（24点）

(1) 棒磁石のⓐは，N極か，S極か。

(2) 図のA〜Cの位置に置いた磁針の向きは，それぞれどのようになるか。次の㋐〜㋓から選びなさい。

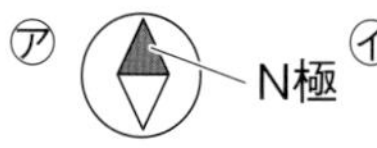

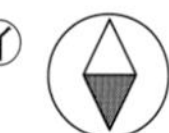

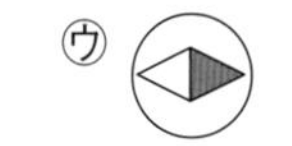

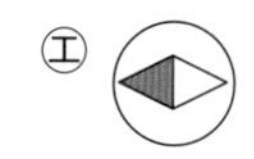


(3) 磁界の向きは，a，bのどちらか。

(4) Aの位置のように磁力線の間隔が狭いところでは，磁界がどのようになっているか。

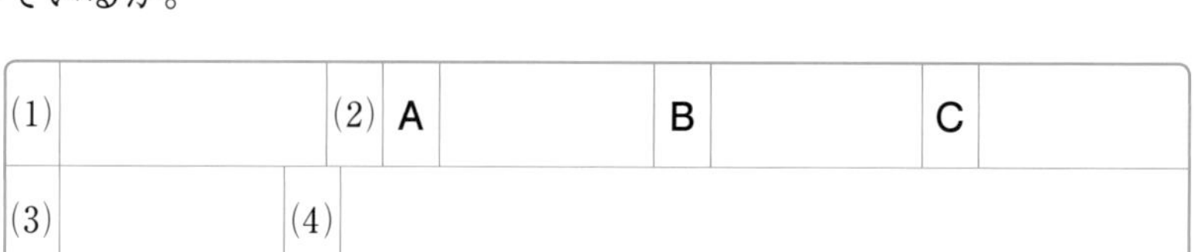

| (1) | | (2) | A | | B | | C | |
|---|---|---|---|---|---|---|---|---|
| (3) | | (4) | | | | | | |

**2** 次の図1，図2のように，導線やコイルに流れる電流がつくる磁界について調べた。これについて，次の問いに答えなさい。　4点×6（24点）

(1) 図1で，導線の手前側に置いた磁針のN極は，㋐，㋑のどちらに振れるか。

記述 (2) 図1で，磁界の向きを逆にするためには，どのようにすればよいか。

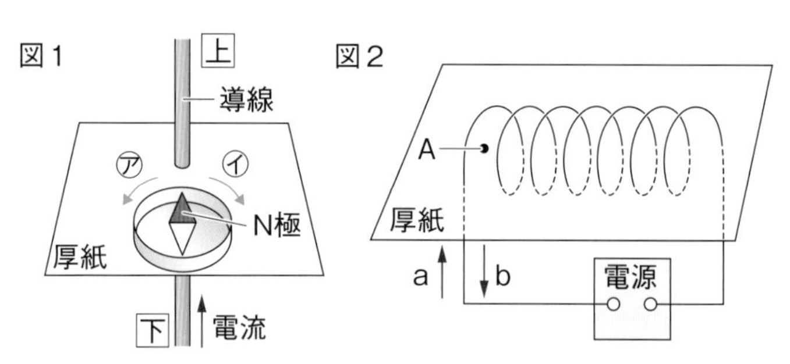


記述 (3) 図1で，磁界を強くするためには，電流をどのようにすればよいか。

(4) 図1で，磁界が強いのは，導線の近くか，導線から離れたところか。

(5) 図2で，点Aにおいた磁針のN極が右をさした。このとき，電流の向きはa，bのどちらか。

(6) 図2で，磁界を強くするためには，コイルの巻数をどのようにすればよいか。

| (1) | | (2) | | | |
|---|---|---|---|---|---|
| (3) | | (4) | | (5) | |
| (6) | | | | | |

**3** 右の図は，モーターの仕組みを表したものである。これについて，次の問いに答えなさい。

3点×4（12点）

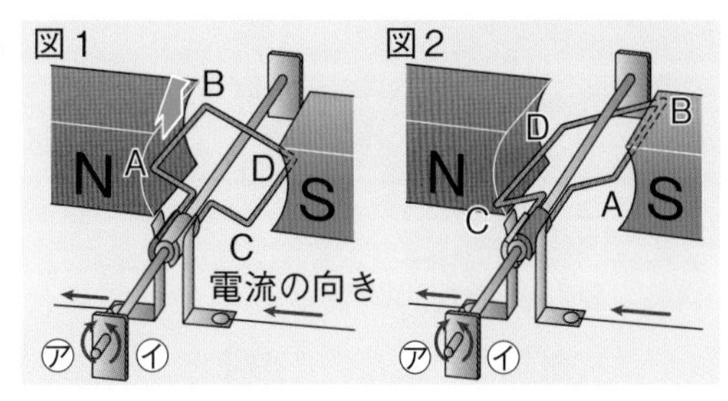


(1) 磁界の向きを，次のア，イから選びなさい。

ア　磁石のN極からS極の向き

イ　磁石のS極からN極の向き

(2) 図1で，コイルのABの部分には，上向きの力がはたらいた。このとき，コイルのCDの部分にはたらく力の向きを答えなさい。

(3) 図2で，コイルのCDの部分にはたらく力の向きを答えなさい。

(4) この実験で，モーターは，㋐，㋑のどちら向きに回転するか。

| (1) | | (2) | | (3) | | (4) | |
|---|---|---|---|---|---|---|---|

よく出る **4** 次の図1のように，コイルを検流計につなぎ，棒磁石のN極を近づけると，矢印の向きに電流が流れた。これについて，あとの問いに答えなさい。

4点×6（24点）

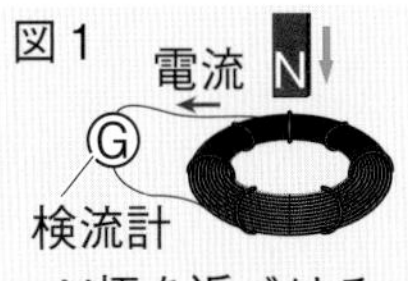

N極を近づける。

図2　㋐　S　G　㋑

S極を遠ざける。

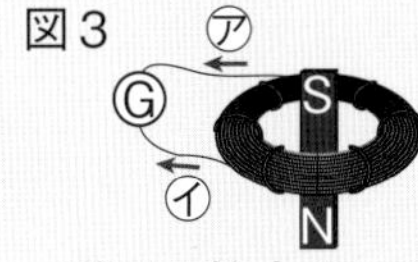

磁石を静止させる。

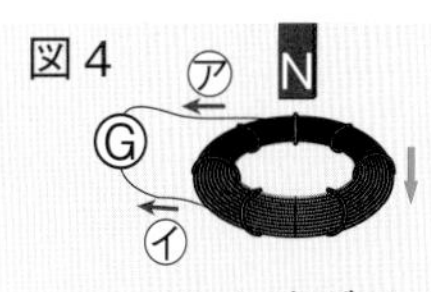

コイルを遠ざける。

(1) 図2，図3，図4のようにすると，電流はどの向きに流れるか。それぞれ㋐，㋑から選びなさい。ただし，電流が流れないときは，×と答えなさい。

(2) この実験で流れる電流のことを，何というか。

(3) この実験で流れる電流を大きくする方法を2つ答えなさい。

| (1) | 図2 | | 図3 | | 図4 | | (2) | |
|---|---|---|---|---|---|---|---|---|
| (3) | | | | | | | | |

単元4

**5** 右の図は，電流をオシロスコープで調べたときの様子を表したものである。これについて，次の問いに答えなさい。

4点×4（16点）

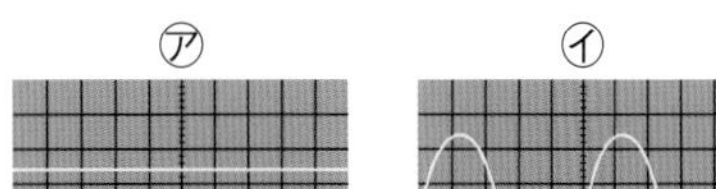


(1) 直流の様子を表しているのは，㋐，㋑のどちらか。

(2) 直流とは，どのような電流のことをいうか。

(3) 交流の様子を表しているのは，㋐，㋑のどちらか。

(4) 交流とは，どのような電流のことをいうか。

| (1) | | (2) | |
|---|---|---|---|
| (3) | | (4) | |

解答 p.31

# 確認のワーク ステージ1 3章 静電気と電流

(　　)にあてはまる語句を，下の語群から選んで答えよう。 同じ語句を何度使ってもかまいません。

## 1 静電気

教 p.286～290

(1) 異なる種類の物質を互いにこすり合わせると，電気が発生し，物体に電気がたまる。このようにして，物体にたまった電気を(①★　　　　)という。
物体が電気を帯びることを，帯電という。

(2) 電気には，＋の電気と－の電気の２種類がある。異なる種類の電気を帯びた物体どうしの間には，(②　　　　)力がはたらく。同じ種類の電気を帯びた物体どうしの間には，(③　　　　)力がはたらく。

(3) 帯電(たいでん)した物体どうしの間にはたらく力を(④★　　　　)という。これは，離れていてもはたらく力である。

(4) 普通，物質には－の電気をもつ粒子と＋の電気をもつ粒子を同数もつので，全体としては電気を帯びて(⑤　　　　)。

(5) 異なる２種類の物質をこすり合わせると，(⑥　　　　)の電気をもつ粒子が移動し，一方の物体は＋の電気を，もう一方の物体は－の電気を帯びる。

(6) －の電気をもつ粒子を(⑦　　　　)といい，電子(でんし)が移動するとき，(⑧　　　　)が流れる。

**まるごと暗記**
物体にたまった電気を**静電気**という。
異なる種類の電気どうしは引き合い，同じ種類の電気どうしは反発し合う。

**まるごと暗記**
－の電気をもった非常に小さな粒子を**電子**という。
電流が流れているとき，電子が**－極から＋極**に向かって移動している。
電子の流れる向きと電流の向きは反対である。

## 2 電流の正体・放射線(ほうしゃせん)

教 p.291～301

(1) 電気が空間を移動したり，たまっていた電気が流れ出したりする現象を(①★　　　　)といい，圧力を小さくした気体中を電気が流れる現象を(②★　　　　)という。
クルックス管などを使って実験できる。

(2) クルックス管を使って真空放電(しんくうほうでん)を起こしたとき，ガラス面や蛍光板を光らせる現象が見られる。このとき，(③　　　　)極から飛び出した粒子の流れを(④★　　　　)という。

(3) 陰極線(いんきょくせん)は，(⑤　　　　)の電気をもつ粒子，すなわち，(⑥　　　　)の流れである。

(4) 電子は，－極から出て，＋極に入る向きに流れる(移動する)。

(5) エックス線(X線)，アルファ線($\alpha$線)，ベータ線($\beta$線)，ガンマ線($\gamma$線)などの，透過性のある目に見えない光のようなものを(⑦★　　　　)という。

**ワンポイント**
X線は強い**透過性**を持っているため，レントゲン撮影に利用されている。

**語群**
❶電子／電流／静電気／静電気力(せいでんきりょく)／－／引き合う／反発し合う／いない
❷電子／放電(ほうでん)／真空放電／放射線／陰極線／－

★の用語は，説明できるようになろう！

同じ語句を何度使ってもかまいません。

□にあてはまる語句を，下の語群から選んで答えよう。

## 1 静電気の性質

教 p.287〜289

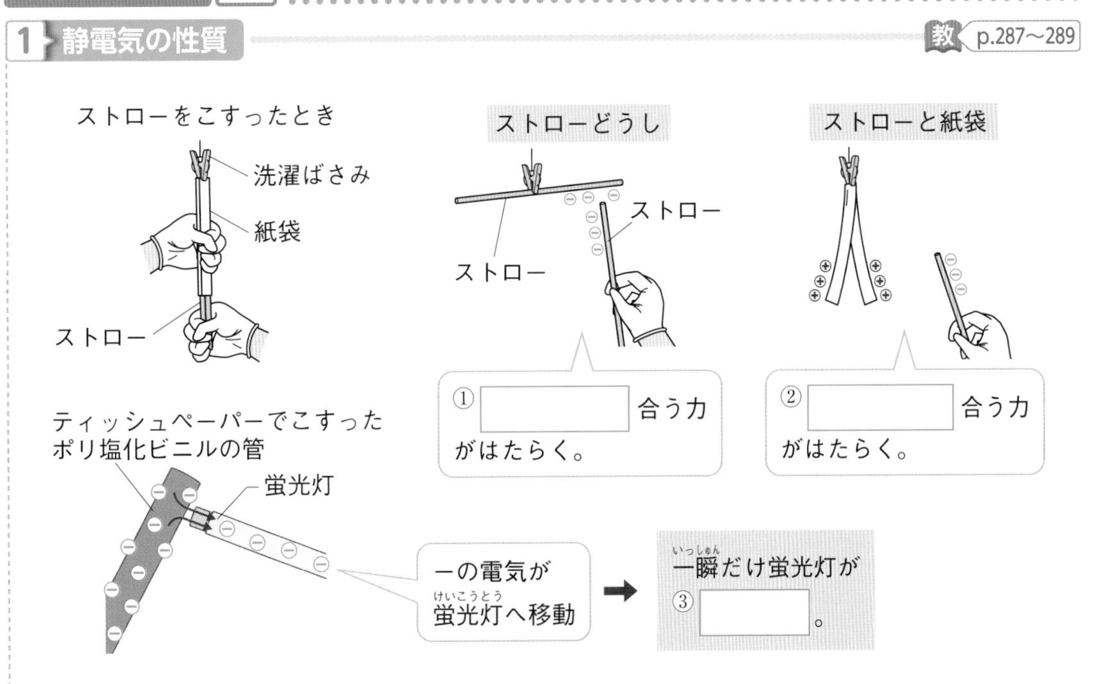


## 2 真空放電

教 p.293

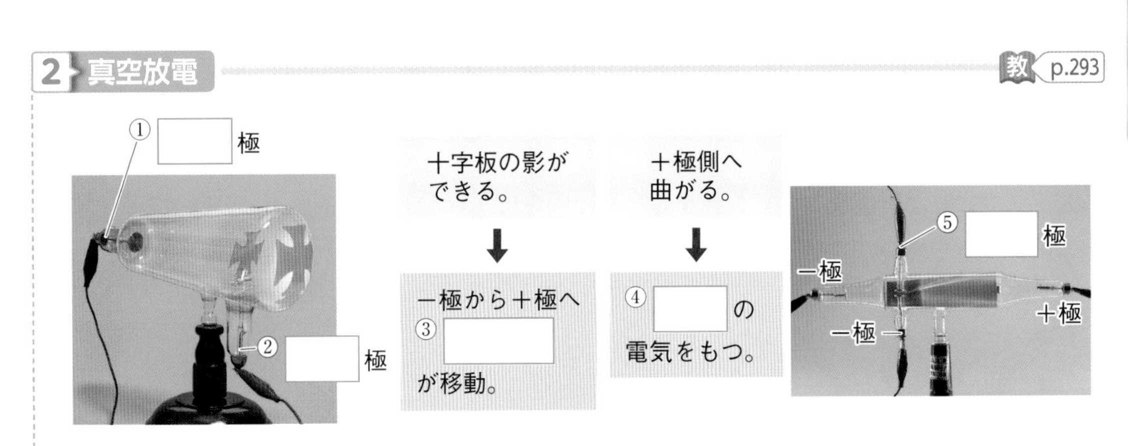


## 3 電流と電子

教 p.294

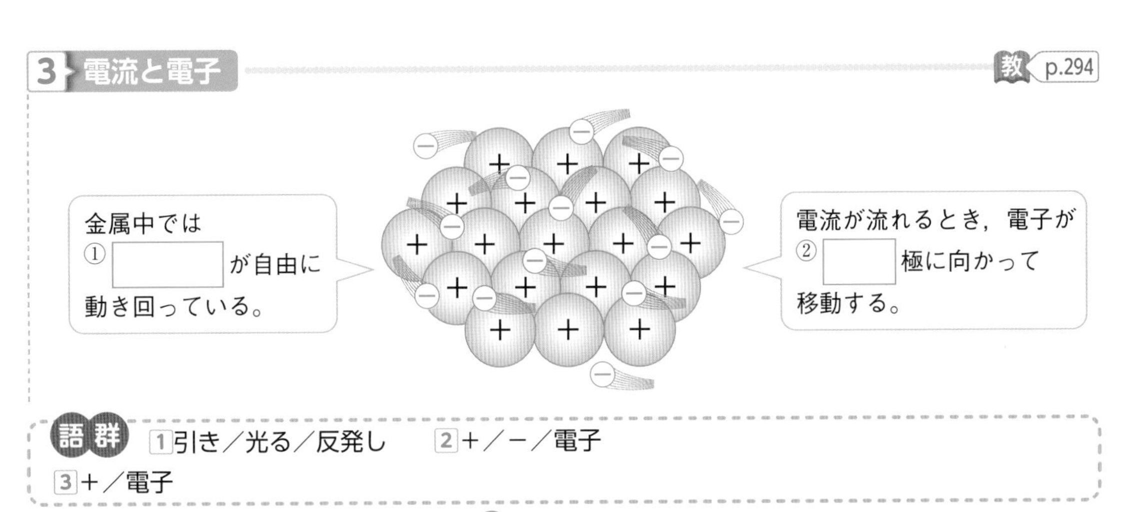


**語群** 1 引き／光る／反発し　2 ＋／－／電子
3 ＋／電子

わからない用語は，教科書の要点の★で確認しよう！

解答 p.31

# 3章　静電気と電流

**1 静電気による力**　次の図のように，2本のストローA，Bと底を切り取った紙袋を使って実験を行った。これについて，あとの問いに答えなさい。

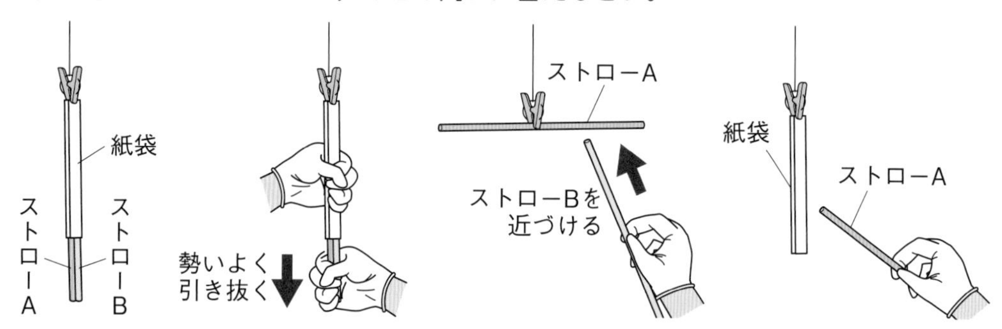


(1)　異なる種類の物質を互いにこすり合わせると，物体に電気がたまる。この電気を何というか。（　　　　）

(2)　手袋をはめた手で，2本のストローA，Bを勢いよく紙袋から引き抜いた。ストローAに，もう1本のストローBを近づけると，どのようになるか。（　　　　）

(3)　(2)のことから，ストローAとストローBはどのような電気を帯びていると考えられるか。次のア，イから選びなさい。（　　）

**ア**　同じ種類の電気　　**イ**　異なる種類の電気

(4)　紙袋にストローAを近づけると，どのようになるか。

（　　　　）

(5)　ストローと紙袋をこすり合わせたときに物体間を移動した粒子は，＋の電気と－の電気のどちらをもつか。（　　　　）

(6)　(5)の粒子は，どちらからどちらへ移動したか。次のア，イから選びなさい。（　　）

**ア**　ストローから紙袋へ移動した。

**イ**　紙袋からストローへ移動した。

(7)　(6)の結果，ストローと紙袋はそれぞれ＋と－のどちらの電気を帯びているか。ヒント

ストロー（　　　　）

紙袋（　　　　）

(8)　ティッシュペーパーでこすったポリ塩化ビニルの管に蛍光灯の電極を触れさせると，どのようになるか。次のア～ウから選びなさい。ヒント（　　）

**ア**　触れさせている間，光り続ける。

**イ**　触れさせた一瞬だけ光る。

**ウ**　光らない。

記述　(9)　(8)のようになるのはなぜか。ヒント

（　　　　）

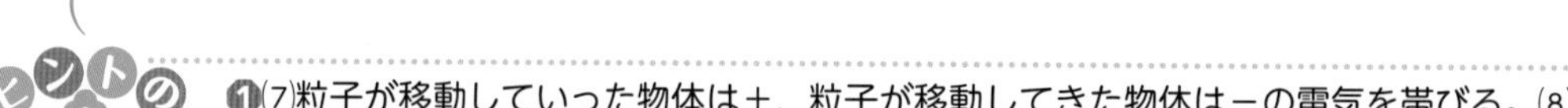


❶(7)粒子が移動していった物体は＋，粒子が移動してきた物体は－の電気を帯びる。(8)(9)何から何に向かって粒子が移動したかを考える。粒子は一瞬のうちに移動する。

**2 電流の正体**　右の図のように，十字形の金属板が入ったクルックス管を用いて電流を流す実験を行った。これについて，次の問いに答えなさい。

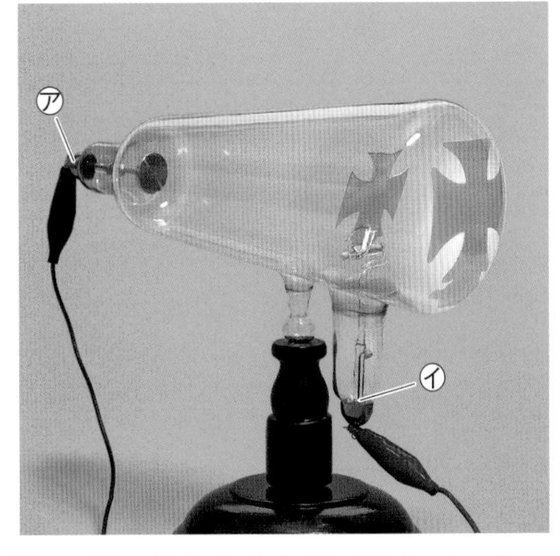


(1)　クルックス管の中はどのようになっているか。次の**ア**～**ウ**から選びなさい。（　　）

**ア**　空気をぬいて，圧力を小さくしている。

**イ**　空気を入れて，圧力を大きくしている。

**ウ**　空気中と同じ圧力にしている。

(2)　(1)のような空間を電流が流れる現象を何というか。（　　）

(3)　図のように十字形の影ができたとき，㋐，㋑はそれぞれ＋極か，－極か。

㋐（　　）　㋑（　　）

(4)　この実験から，ガラス面を光らせるものは，＋極と－極のどちらから飛び出していることがわかるか。ヒント（　　）

(5)　＋極と－極のつなぎ方を逆にすると，十字形の影はできるか。（　　）



**3 電流の正体**　クルックス管を使って放電すると，図１のように蛍光板に光る線が見られた。図２は上下方向にも電圧を加えたときの様子である。これについて，あとの問いに答えなさい。

図１

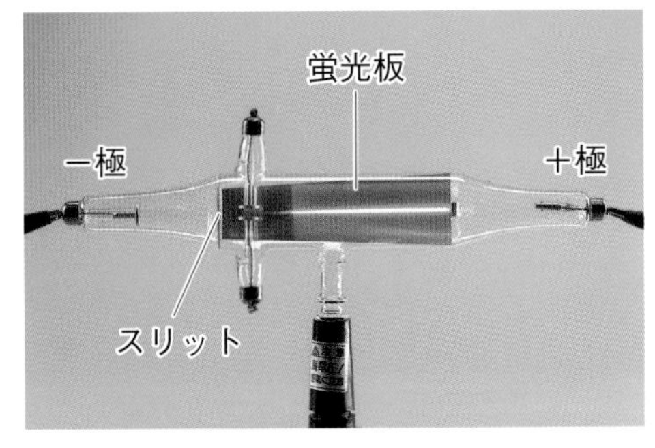


図２

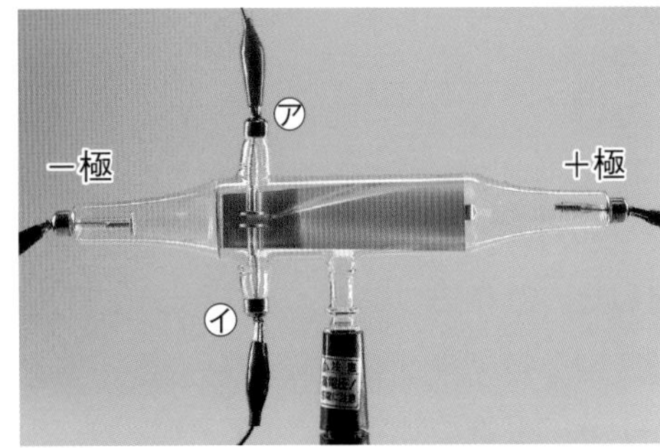


(1)　この実験で，蛍光板に見られる光る線を何というか。（　　）

(2)　(1)は，ある粒子の流れである。この粒子を何というか。（　　）

(3)　図１で，(2)の粒子は何極から何極へ直進しているか。（　　）

(4)　図２で，＋極になっているのは，㋐，㋑のどちらの電極か。ヒント（　　）

(5)　図２のようになるのは，(2)の粒子が＋の電気と－の電気のどちらをもっているからか。（　　）

(6)　図２で，㋐，㋑の電極の＋と－を入れかえると，蛍光板に見られる光る線はどのようになるか。（　　）

ヒントの森

2(4)飛び出した粒子が金属板に当たって進行を妨げられるため，影ができる。

3(4)－の電気をもつ粒子は，＋極に引きつけられる。

解答 p.31

# 3章　静電気と電流

**1** 図1のように，2本のストローA，Bをティッシュペーパーでこすり，図2のようにしてそれぞれの物体が帯びた電気を調べた。これについて，次の問いに答えなさい。4点×7（28点）

(1) 図1のようにストローをこすると，ストローAは－の電気を帯びる。このとき，ストローBはどのような種類の電気を帯びるか。

(2) (1)のとき，ティッシュペーパーはどのような種類の電気を帯びるか。

(3) 図2のように，ストローAにストローBを近づけると，ストローAは㋐，㋑のどちらの向きに動くか。

(4) 図2で，ストローBのかわりに，ストローをこすったティッシュペーパーを近づけた。ストローAはティッシュペーパーと引き合うか，反発し合うか。

(5) ストローやティッシュペーパーが電気を帯びているのはなぜか。次の(　)にあてはまる言葉を答えなさい。

図1
A
B
ストロー
ティッシュペーパーでこする

図2
A
B
㋐
㋑

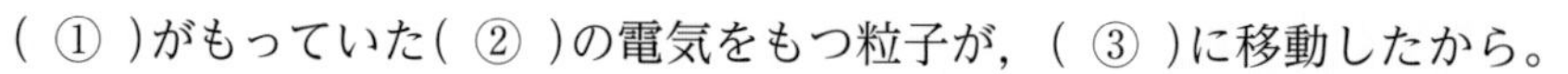
(　①　)がもっていた(　②　)の電気をもつ粒子が，(　③　)に移動したから。

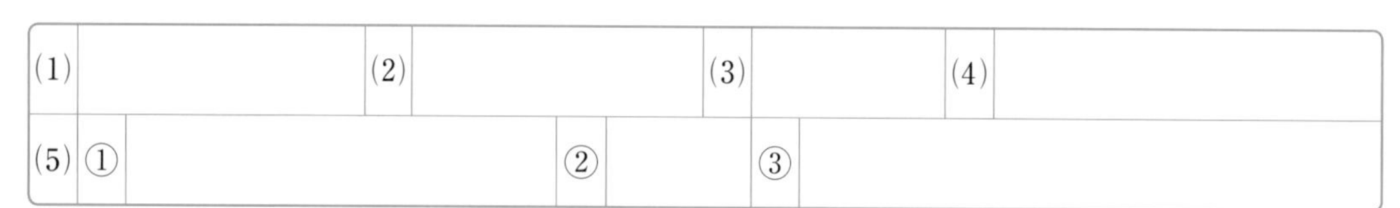

| (1) | | (2) | | (3) | | (4) | |
|---|---|---|---|---|---|---|---|
| (5) | ① | | ② | | ③ | | |

**2** 右の図のように，金属板を入れたクルックス管に電圧を加え，電流の正体を調べる実験をした。これについて，次の問いに答えなさい。4点×6（24点）

(1) 図1のクルックス管内は，空気の圧力を十分に小さくしている。このような気体の中を電流が流れる現象を何というか。

(2) 図1では，十字形の影ができた。電極A，Bはそれぞれ＋極と－極のどちらか。

(3) 図2では，十字形の影ができなかった。電極A，Bはそれぞれ＋極と－極のどちらか。

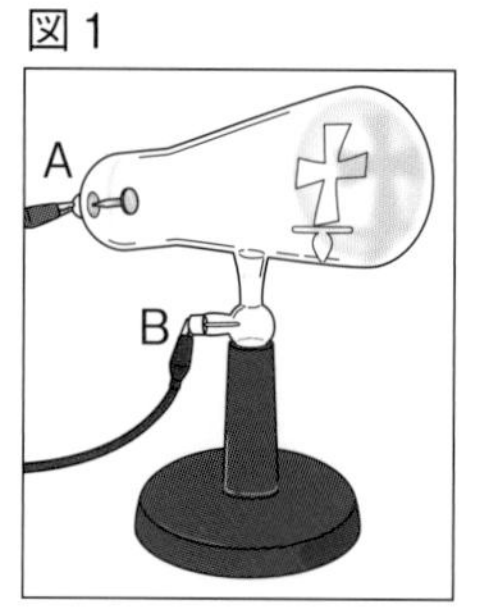


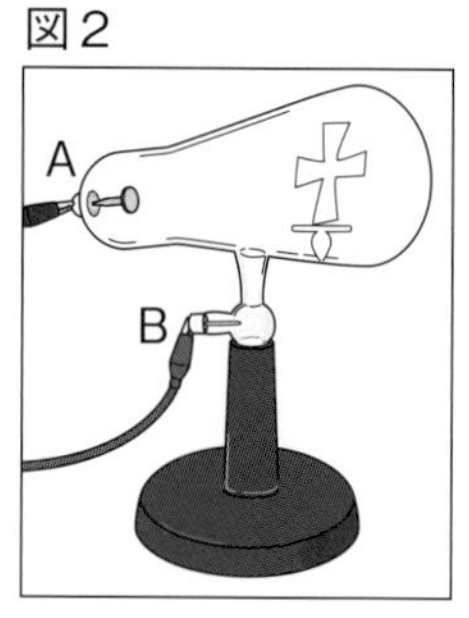

(4) この実験から，電子の流れる向きについてどのようなことがわかるか。

| (1) | | (2) | A | | B | | (3) | A | | B | |
|---|---|---|---|---|---|---|---|---|---|---|---|
| (4) | | | | | | | | | | | |

よく出る **3** 右の図のような，蛍光板と電極板が入ったクルックス管の電極㋐，㋑に電圧を加えると，蛍光板を光らせる現象が見られた。これについて，次の問いに答えなさい。　4点×7（28点）

(1) 電極㋐は＋極か，－極か。

(2) 蛍光板に当たり，光り輝（かがや）いている線として見られるものを何というか。

(3) 電極㋒，㋓に別の電源をつなぎ，電圧を加えると，明るい線は上の方に曲がった。このとき，電極㋒，㋓はそれぞれ何極か。

(4) (3)のことから，どのようなことがわかるか。

(5) 電極㋒，㋓の＋極と－極を(3)とは逆にしてつなぎ，電圧を加えた。このとき，明るい線はどのようになるか。

(6) クルックス管を流れる電流の正体は何か。

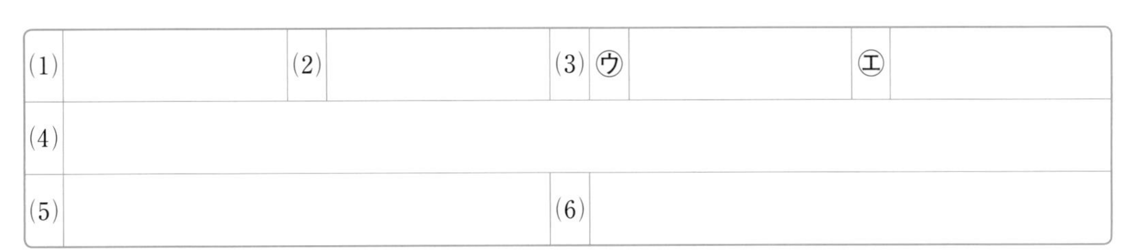

| (1) | | (2) | | (3) ㋒ | | ㋓ | |
|---|---|---|---|---|---|---|---|
| (4) | | | | | | | |
| (5) | | | | (6) | | | |

**4** 下の図1は，金属中の－の電気をもつ粒子の様子を，図2は，放電管や導線での－の電気をもつ粒子の移動を表したものである。これについて，あとの問いに答えなさい。

4点×5（20点）

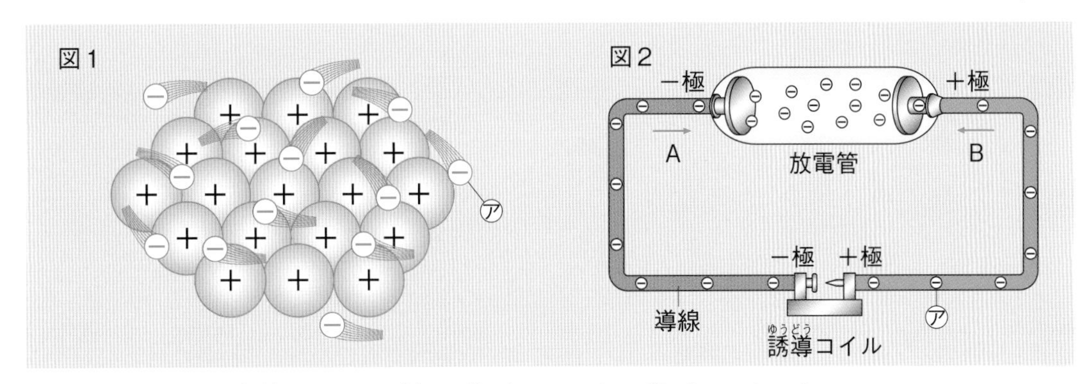


(1) 図1で，金属全体としては電気を帯びているか，帯びていないか。

(2) 図1，図2の㋐は何という粒子か。

(3) 図2で，㋐の粒子が移動する向きは，A，Bのどちらか。

(4) 図2で，電流の向きは，A，Bのどちらか。

(5) 金属に電流がよく流れるのはなぜか。

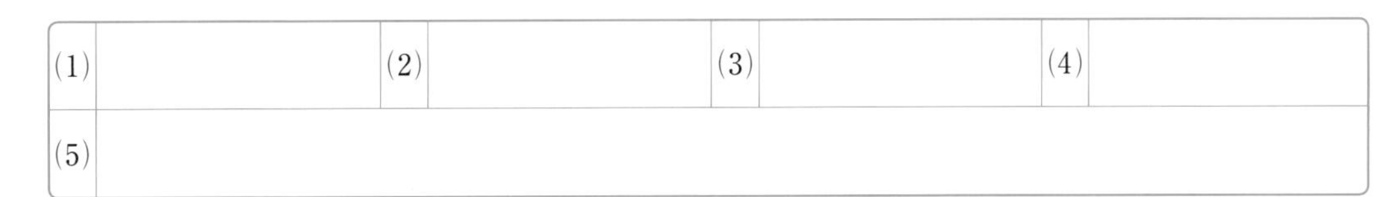

| (1) | | (2) | | (3) | | (4) | |
|---|---|---|---|---|---|---|---|
| (5) | | | | | | | |

# 単元4 電気の世界

**1** 電流のはたらきについて調べるため，次のような実験を行った。これについて，あとの問いに答えなさい。 7点×6（42点）

〈実験１〉 図１のように，電源，抵抗Ｐ，電流計，電圧計，スイッチをつないだ。

〈実験２〉 図１のスイッチを入れて電流と電圧を測定したところ，電圧計は16Vを示し，電流計は図２のようになった。ただし，電流計の－端子には500mAを用いている。

〈実験３〉 図３のように，電圧計のかわりに抵抗の大きさが抵抗Ｐの２倍である抵抗Ｑをつないで，図１のときと全体の電圧は変えずにスイッチを入れた。

〈実験４〉 図４のように，電流計のかわりにコイルをつなぎ，磁針を点ａに置いてスイッチを入れた。

〈実験５〉 図５のように，コイルと棒磁石を用意し，棒磁石をコイルに近づけたり遠ざけたりすると，電流が流れた。

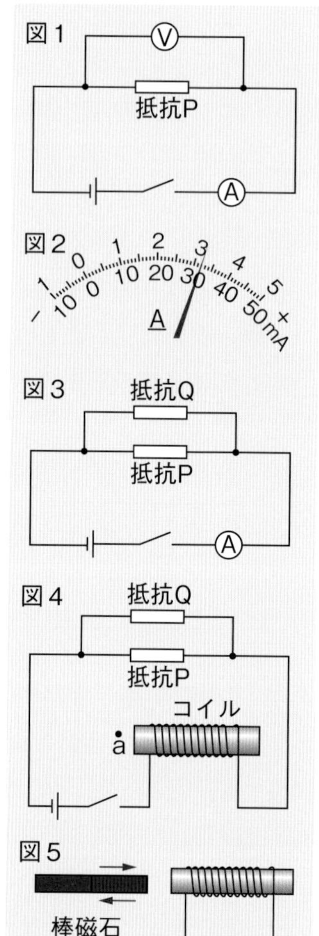


(1) 抵抗Ｐの大きさは何Ωか。

(2) **実験３**で，スイッチを入れたとき，電流計を流れる電流の大きさは何mAか。

(3) **実験４**で，スイッチを入れたとき，コイルに磁界ができた。点ａに置いた磁針はどのようになるか。次の㋐～㋓から選びなさい。

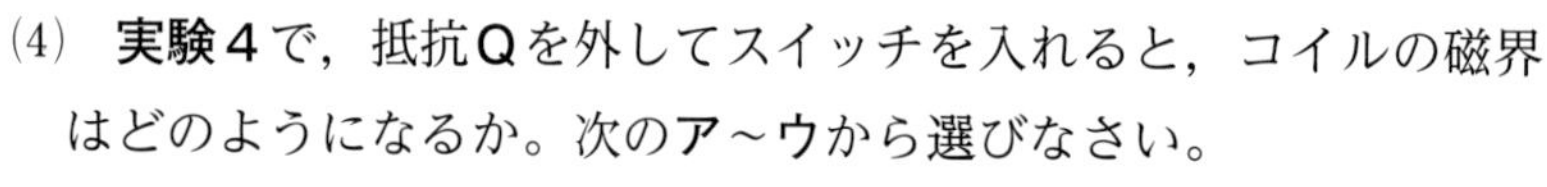

(4) **実験４**で，抵抗Ｑを外してスイッチを入れると，コイルの磁界はどのようになるか。次の**ア**～**ウ**から選びなさい。

**ア** 強くなる。 **イ** 弱くなる。 **ウ** 変わらない。

(5) **実験５**のように，磁石の動きによってコイルに電流が流れる現象を何というか。

(6) **実験５**で，棒磁石のＮ極をコイルに近づけると，点ｂを右向きに電流が流れた。次に，棒磁石の動かし方を変えたら，点ｂを左向きに電流が流れ，電流の大きさは大きくなった。どのような動かし方をしたか。次の**ア**～**エ**から選びなさい。

**ア** Ｓ極を速く近づけた。

**イ** Ｓ極をゆっくりと近づけた。

**ウ** Ｓ極を速く遠ざけた。

**エ** Ｓ極をゆっくりと遠ざけた。

**1**

| | |
|---|---|
| (1) | |
| (2) | |
| (3) | |
| (4) | |
| (5) | |
| (6) | |

**目標** 直列回路と並列回路のちがい，オームの法則，電流と発熱の関係，電流と磁界の関係などを，しっかり理解しよう。

自分の得点まで色をぬろう!
がんばろう! / もう一歩 / 合格!
0 60 80 100点

**2** 2つのビーカーA，Bに水を100gずつ入れた。Aには電熱線M(6V－9W)，Bには電熱線N(6V－6W)を入れて，右の図のような回路をつくった。このときの水の温度はどちらも18℃で，スイッチ1，スイッチ2を入れて電源の電圧を6Vにし，5分間電流を流した。次の問いに答えなさい。 6点×5(30点)

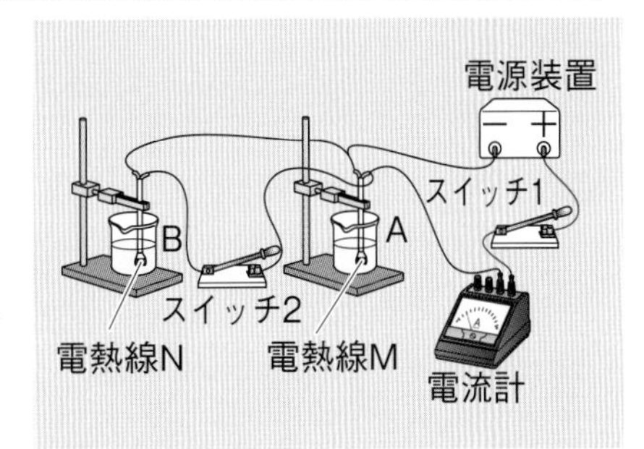


(1) この回路は，直列回路か，並列回路か。

(2) 5分間電流を流したあとの水の温度が高いのは，A，Bのどちらか。ただし，電熱線で発生した熱は，全て水の温度上昇に使われたものとする。

レベルUP (3) 電源の電圧を6Vにしてスイッチ1，スイッチ2を入れたとき，電流計に流れる電流の大きさは何Aか。

(4) 電源の電圧を6Vにしてスイッチ1だけを入れたとき，電流計に流れる電流の大きさは何Aか。

(5) 電熱線Mに1分間電流を流したときに発生する熱量は，(3)と(4)のどちらのときのほうが大きいか。次のア～ウから選びなさい。

ア (3)のときのほうが大きい。

イ (3)のときと(4)のときで同じである。

ウ (4)のときのほうが大きい。

**2**

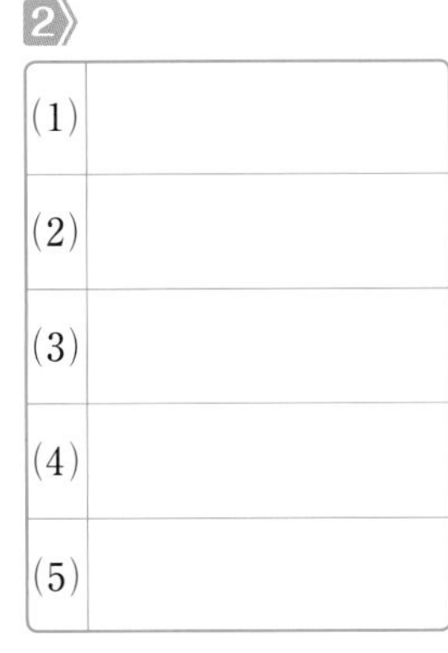

**3** 右の図のような装置をつくり，U字形磁石のN極を上，S極を下にして，N極がコイルに入るように置いた。コイルには電熱線A，Bを直列につなぎ，電源装置の電圧を4.0Vにしてスイッチを入れた。このとき，コイルは➡の方向に動き，電熱線Aに加わる電圧は2.4Vであった。次の問いに答えなさい。 7点×4(28点)

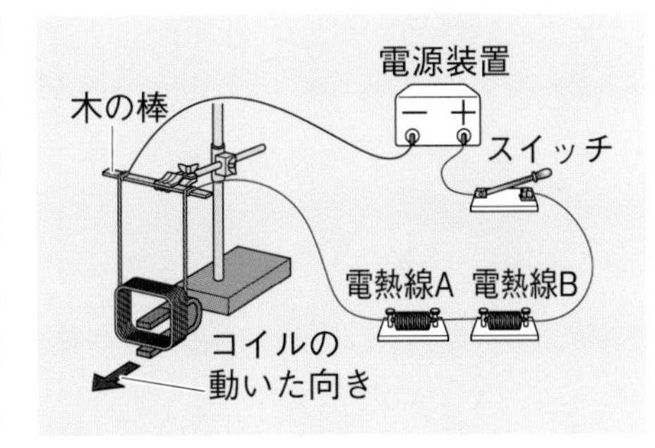


(1) スイッチを入れたとき，電熱線Bに加わる電圧は何Vか。

(2) 回路全体に流れる電流が200mAだったとき，電熱線Aの抵抗は何Ωか。

(3) (2)のとき，電熱線Bの抵抗は何Ωか。

記述 (4) 電熱線AとBを並列につないで，電源の電圧を4.0Vにしてスイッチを入れた。このとき，コイルの動き方は電熱線を直列につないだときと比べてどのようになるか。動く向きや大きさについて簡単に答えなさい。

**3**

| | |
|---|---|
| (1) | |
| (2) | |
| (3) | |
| (4) | |

単元4

終わったら後ろの，5，6をやろう。

解答 p.33

# 理科の力をのばそう

## 計算力UP 注意して計算してみよう！

**1** **金属の酸化と質量の変化** 右の図のように，マグネシウムの粉末3.0gをステンレス皿にうすく広げ，十分に加熱したところ，酸化マグネシウムの白い粉末が5.0g生じた。これについて，次の問いに答えなさい。

マグネシウムの粉末
ステンレス皿

単元①3章
マグネシウムと酸素は一定の質量の割合で結びつくことから計算。

(1) 4.5gのマグネシウムの粉末を十分に加熱したとき，マグネシウムと結びつく酸素の質量を求めなさい。

（　　　　　）

(2) 6.0gのマグネシウムの粉末を加熱したところ，加熱が十分ではなく，加熱後の質量は7.0gであった。このとき，反応せずに残っているマグネシウムの質量を求めなさい。

（　　　　　）

(3) マグネシウムと銅の混合物4.0gを十分に加熱したところ，加熱後の質量は6.0gになった。混合物に含まれていたマグネシウムの質量を求めなさい。ただし，銅と酸素が結びつくときの質量の比は，銅：酸素＝４：１とする。

（　　　　　）

**2** **蒸散** 葉の大きさと枚数が同じ枝を３本用意し，下の図の㋐～㋒のような処理をした後，水が入ったメスシリンダーにさし，水面に油をうかべた。数時間後，㋐～㋒の水の減少量を調べると，表のとおりであった。これについて，あとの問いに答えなさい。

単元②2章
吸水量＝蒸散量，ワセリンをぬったところでは蒸散がないことを利用して計算。

㋐
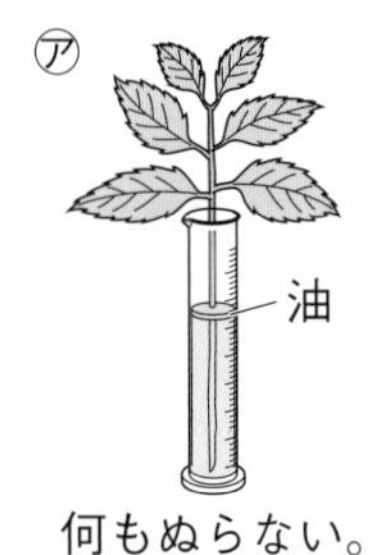

何もぬらない。

㋑
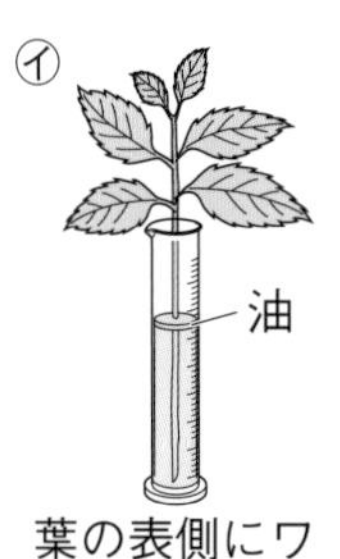

葉の表側にワセリンをぬる。

㋒
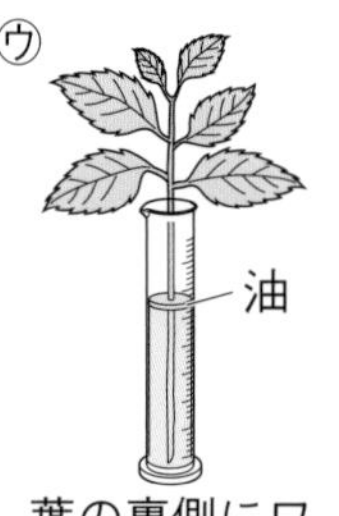

葉の裏側にワセリンをぬる。

| 枝 | ㋐ | ㋑ | ㋒ |
|---|---|---|---|
| 水の減少量〔$cm^3$〕 | 5.8 | 4.2 | 2.0 |

(1) 葉の表側から出ていった水蒸気の量と葉の裏側から出ていった水蒸気の量の差を求めなさい。

（　　　　　）

(2) 葉の表側から出ていった水蒸気の量を求めなさい。

（　　　　　）

(3) 葉の裏側から出ていった水蒸気の量を求めなさい。（　　　　　）

**3** **圧力** 右の図のような質量3kgの直方体の物体を床(ゆか)に置いた。質量100gの物体にはたらく重力の大きさを1Nとして，次の問いに答えなさい。

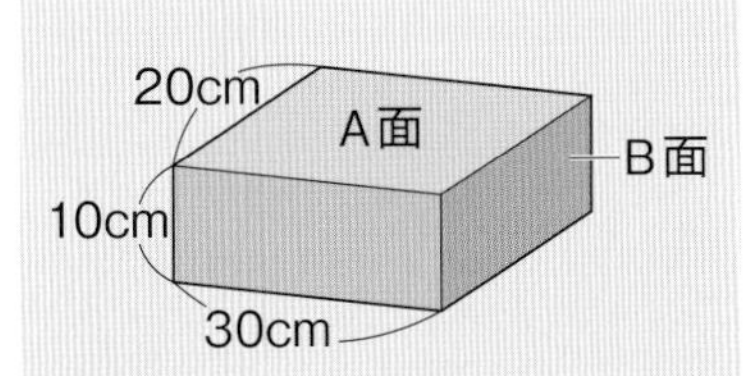


単元③ 1章
面を垂直におす力の大きさ，力がはたらく面積，圧力を求める公式を利用して計算。

(1) 物体が床を垂直におす力の大きさを求めなさい。

（　　　　）

(2) A面を下にして床に置いたときの圧力の大きさは何Paか。

（　　　　）

(3) B面を下にして床に置いたときの圧力の大きさは，(2)の何倍か。

（　　　　）

(4) A面を下にして床に置き，その上におもりをのせたところ，床にはたらく圧力の大きさは1250Paになった。おもりの質量は何gか。

（　　　　）

(5) 床と物体の間に質量を無視できるうすい板を挟(はさ)み，A面を下にして置いたところ，床にはたらく圧力の大きさは300Paになった。板の面積は何$cm^2$か。

（　　　　）

**4** **飽和水蒸気量と湿度** 右の表は，それぞれの温度における飽和水蒸気量を表している。これについて，次の問いに答えなさい。

| 温度〔℃〕 | 飽和水蒸気量〔$g/m^3$〕 |
|---|---|
| 5 | 6.8 |
| 10 | 9.4 |
| 15 | 12.8 |
| 20 | 17.3 |
| 25 | 23.1 |
| 30 | 30.4 |

単元③ 2章
飽和水蒸気量，空気中の水蒸気の質量，湿度を求める公式を利用して計算。

(1) 気温が25℃で，1$m^3$中に9.4gの水蒸気を含む空気がある。

① この空気の湿度は何％か。四捨五入して小数第1位まで求めなさい。

（　　　　）

② この空気を15℃まで冷やすと，湿度は何％になるか。四捨五入して小数第1位まで求めなさい。

（　　　　）

③ この空気を10℃まで冷やしたときの湿度を求めなさい。

（　　　　）

④ この空気を5℃まで冷やしたとき，空気1$m^3$あたり何gの水蒸気が水滴に変化するか。

（　　　　）

(2) ある日の気温が15℃で，湿度が50％であったとき，空気1$m^3$中に含まれる水蒸気の質量を求めなさい。

（　　　　）

(3) 気温が25℃で，湿度が75％の空気がある。この空気の露点を整数で答えなさい。

（　　　　）

**5** **電流・電圧・抵抗** 次の回路について，あとの問いに答えなさい。

単元④ 1章
抵抗を直列や並列につないだときの電流・電圧の関係やオームの法則を利用して計算。

図1
20Ω 150mA A 36Ω R 12V

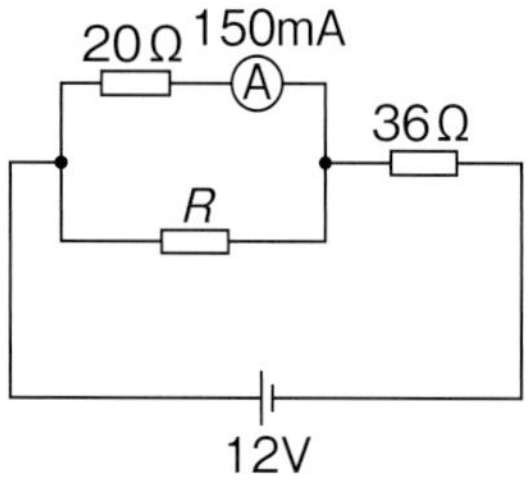

図2
12V V R1 40Ω R2 500mA A 18V

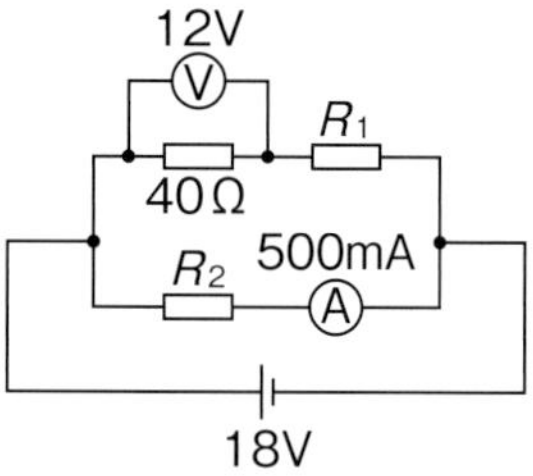

(1) 20Ωと36Ωの抵抗器，抵抗のわからない抵抗器$R$を使って図1の回路をつくり，12Vの電圧を加えたところ，電流計は150mAを示した。次の問いに答えなさい。

① 36Ωの抵抗器に流れる電流は何mAか。

(　　　　　)

② 抵抗器$R$に流れる電流は何mAか。

(　　　　　)

③ 抵抗器$R$の抵抗は何Ωか。

(　　　　　)

④ 回路全体の抵抗は何Ωか。

(　　　　　)

(2) 40Ωの抵抗器と抵抗のわからない抵抗器$R_1$，$R_2$を使って図2の回路をつくり，18Vの電圧を加えたところ，電圧計は12V，電流計は500mAを示した。次の問いに答えなさい。

① 抵抗器$R_1$の抵抗は何Ωか。

(　　　　　)

② 抵抗器$R_2$の抵抗は何Ωか。

(　　　　　)

③ 回路全体の抵抗は何Ωか。

(　　　　　)

**6** **電熱線と発熱** 右の図のような装置をつくり，100cm$^3$の水を入れたポリエチレンのビーカーの中に6V－12Wの電熱線を入れて，5分間電流を流した。電源の電圧を6Vとして，次の問いに答えなさい。

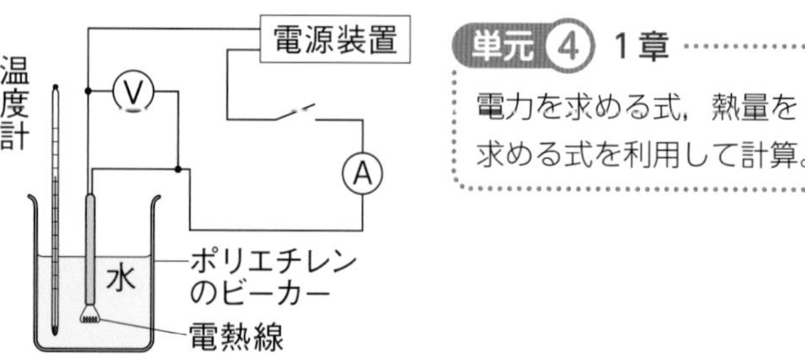


単元④ 1章
電力を求める式，熱量を求める式を利用して計算。

(1) この回路に流れる電流の大きさを，単位とともに答えなさい。

(　　　　　)

(2) この回路に5分間電流を流したとき，電熱線から発生する熱量を単位とともに答えなさい。

(　　　　　)

## 作図力UP よく考えてかいてみよう！

**7** **銅の酸化** 銅を加熱すると，空気中の酸素と結びつく。これについて，次の問いに答えなさい。

単元① 3章
測定値を•などの印で記入し，全ての測定値のなるべく近くを通るなめらかな曲線か直線を引く。

(1) 銅の粉末1.00gをステンレス皿に入れ，繰り返し加熱しながら，そのつどステンレス皿の中の物質の質量を調べたところ，次の表のようになった。このときの，加熱した回数と，結びついた酸素の質量の関係を，下の図1に表しなさい。

| 加熱した回数〔回〕 | 1 | 2 | 3 | 4 | 5 | 6 |
|---|---|---|---|---|---|---|
| ステンレス皿の中の物質の質量〔g〕 | 1.07 | 1.14 | 1.21 | 1.25 | 1.25 | 1.25 |

(2) 銅の質量を変えて加熱し，加熱する前の銅の質量と，完全に酸素と結びついてできた酸化銅の質量の関係を調べたところ，次の表のようになった。このときの，銅の質量と，酸化銅の質量の関係を，下の図2に表しなさい。

| 銅の質量〔g〕 | 0.20 | 0.40 | 0.60 | 0.80 | 1.00 |
|---|---|---|---|---|---|
| 酸化銅の質量〔g〕 | 0.25 | 0.49 | 0.75 | 1.00 | 1.25 |

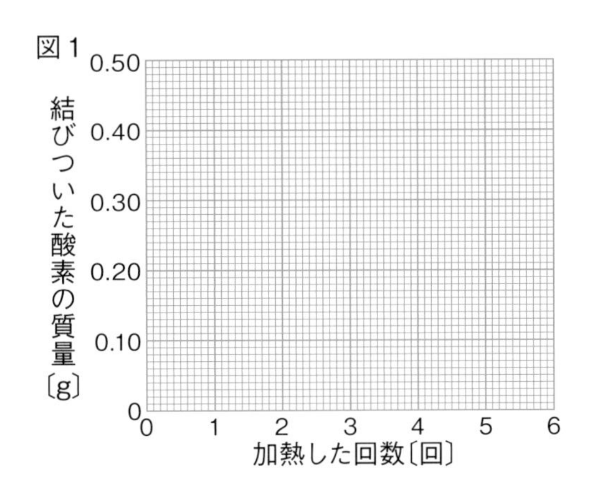


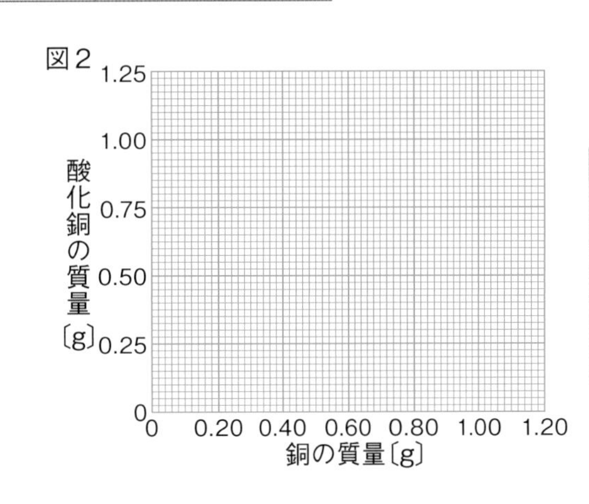


**8** **等圧線** 右の天気図の⬚内の数字は気圧を表し，例えば，21は1021hPaを示している。⬚内に，等圧線Aと等圧線Bがつながるように等圧線を引きなさい。

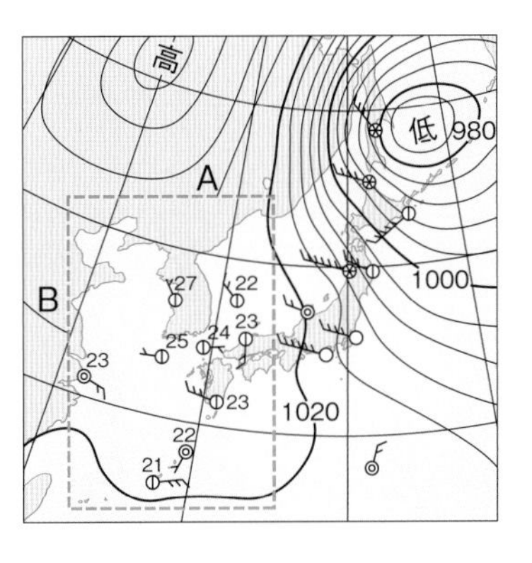


単元③ 3章
等圧線は4hPaごとに引いてある。AとBの等圧線が表す気圧を確認し，各地の気圧からわかる等圧線A，Bと同じ気圧の地点に線を引く。

プラスワーク

## 記述力UP 自分の言葉で表現してみよう！

**9** **化学変化と熱** 鉄と硫黄の混合物を試験管に入れ，右の図のように加熱し，反応が始まったら加熱するのをやめたが，その後も反応は続き，やがて鉄と硫黄は完全に反応した。加熱をやめても反応が続いたのはなぜか。簡単に答えなさい。

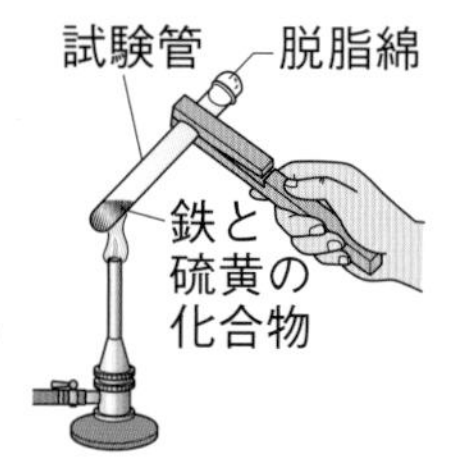


単元① 2章
鉄と硫黄が反応するときの熱の出入りに着目して考える。また，理由を答えるので，「～から。」で文が終わるようにする。

（　　　　　　　　　　　　　　　　　　　　　　　　　　）

**10** **植物の細胞** 細胞壁は植物にとって，どのようなことに役立っているか。簡単に答えなさい。

単元② 1章
細胞壁は，細胞膜の外側にあり，かたくて丈夫であることから考える。

（　　　　　　　　　　　　　　　　　　　　　　　　　　）

**11** **葉のつき方** 右の図のように，ヒマワリを真上から見ると，葉が重ならないようについているのはなぜか。簡単に答えなさい。

単元② 2章
葉で行われる植物のはたらきをもとに考える。

（　　　　　　　　　　　　　　　　　　　　　　　　　　）

**12** **赤血球のはたらき** 赤血球が肺で取り込まれた酸素を全身の酸素が必要なところに運ぶことができるのはなぜか。赤血球に含まれる酸素を運ぶ物質の名称を使って簡単に答えなさい。

単元② 3章
赤血球に含まれる物質の性質に着目して考える。

（　　　　　　　　　　　　　　　　　　　　　　　　　　）

**13** **大気圧** 右の図のように，空き缶に入れた少量の水を沸騰させ，湯気が出たら加熱をやめてラップシートでくるむと，やがて空き缶はつぶれた。このようになるのはなぜか。

少量の水を入れたアルミニウム缶
作業用手ぶくろ
ラップシート

単元③ 1章
空き缶の中と外の圧力に着目して考える。

（　　　　　　　　　　　　　　　　　　　　　　　　　　）

## 定期テスト対策

# 得点アップ！予想問題

**1**
この「**予想問題**」で
実力を確かめよう！

**2**
「**解答と解説**」で
答え合わせをしよう！

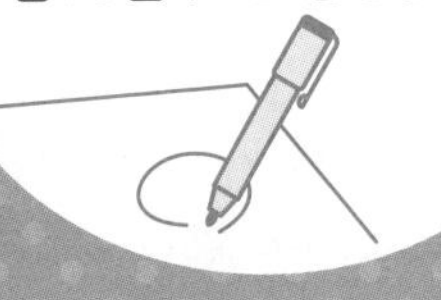

**3**
わからなかった問題は
戻って復習しよう！

この本での
学習ページ

スキマ時間でポイントを確認！
別冊「**スピードチェック**」も使おう

## ●予想問題の構成

| 回数 | 教科書ページ | 教科書の内容 | この本での学習ページ |
|---|---|---|---|
| 第1回 | 6〜40 | 1章　化学変化と物質の成り立ち<br>2章　いろいろな化学変化(1) | 2〜13 |
| 第2回 | 41〜81 | 2章　いろいろな化学変化(2)<br>3章　化学変化と物質の質量 | 14〜27 |
| 第3回 | 82〜119 | 1章　生物の細胞と個体<br>2章　植物の体のつくりとはたらき | 28〜41 |
| 第4回 | 120〜155 | 3章　動物の体のつくりとはたらき | 42〜61 |
| 第5回 | 156〜187 | 1章　気象の観測<br>2章　空気中の水の変化 | 62〜73 |
| 第6回 | 188〜225 | 3章　低気圧と天気の変化<br>4章　日本の気象<br>5章　大気の躍動と恵み | 74〜87 |
| 第7回 | 226〜301 | 1章　電流と電圧<br>2章　電流と磁界<br>3章　静電気と電流 | 88〜115 |

# 第1回 予想問題　1章 化学変化と物質の成り立ち　2章 いろいろな化学変化(1)

解答▶ p.36

/100

**1** 右の図のような装置を使って，炭酸水素ナトリウムを加熱し，発生した気体を試験管Bに集めた。加熱後，試験管Aには固体が残り，試験管Aの口付近には液体がたまっていた。次の問いに答えなさい。　3点×6(18点)

炭酸水素ナトリウム　A　B　液体　水

(1) 気体の集まった試験管Bに石灰水を入れてよく振ると，どのようになるか。

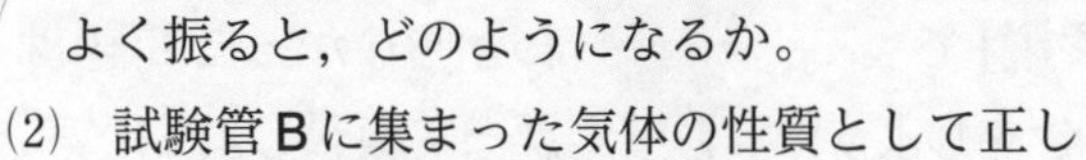

(2) 試験管Bに集まった気体の性質として正しいものを，次のア〜ウから選びなさい。

**ア**　火のついた線香を入れると，線香が激しく燃える。

**イ**　火のついたマッチを近づけると，気体が激しく燃える。

**ウ**　火のついた線香やマッチを入れると，火が消える。

(3) 試験管Aに残った物質は，何色をしているか。

(4) 試験管Aに残った物質を水にとかすと，その水溶液は何性を示すか。

(5) 試験管Aの口付近にたまった液体に，青色の塩化コバルト紙をつけた。このとき，塩化コバルト紙は何色に変わったか。

(6) この実験で，炭酸水素ナトリウムは何という物質に分かれたか。すべて答えなさい。

| (1) | | (2) | | (3) | | (4) | |
|---|---|---|---|---|---|---|---|
| (5) | | (6) | | | | | |

**2** 物質の成り立ちについて，次の問いに答えなさい。　4点×8(32点)

(1) 1種類の物質が，2種類以上の別の物質に分かれる化学変化を何というか。

(2) (1)のうち，加熱によって物質を分解することを何というか。

(3) 物質をつくる，それ以上分割することのできない微小な粒子を何というか。

(4) 19世紀の初めに(3)の粒子について提唱したイギリスの科学者の名前を答えなさい。

(5) 1種類の(3)の粒子からできている物質を何というか。

(6) 2種類以上の(3)の粒子からできている物質を何というか。

(7) いくつかの(3)の粒子が結びついて1つのまとまりになった粒子を何というか。

(8) 物質を，(3)の粒子の記号で表したものを何というか。

| (1) | | (2) | | (3) | | (4) | |
|---|---|---|---|---|---|---|---|
| (5) | | (6) | | (7) | | (8) | |

**3** 右の図のような装置で水に電流を流した。次の問いに答えなさい。　4点×8（32点）

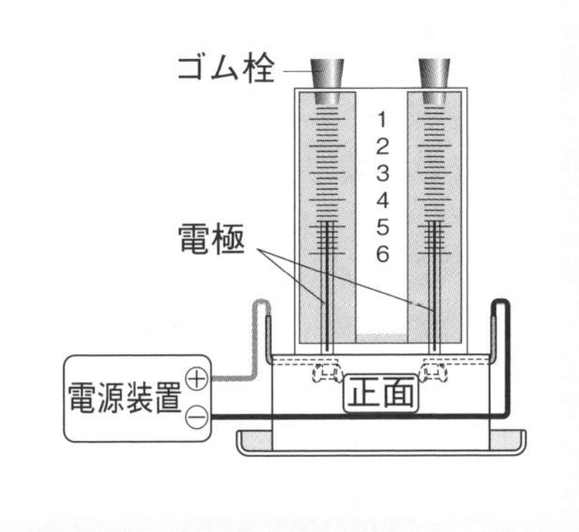


(1)　電流を流して物質を分解することを，何というか。

(2)　電流を流しやすくするために，水に何を加えるか。

(3)　陽極側に発生した気体の中に火のついた線香を入れると，どのようになるか。

(4)　陰極側に発生した気体にマッチの火を近づけると，どのようになるか。

(5)　陽極側と陰極側に発生した気体は，それぞれ何か。

(6)　陽極側と陰極側に発生した気体の体積の比を最も簡単な整数の比で答えなさい。

(7)　この実験で起こった化学変化を，化学反応式で表しなさい。

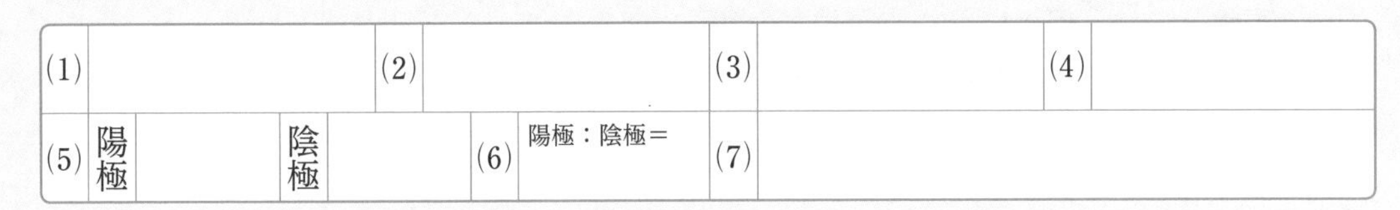

| (1) | | | | (2) | | (3) | | (4) | |
|---|---|---|---|---|---|---|---|---|---|
| (5) | 陽極 | | 陰極 | | (6) | 陽極：陰極＝ | (7) | | |

**4** 図1のように鉄と硫黄の粉末をよく混ぜ合わせ，2本の試験管AとBに分けた。試験管Aはそのままにしておき，試験管Bを加熱し，<u>試験管の中の物質が赤くなり始めたら，加熱するのをやめた</u>。図2では磁石を近づけ，図3では一部を塩酸に入れて，試験管AとBの中の物質の性質を調べた。次の問いに答えなさい。　3点×6（18点）

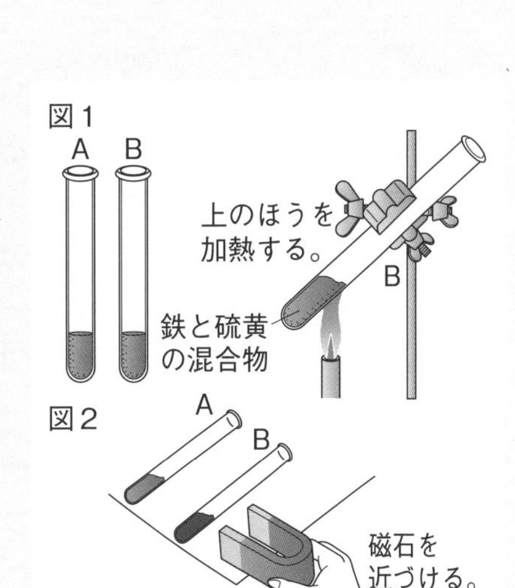


図3
うすい塩酸
Aの一部
Bの一部

(1)　下線部のように，加熱をやめると，反応は止まるか，進むか。

(2)　試験管Bでできた物質は何か。

(3)　図2で，磁石に引きつけられる試験管は，A，Bのどちらか。

(4)　図3で，試験管A，Bの中の物質を入れたときの変化を，次のア〜ウからそれぞれ選びなさい。

ア　中の物質はとけるが，気体は発生しない。

イ　においのある気体が発生する。

ウ　においのない気体が発生する。

(5)　図1の試験管Bで起こった化学変化を，化学反応式で表しなさい。

| (1) | | | | (2) | | (3) | |
|---|---|---|---|---|---|---|---|
| (4) | A | | B | (5) | | | |

# 第2回 予想問題 2章 いろいろな化学変化(2) 3章 化学変化と物質の質量

**1** 次の実験1，2について，あとの問いに答えなさい。 4点×6（24点）

〈実験1〉 空気中でマグネシウムリボンに火をつけて燃やした。
〈実験2〉 スチールウールを丸め，火をつけて燃やした。

(1) **実験1**，**実験2**のように，酸素と反応する化学変化を何というか。
(2) **実験1**，**実験2**のように，熱や光が発生する激しい反応を，特に何というか。
(3) **実験1**では，何という物質が生じたか。
(4) **実験2**で，スチールウールは何色に変わったか。
(5) **実験2**では，何という物質が生じたか。
(6) (3)や(5)のような物質を，一般に何というか。

| (1) | | (2) | | (3) | | (4) | |
|---|---|---|---|---|---|---|---|
| (5) | | (6) | | | | | |

**2** 酸化銅と炭素の粉末をよく混ぜたものを，右の図のように加熱したところ，気体が発生して，試験管Bの液体は白くにごった。また，気体の発生が止まったあと，ある操作をしてから，ガスバーナーの火を消した。このとき，試験管Aには赤茶色の物質が残っていた。次の問いに答えなさい。 5点×7（35点）

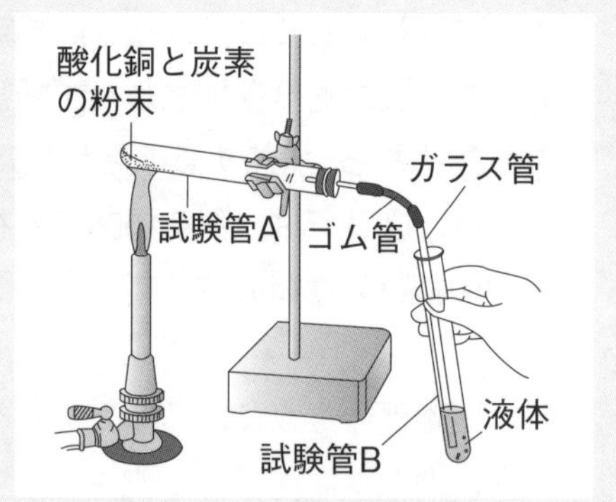


(1) 試験管Bに入っている液体は何か。
(2) 下線部のある操作を次のア～ウから選びなさい。
ア 試験管Aの口を少し上に上げ，底よりも高くする。
イ 試験管Bの液体からガラス管を取り出す。 ウ 試験管Bの液体を加熱する。
(3) (2)の操作を行うのはなぜか。
(4) 次の文は，この実験で起こった化学変化について説明したものである。

a酸化銅は炭素によって酸素を取り除かれて( ㋐ )になり，b炭素は取り除いた酸素と結びついて( ㋑ )になった。

① 下線部a，bの化学変化をそれぞれ何というか。
② 文中の㋐，㋑の物質はそれぞれ何か。

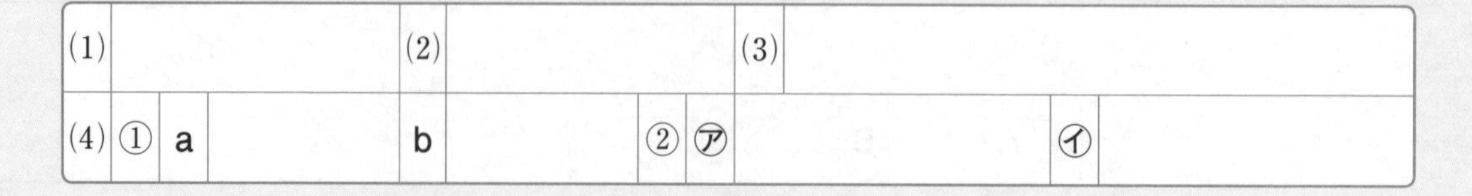

| (1) | | | (2) | | (3) | | |
|---|---|---|---|---|---|---|---|
| (4) | ① | a | | b | | ② ㋐ | | ㋑ | |

**3** 右の図のように，石灰石，うすい塩酸が入った容器，薬包紙の全体の質量を測定した。その後，石灰石を容器の中に入れ，すばやく蓋(ふた)をして，容器を軽く振ったあと，反応後の全体の質量を測定した。次の問いに答えなさい。　4点×4 (16点)

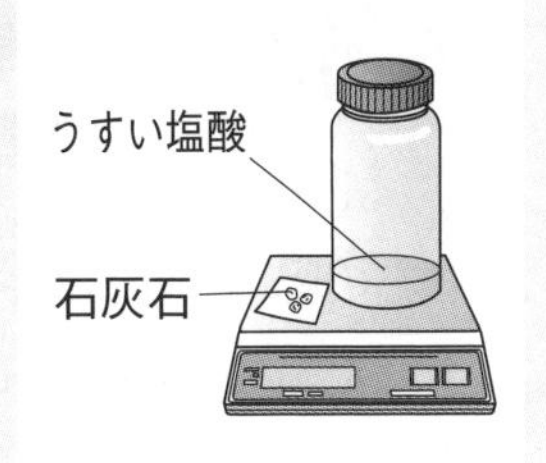


(1) 反応後の全体の質量は，反応前に比べてどのようになったか。

(2) (1)の結果から，何という法則が成り立っていることがわかるか。

(3) このあと，容器の蓋をゆるめて，再び全体の質量を測定した。このときの全体の質量は，反応前に比べてどのようになっているか。

(4) (3)のような結果になったのはなぜか。簡単に答えなさい。

| (1) | | (2) | | (3) | |
|---|---|---|---|---|---|
| (4) | | | | | |

**4** 2つの物質が結びつくとき，それぞれの物質の質量にどのような関係があるかを調べるため，次の実験を行った。あとの問いに答えなさい。　5点×5 (25点)

〈実験〉 ❶ 0.4gの銅の粉末を図1のように加熱し，冷めてから質量を測定した。よくかき混ぜて再び加熱し，冷めてから質量を測定した。<u>この操作を繰り返し，質量が変わらなくなったときの値を記録した。</u>

❷ 銅の粉末の質量を変えて，❶と同様の実験を行った。

❸ 銅のかわりにマグネシウムを用い，❶，❷と同様の実験を行った。

❹ 銅とマグネシウムについて，加熱前の質量と加熱後の質量の関係を，図2のようにグラフに表した。

図1

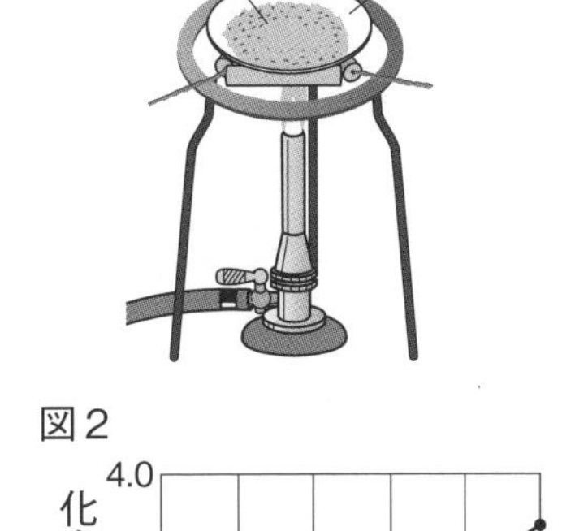


図2

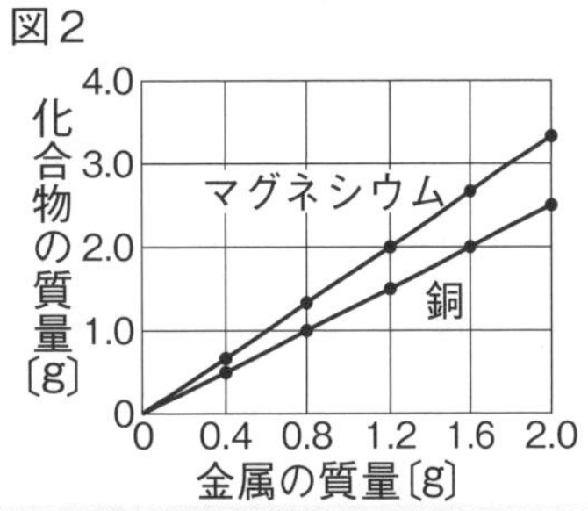


(1) 実験の❶の下線部のように，質量が変わらなくなるまで操作を繰り返すのはなぜか。

(2) 図2より，銅1.6gを加熱したとき，反応する酸素の質量は何gか。

(3) 銅の質量と，銅と反応した酸素の質量の比を，最も簡単な整数の比で表しなさい。

(4) マグネシウムの質量と，マグネシウムと反応した酸素の質量の比を，最も簡単な整数の比で表しなさい。

(5) 実験の❶での化学変化を，化学反応式で表しなさい。

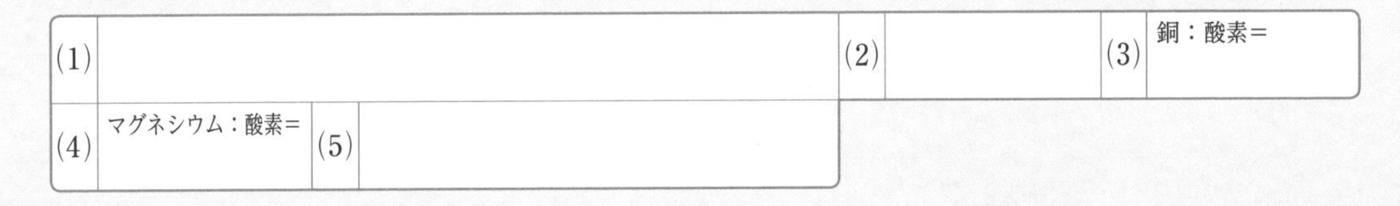

| (1) | | (2) | | (3) | 銅：酸素＝ |
|---|---|---|---|---|---|
| (4) | マグネシウム：酸素＝ | (5) | | | |

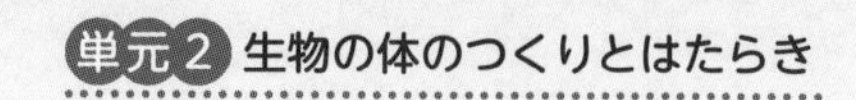


# 第3回 予想問題

## 1章 生物の細胞と個体
## 2章 植物の体のつくりとはたらき

**1** 右の図は，タマネギの表皮の細胞とヒトの頬の内側の粘膜の細胞を顕微鏡で観察し，スケッチしたものである。これについて，次の問いに答えなさい。 2点×7（14点）

(1) ヒトの頬の内側の粘膜の細胞は，A，Bのどちらか。

(2) 図の㋐の部分を観察しやすくするために用いる染色液は何か。

(3) 図で，タマネギの表皮の細胞には見られるが，頬の内側の粘膜の細胞には見られない㋑のつくりは何か。

(4) (3)のつくりは，どのようなことに役立っているか。次のア〜ウから選びなさい。

**ア** 栄養分をつくり出す。　**イ** 体の形を保つ。　**ウ** 栄養分を蓄える。

(5) タマネギやヒトのように，多くの細胞で体がつくられている生物を何というか。

(6) 次の文の①，②にあてはまる言葉を答えなさい。

> 生物の体は，細胞が集まって（ ① ）になり，（ ① ）が集まって（ ② ）になり，（ ② ）が集まって個体をつくっている。

| (1) | | (2) | | (3) | | (4) | |
|---|---|---|---|---|---|---|---|
| (5) | | (6) ① | | ② | | | |

**2** 葉のつくりとはたらきについて，次の問いに答えなさい。 4点×7（28点）

(1) ホウセンカやアブラナの葉のように，網の目のように広がった葉脈を何というか。

(2) トウモロコシやムラサキツユクサの葉のように，平行に並んでいる葉脈を何というか。

(3) 右の図は，ある植物の葉の断面の様子を表したものである。

① Aのような一つ一つに区切られた小さな部屋のようなものを何というか。

② BやCの管を，それぞれ何というか。

③ 葉の表皮に見られる，Dのような小さな隙間（すきま）を何というか。

④ 蒸散とはどのような現象のことをいうか。簡単に答えなさい。

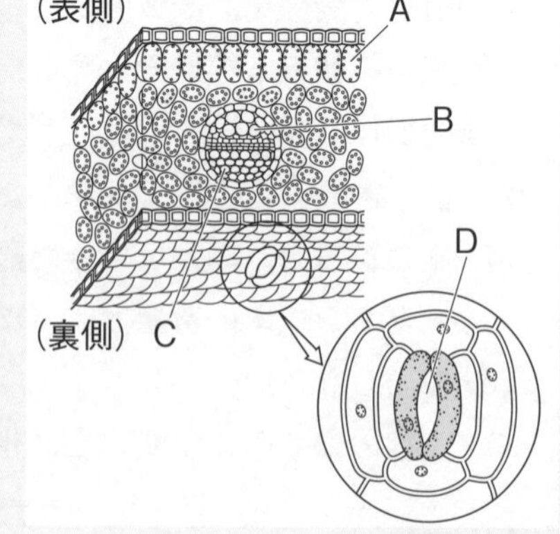


| (1) | | (2) | | (3) ① | | ② B | | C | |
|---|---|---|---|---|---|---|---|---|---|
| (3) ③ | | ④ | | | | | | | |

**3** 右の図は，ホウセンカとトウモロコシの根と，茎の断面を模式的に表したものである。次の問いに答えなさい。

3点×11（33点）

(1)　Aの㋐と㋑，Bの㋒のような根をそれぞれ何というか。

(2)　根の先端に近い部分に無数に生えている，細かい毛のようなものを何というか。

(3)　(2)で答えた部分は，どのようなことに役立っているか。簡単に答えなさい。

(4)　ホウセンカを赤い染色液にさしておくと，茎の一部が赤く染色された。染色された部分にある管を何というか。

(5)　(4)の管の束と師管の束をあわせて何というか。

(6)　ホウセンカの根と，茎の断面の様子を表しているものを，図のA～Dからそれぞれ選びなさい。

(7)　トウモロコシの根と，茎の断面の様子を表しているものを，図のA～Dからそれぞれ選びなさい。

A　B　㋐　㋑　㋒

根

C　D

茎の断面

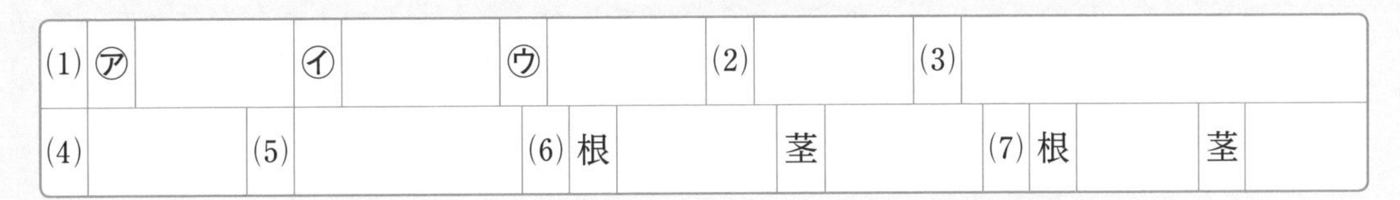

| (1) | ㋐ | | ㋑ | | ㋒ | | (2) | | (3) | |
|---|---|---|---|---|---|---|---|---|---|---|
| (4) | | (5) | | (6) | 根 | | 茎 | | (7) | 根 | | 茎 | |

**4** 葉の大きさと枚数が同じ枝を３本用意し，右の図のような処理をした後，水が入ったメスシリンダーにさした。数時間後，㋐～㋒の水の減少量を調べた。これについて，次の問いに答えなさい。

5点×5（25点）

(1)　㋑，㋒のようにワセリンを塗ると，どの部分の蒸散がおさえられるか。次のア～ウからそれぞれ選びなさい。

ア　葉の表側の蒸散

イ　葉の裏側の蒸散

ウ　葉の表側と裏側の蒸散

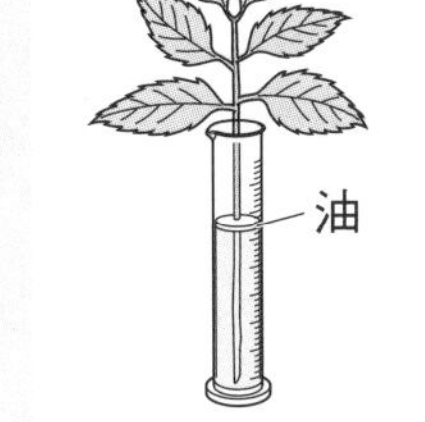


何も塗らない。

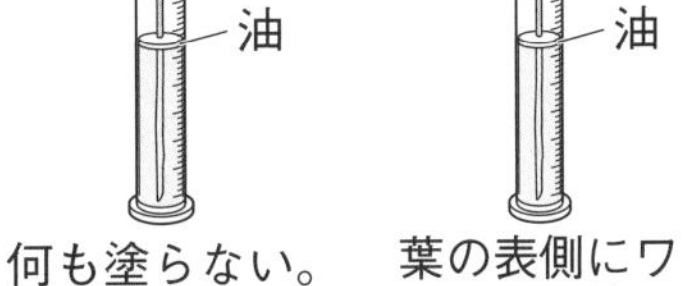


葉の表側にワセリンを塗る。

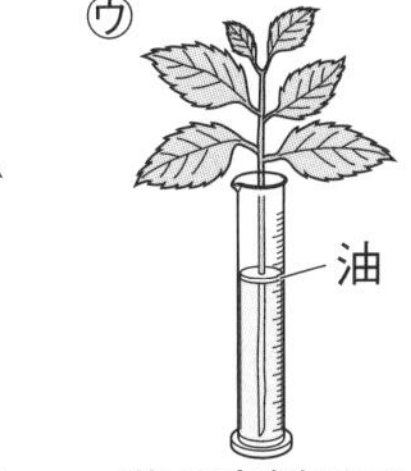


葉の裏側にワセリンを塗る。

(2)　数時間後に水の減少量を調べたとき，最も減少量が多いものはどれか。㋐～㋒から選びなさい。

(3)　㋑，㋒のうち，水の減少量が多いのはどちらか。記号で答えなさい。

(4)　(3)のように，水の減少量にちがいが見られたのはなぜか。「気孔」という言葉を使って，簡単に書きなさい。

| (1) | ㋑ | | ㋒ | | (2) | | (3) | |
|---|---|---|---|---|---|---|---|---|
| (4) | | | | | | | | |

第4回 予想問題

# 3章　動物の体のつくりとはたらき

**1** 唾液のはたらきを調べるため，次の手順で実験を行った。あとの問いに答えなさい。　4点×6（24点）

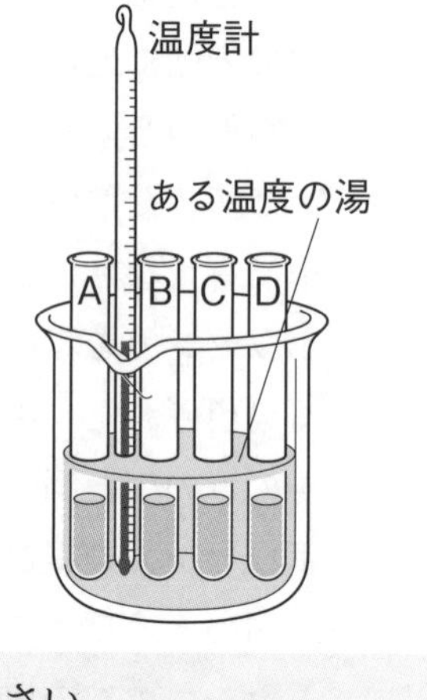

手順1　A～Dの試験管にうすいデンプン液を，それぞれ4 $cm^3$ずつ入れた。

手順2　A，Cの試験管には唾液1 $cm^3$を，B，Dの試験管には水1 $cm^3$を入れ，よくかき混ぜた。

手順3　右の図のように，A～Dの試験管をビーカーに入れたある温度の湯に10分間つけておいた。

手順4　その後，A，Bの試験管にはヨウ素液を，C，Dの試験管にはベネジクト液を加えて加熱した。

(1)　手順3の下線部のある温度とは何℃か。次のア～エから選びなさい。

ア　0～5℃　　イ　20～25℃　　ウ　35～40℃　　エ　90～100℃

(2)　試験管A，Bのうち，変化があったのはどちらか。また，どのような変化があったか。

(3)　試験管C，Dのうち，変化があったのはどちらか。また，どのような変化があったか。

(4)　この実験でわかった唾液のはたらきを，簡単に答えなさい。

| (1) | | (2) | 記号 | | 変化 | |
|---|---|---|---|---|---|---|
| (3) | 記号 | | 変化 | | (4) | |

**2** ヒトの体の毛細血管と細胞との間で行われる物質のやりとりを表す図を見て，次の問いに答えなさい。　4点×8（32点）

毛細血管　細胞　A　B　栄養分

(1)　毛細血管中のAは，細胞にBを運ぶはたらきをしている。AとBは何か。

(2)　細胞で行われている呼吸を，肺で行われる呼吸に対して何というか。

(3)　血液の成分のうち，栄養分などを運んでいるのは何か。

(4)　(3)が毛細血管から細胞のまわりにしみ出したものは何か。

(5)　図のAに含まれるヘモグロビンについて，次の文の(　)にあてはまる言葉を答えなさい。

ヘモグロビンは(①)色の物質で，Bの多いところではBと(②)，Bの少ないところではBを(③)性質がある。

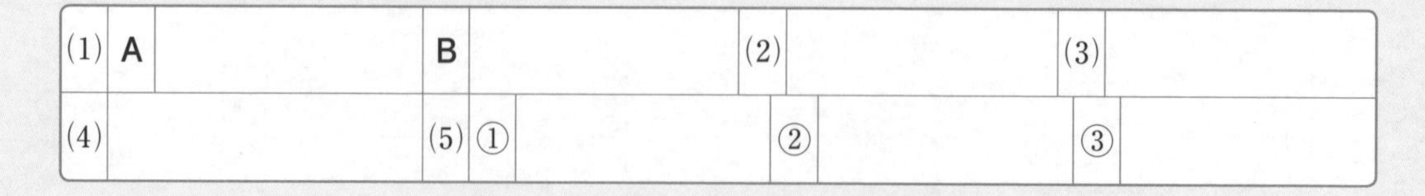

| (1) | A | | B | | (2) | | (3) | |
|---|---|---|---|---|---|---|---|---|
| (4) | | | (5) | ① | | ② | | ③ |

**3** 次の図は，ヒトの呼吸器官（こきゅうきかん）と，気体の交換の様子を表したものである。あとの問いに答えなさい。 4点×6（24点）

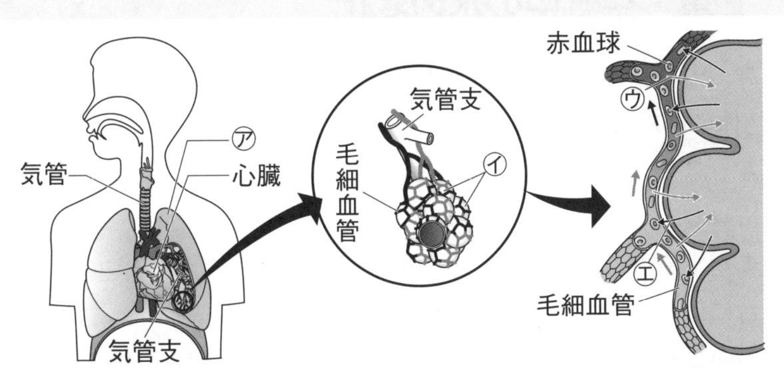


(1) 図の㋐の器官を何というか。

(2) 図の㋐の内部にある，小さな袋㋑を何というか。

(3) ㋑で血液から出される気体㋒は何か。

(4) ㋑で血液に取り込まれる気体㋓は何か。

(5) 器官㋐の中が㋑のようになっていると，どのような利点があるか。簡単に答えなさい。

(6) ㋐の器官は筋肉がなく，自ら膨らんだり縮んだりすることはできない。この器官が膨らんだり縮んだりするのを助ける，胸腔の底部にある膜を何というか。

| (1) | | (2) | | (3) | | (4) | |
|---|---|---|---|---|---|---|---|
| (5) | | | | | | (6) | |

**4** 右の図は，外界からの刺激と反応の伝わり方を表したものである。次の問いに答えなさい。 4点×5（20点）

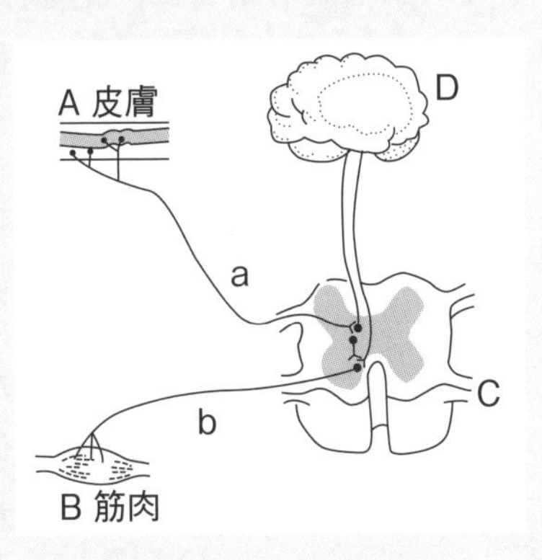


(1) 運動神経は，図のa，bのどちらか。

(2) 次のとき，①，②の刺激はどのように伝わるか。下のア〜オからそれぞれ選びなさい。

① 熱いものに手が触れ，思わず手を引っこめた。

② 信号が青になったので，横断歩道を渡り始めた。

ア A→C→D　　イ A→C→B

ウ B→C→D→C→A　　エ A→C→D→C→B

オ D→C→B→C→A

(3) (2)の①のような反応を何というか。

(4) (2)の①と②の反応のちがいを，「時間」という言葉を使って簡単に答えなさい。

| (1) | | (2) ① | | ② | | (3) | |
|---|---|---|---|---|---|---|---|
| (4) | | | | | | | |

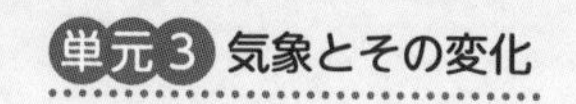

# 第5回 予想問題
# 1章 気象の観測
# 2章 空気中の水の変化

**1** 右の図のような，2.4kgの直方体のレンガを台の上にのせた。次の問いに答えなさい。ただし，100gの物体にはたらく重力の大きさを１Ｎとする。 6点×5（30点）

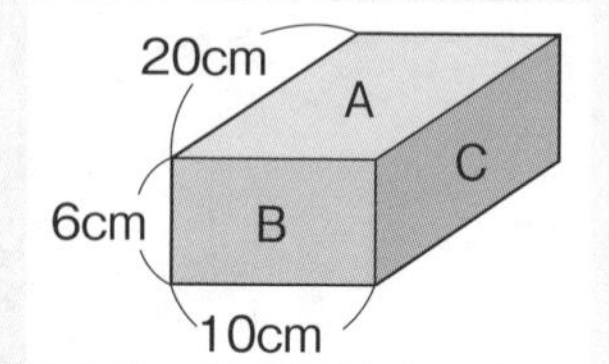


(1) レンガの面Ａ～Ｃをそれぞれ下にして台の上に置いたとき，レンガから台にはたらく圧力が最大になるのは，どの面を下にしたときか。また，最小になるのは，どの面を下にしたときか。

(2) レンガから台にはたらく力の大きさは何Ｎか。

(3) このレンガの面Ｂを下にして台に置いたとき，レンガから台にはたらく圧力は何Paか。

(4) 圧力の大きさについて正しく説明したものを，次のア～エからすべて選びなさい。

**ア** 接する面積が同じ場合，面をおす力が大きいほど，圧力は大きくなる。
**イ** 接する面積が同じ場合，面をおす力が大きいほど，圧力は小さくなる。
**ウ** 面をおす力が同じ場合，接する面積が大きいほど，圧力は大きくなる。
**エ** 面をおす力が同じ場合，接する面積が大きいほど，圧力は小さくなる。

| (1) | 最大 | | 最小 | | (2) | | (3) | |
|---|---|---|---|---|---|---|---|---|
| (4) | | | | | | | | |

**2** 右の表は，乾湿計用湿度表の一部である。次の問いに答えなさい。 3点×7（21点）

(1) ある晴れた日に，乾球は17℃，湿球は13℃を示していた。このときの湿度は何％か。

(2) ある雨の日に湿度を調べたら，89％だった。このとき，乾球が14℃を示していたとすれば，湿球は何℃を示していたか。

(3) 空気は，含むことのできる水蒸気の量に限界がある。空気が冷やされ，含みきれなくなった水蒸気が水滴となって現れるときの温度を何というか。

| 乾球〔℃〕 | 乾球と湿球の示度の差〔℃〕 | | | | | |
|---|---|---|---|---|---|---|
| | 0 | 1 | 2 | 3 | 4 | 5 |
| 18 | 100 | 90 | 80 | 71 | 62 | 53 |
| 17 | 100 | 90 | 80 | 70 | 61 | 51 |
| 16 | 100 | 89 | 79 | 69 | 59 | 50 |
| 15 | 100 | 89 | 78 | 68 | 58 | 48 |
| 14 | 100 | 89 | 78 | 67 | 57 | 46 |
| 13 | 100 | 88 | 77 | 66 | 55 | 45 |

(4) 地表近くの空気が冷やされて(3)の温度以下となり，小さな水滴が地表付近に浮かんでいる状態を何というか。

(5) 雲のでき方を説明した次の文の（ ）にあてはまる語句をそれぞれ答えなさい。

上空ほど気圧が（ ① ）ため，水蒸気を含む空気が上昇すると，空気は（ ② ）し，温度が（ ③ ）がって水滴ができ始め，雲ができる。

| (1) | | (2) | | (3) | | (4) | |
|---|---|---|---|---|---|---|---|
| (5) | ① | | ② | | ③ | | |

**3** 右の表は，それぞれの温度での飽和水蒸気量を表したものである。これについて，次の問いに答えなさい。

7点×4（28点）

| 温度〔℃〕 | 0 | 5 | 10 | 15 | 20 | 25 | 30 | 35 |
|---|---|---|---|---|---|---|---|---|
| 飽和水蒸気量〔g/m$^3$〕 | 4.8 | 6.8 | 9.4 | 12.8 | 17.3 | 23.1 | 30.4 | 39.6 |

(1) ある日の朝，気温をはかると，15℃であった。次に露点を調べると，10℃であった。このときの湿度は何％か。小数第1位を四捨五入して整数で求めなさい。

(2) この日の午後，気温が30℃になった。空気中の水蒸気量は朝と同じであったとすると，このときの湿度は何％か。小数第1位を四捨五入して整数で求めなさい。

(3) (2)の空気は，1 m$^3$にあと何gの水蒸気を含むことができるか。

(4) 上の表を，横軸に温度，縦軸に飽和水蒸気量をとってグラフにすると，右の㋐〜㋓のどのグラフになるか。最も近いものを選びなさい。

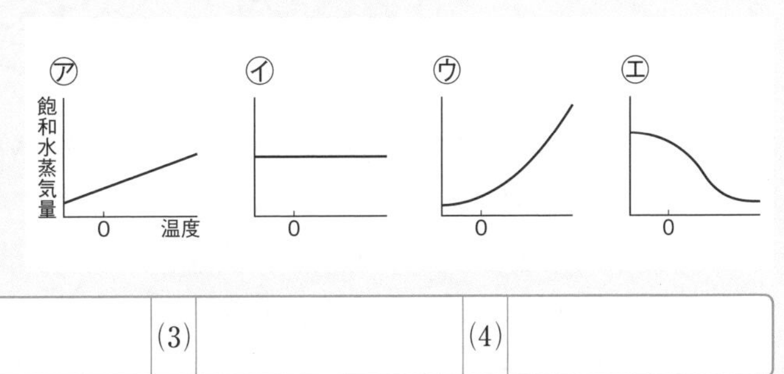


| (1) | | (2) | | (3) | | (4) | |
|---|---|---|---|---|---|---|---|

**4** 右の図のように，フラスコ内をぬるま湯でぬらし，線香の煙を少量入れて実験1，2を行った。これについて，あとの問いに答えなさい。

3点×7（21点）

〈実験1〉 ピストンを引く。

〈実験2〉 実験1の後，ピストンをおす。

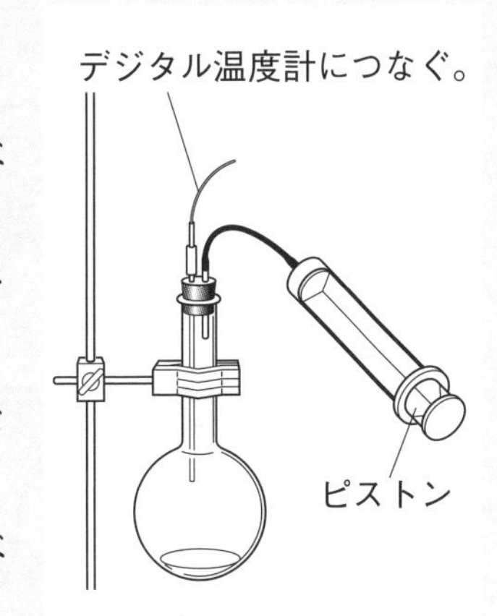


(1) **実験1**で，フラスコ内の温度は，ピストンを引く前と比べてどう変化するか。

(2) **実験1**で，ピストンを引くと，フラスコ内にはどのような変化が起こるか。

(3) (2)のように変化するのはなぜか。その理由を簡単に答えなさい。

(4) **実験2**で，フラスコ内の温度は，ピストンをおす前と比べてどう変化するか。

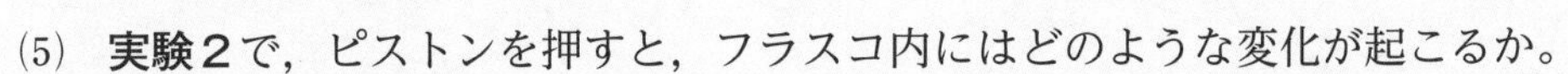

(5) **実験2**で，ピストンを押すと，フラスコ内にはどのような変化が起こるか。

(6) (5)のように変化するのはなぜか。その理由を簡単に答えなさい。

(7) 水蒸気が水滴になるときの温度を何というか。

| (1) | | (2) | | (3) | |
|---|---|---|---|---|---|
| (4) | | (5) | | (6) | |
| (7) | | | | | |

# 第6回 予想問題

## 3章 低気圧と天気の変化
## 4章 日本の気象
## 5章 大気の躍動と恵み

**1** 下の図1は日本の天気図の一部を表し，図2〜図5は地上付近の風と上空の気流を表している。次の問いに答えなさい。

2点×5（10点）

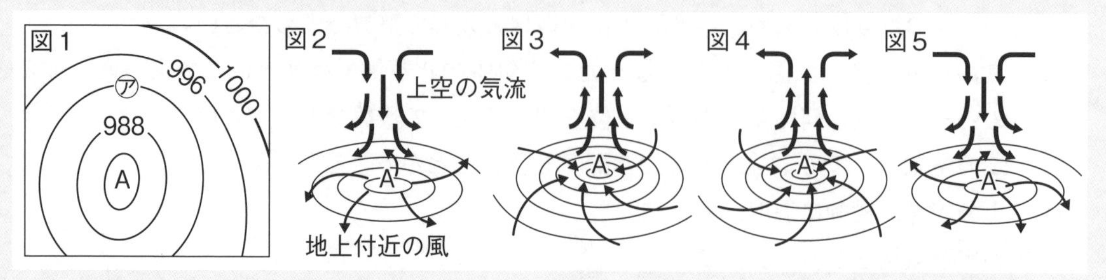


(1) Aのように，まわりより気圧の低い部分を何というか。

(2) ㋐の等圧線は何hPaか。

(3) Aのまわりの風の吹き方を正しく表しているのは図2〜図5のどれか。

(4) 低気圧の中心に見られる空気の動きで，地上から上空に向かって吹く風を何というか。

(5) Aの地点では，どのような天気になることが多いと考えられるか。次のア，イから選びなさい。

ア　雲ができにくく，晴れていることが多い。

イ　雲ができやすく，曇りや雨になることが多い。

| (1) | | (2) | | (3) | | (4) | | (5) | |
|---|---|---|---|---|---|---|---|---|---|

**2** 下の図1，2は，それぞれ春とつゆ（梅雨）の天気図を示している。次の問いに答えなさい。

6点×3（18点）

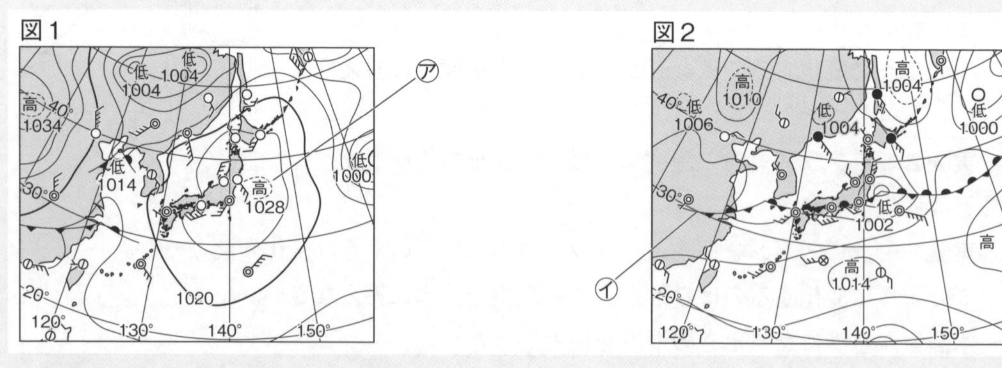


(1) 図1，2のうち，つゆの天気図はどちらか。

(2) 図の㋐は，長江流域で発生した高気圧が変化し，日本付近にやってきたものである。㋐の高気圧を何というか。

(3) 図の㋑の停滞前線を何というか。

| (1) | | (2) | | (3) | |
|---|---|---|---|---|---|

**3** 右の図は，日本のある地点を低気圧が通過したときの気象観測の記録の一部である。これについて，次の問いに答えなさい。 4点×5(20点)

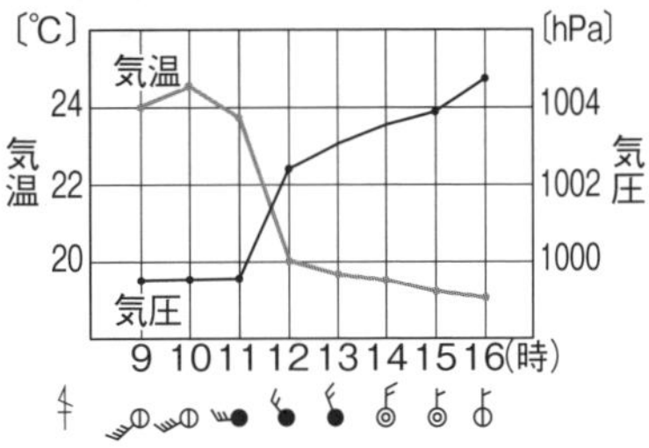

(1) 前線が通過したと考えられる時刻を，次のア～エから選びなさい。
ア 10時から11時の間　イ 11時から12時の間
ウ 12時から13時の間　エ 15時から16時の間
(2) このとき通過した前線の名称を答えなさい。
(3) (2)の前線付近に発達する雲の名称を答えなさい。
(4) (3)による降水として正しいものを，次のア～エから選びなさい。
ア 短い時間，狭い範囲で強い雨が降る。　イ 長い時間，広い範囲で強い雨が降る。
ウ 短い時間，狭い範囲で弱い雨が降る。　エ 長い時間，広い範囲で弱い雨が降る。
(5) (2)の前線付近の気団の様子を，次の㋐～㋓から選びなさい。

| (1) | | (2) | | (3) | | (4) | | (5) | |
|---|---|---|---|---|---|---|---|---|---|

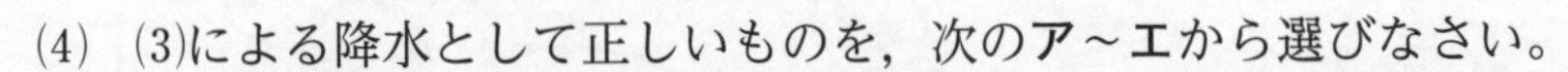

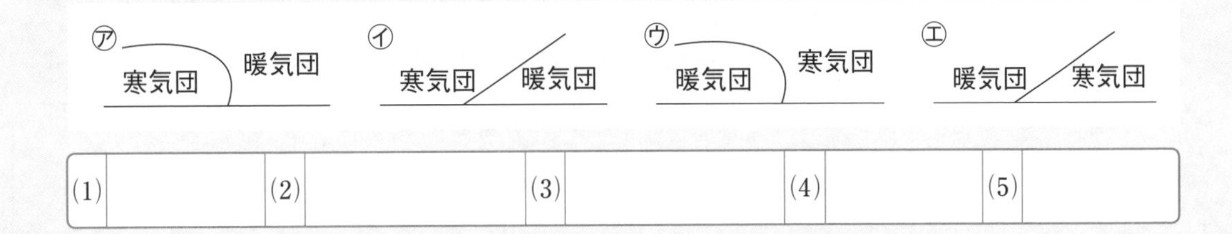

**4** 右の図は，ある日の日本付近における気圧配置を示したものである。 4点×13(52点)

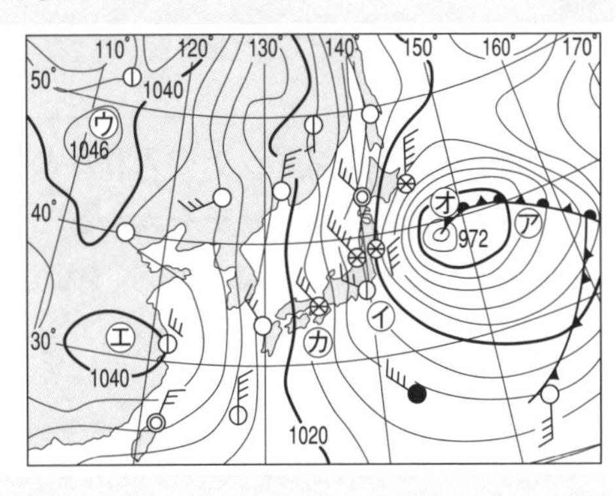

(1) この天気図から考えられる日本の季節を，次のア～エから選びなさい。
ア 春　イ 梅雨　ウ 夏　エ 冬
(2) 図のような気圧配置を何というか。
(3) 図のような気圧配置のときに，日本付近で発達している気団名を答えなさい。
(4) 図の㋐の前線名を答えなさい。
(5) 図の地点㋑での天気，気圧を答えなさい。
(6) 図の地点㋒～㋔から，高気圧を全て選びなさい。
(7) 図の地点㋕での，天気，風向，風力をそれぞれ答えなさい。
(8) 次の文の①，②にあてはまる方角(4方位)，③にあてはまる言葉を答えなさい。

日本付近の天気は，普通( ① )から( ② )へと移り変わる。これは，日本付近の上空を( ③ )という風が1年中吹いているからである。

| (1) | | (2) | | (3) | | (4) | | | |
|---|---|---|---|---|---|---|---|---|---|
| (5) | 天気 | | 気圧 | | (6) | | | | |
| (7) | 天気 | | 風向 | | 風力 | | (8) | ① | | ② | | ③ | |

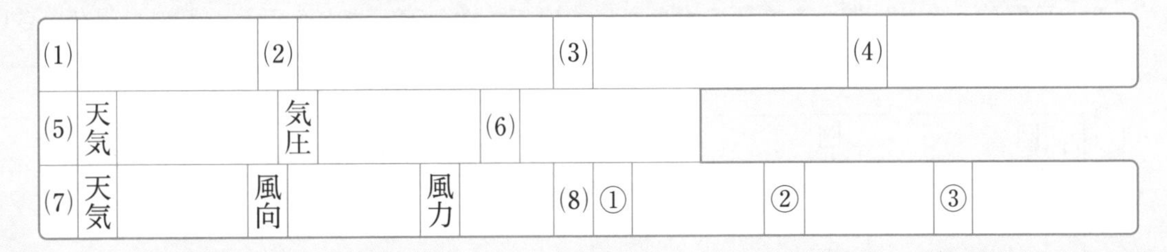

# 第7回 予想問題

## 1章 電流と電圧
## 2章 電流と磁界
## 3章 静電気と電流

解答 p.39

/100

**1** 豆電球a～dと電流計，電圧計を用いて，図1，図2のような回路をつくった。あとの問いに答えなさい。

3点×10(30点)

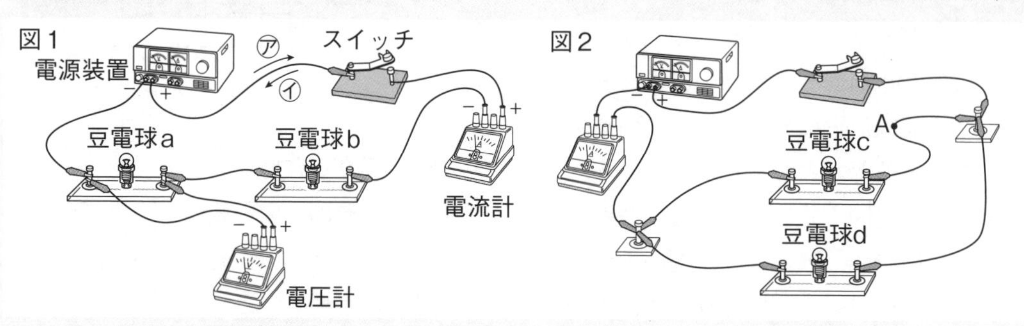


(1) 図1，図2のような回路をそれぞれ何というか。

(2) 図1，図2の回路を，電気用図記号を使って回路図に表しなさい。

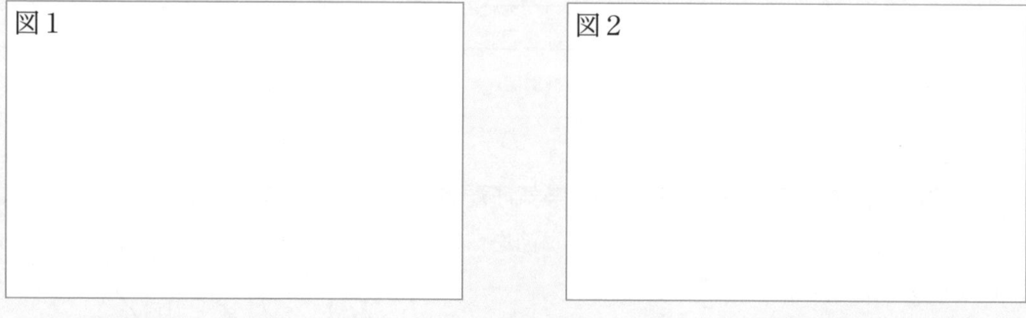


(3) 図1の回路でスイッチを入れたとき，流れる電流の向きは，図の㋐，㋑のどちらか。

(4) 図1の回路でスイッチを入れると，導線の中を－の電気をもった粒子が流れる。この粒子の流れる向きは，図1の㋐，㋑のどちらか。

(5) 電流の大きさが予想できないとき，電流計の－端子はどのような順序でつなぐか。次のア～ウから選びなさい。

ア 50mA → 500mA → 5A　イ 500mA → 5A → 50mA

ウ 5A → 500mA → 50mA

(6) 電流計の500mAの－端子を使ったときの指針が右の図のようになった。このときの電流の大きさを求めなさい。

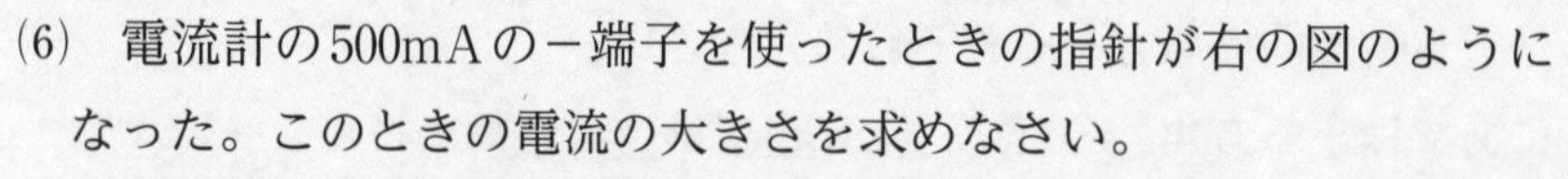

(7) 豆電球a，bを流れる電流の大きさについて，次のア～ウから正しいものを選びなさい。

ア aのほうが大きい。　イ bのほうが大きい。　ウ 等しい。

(8) 豆電球cとdに加わる電圧の大きさについて，次のア～ウから正しいものを選びなさい。

ア cのほうが大きい。　イ dのほうが大きい。　ウ 等しい。

| (1) | 図1 | | 図2 | | (2) | 図1 | 図1に記入 | 図2 | 図2に記入 | (3) | |
|---|---|---|---|---|---|---|---|---|---|---|---|
| (4) | | (5) | | | (6) | | (7) | | | (8) | |

**2** 電熱線a，bに電圧を加え，電圧と流れる電流の大きさを調べて，結果を下の表にまとめた。あとの問いに答えなさい。 4点×3（12点）

| 電圧〔V〕 | 1.0 | 2.0 | 3.0 | 4.0 | 5.0 |
|---|---|---|---|---|---|
| 電流〔mA〕（電熱線a） | 125 | 250 | 375 | 500 | 625 |
| 電流〔mA〕（電熱線b） | 66 | 132 | 200 | 264 | 330 |

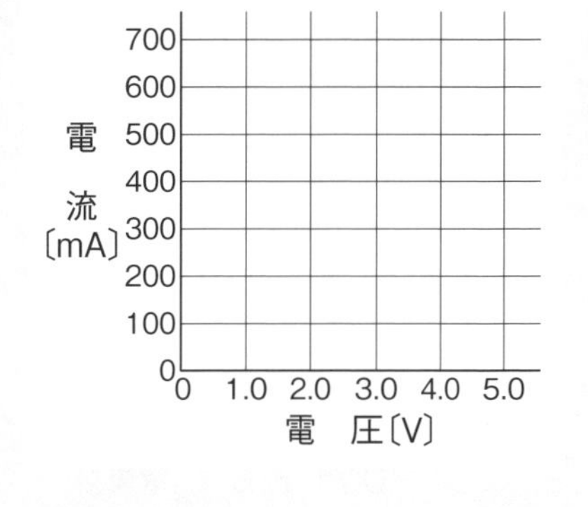


(1) 電熱線a，bについて，得られた結果を，それぞれ右のグラフに表しなさい。

(2) グラフより，電熱線に加わる電圧と流れる電流の大きさの間にはどのような関係があることがわかるか。

(3) (2)の法則を何というか。

| (1) | 図に記入 | (2) | | (3) | |
|---|---|---|---|---|---|

**3** 電熱線a，電熱線bに電圧を加え，流れる電流の大きさを調べた結果，グラフのようになった。次の問いに答えなさい。 4点×4（16点）

(1) 電流が流れにくいのは，電熱線a，bのどちらか。

(2) 電熱線aの抵抗は何Ωか。

(3) 電熱線a，bを直列につなぎ，流れる電流を調べたら400mAであった。このとき，電熱線bに加わっている電圧は何Vか。

(4) 電熱線a，bを並列につなぎ，電熱線bを流れる電流を調べたら200mAであった。このとき，電熱線aを流れる電流は何mAか。

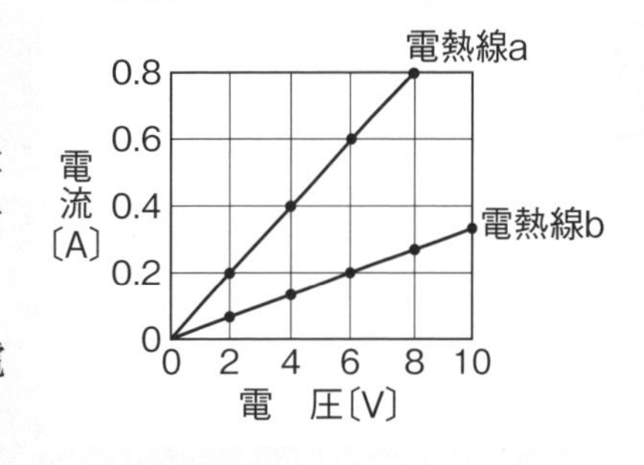


| (1) | | (2) | | (3) | | (4) | |
|---|---|---|---|---|---|---|---|

**4** 右の図のような装置をつくり，電圧を変えて，電熱線に流れる電流と，スイッチを入れてから5分後の水の上昇温度を調べた。表はその結果である。次の問いに答えなさい。 4点×3（12点）

(1) 電熱線に4Vの電圧を加えたとき，電熱線で消費される電力は何Wか。

(2) 電熱線に6Vの電圧を加えたとき，電熱線から5分間に発生する熱量は何Jか。

(3) 電熱線で発生する熱量は，電熱線に電流を流した時間の他に，何に比例するか。

| 電圧〔V〕 | 2 | 4 | 6 |
|---|---|---|---|
| 電流〔A〕 | 1 | 2 | 3 |
| 上昇温度〔℃〕 | 1.4 | 5.7 | 12.8 |

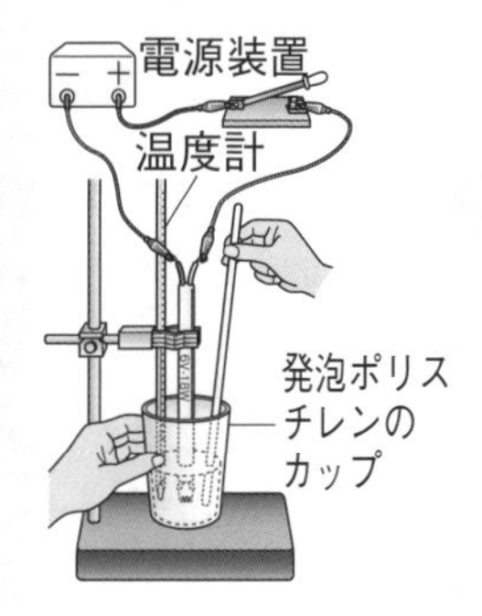


| (1) | | (2) | | (3) | |
|---|---|---|---|---|---|

**5** コイル，U字形磁石，電熱線，電流計，電圧計などを用いて，図1のような装置をつくった。図2はスイッチを入れて電流を流したときの磁石のまわりの模式図である。電流を流したとき，コイルは図2の矢印の向きに少し動いた。このとき，図1の㋐㋑間の電圧は8V，回路を流れる電流は0.5Aであった。これについて，あとの問いに答えなさい。　3点×6（18点）

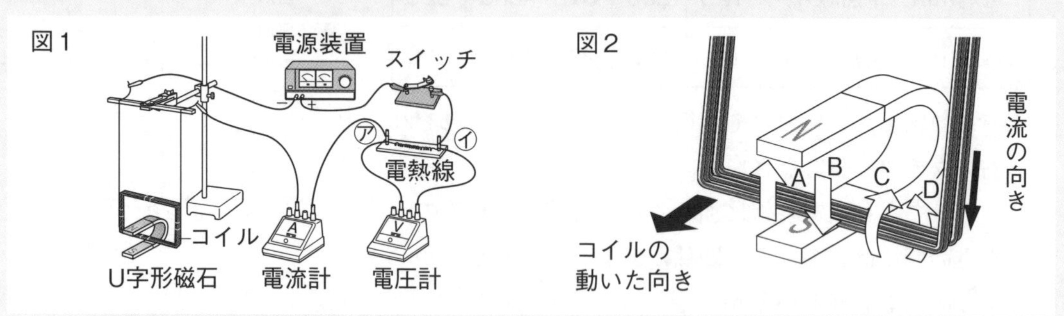


(1)　実験で用いた電熱線の抵抗は何Ωか。

(2)　図2で，磁石による磁界の向きをA，Bから，コイルに電流を流したときのコイルのまわりの磁界の向きをC，Dからそれぞれ選びなさい。

(3)　図1の装置で，電源装置の電圧は変えずに電熱線を抵抗の小さいものに変えてスイッチを入れると，コイルの動きは図2のときと比べてどのようになるか。次のア〜エから選びなさい。

ア　動きが大きくなる。　　イ　動きが小さくなる。
ウ　動きは変わらない。　　エ　動かなくなる。

(4)　図1の装置で，電源装置の＋極と－極を逆につなぐと，コイルの動く向きは，図2のときと比べてどのようになるか。次のア，イから選びなさい。

ア　同じ向きに動く。　　イ　逆向きに動く。

(5)　図1の装置で，U字形磁石のN極とS極を逆にしてスイッチを入れると，コイルの動く向きは図2のときと比べてどのようになるか。(4)のア，イから選びなさい。

| (1) | | (2) | 磁石 | | コイル | |
|---|---|---|---|---|---|---|
| (3) | | (4) | | (5) | | |

**6** 右の図のような装置を用いて，電流の正体を調べる実験を行った。次の問いに答えなさい。　4点×3（12点）

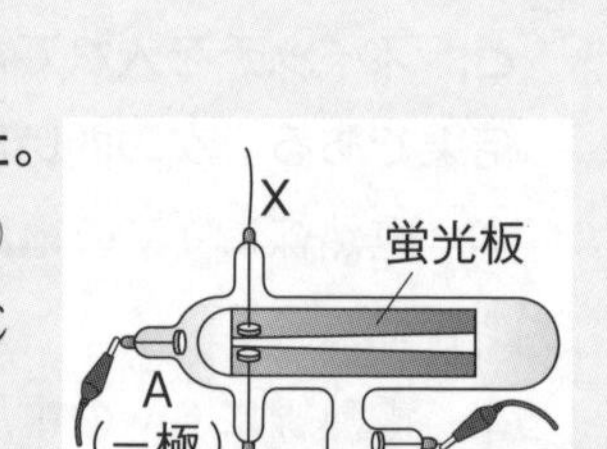


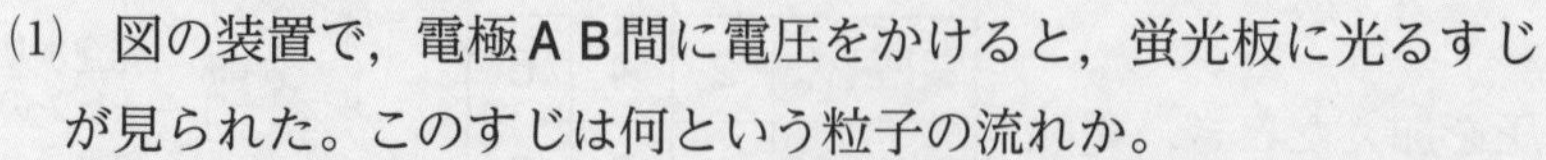

(1)　図の装置で，電極AB間に電圧をかけると，蛍光板に光るすじが見られた。このすじは何という粒子の流れか。

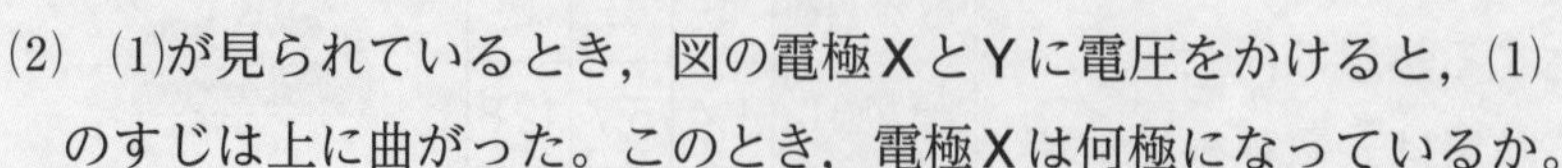

(2)　(1)が見られているとき，図の電極XとYに電圧をかけると，(1)のすじは上に曲がった。このとき，電極Xは何極になっているか。

(3)　(2)より，(1)の粒子は＋，－のどちらの電気を帯びていることがわかるか。

| (1) | | (2) | | (3) | |
|---|---|---|---|---|---|

# 教科書ワーク 理科 特別ふろく

## 無料アプリ どこでもワーク

こちらにアクセスして，ご利用ください。
https://portal.bunri.jp/app.html

重要事項を3択問題で確認！

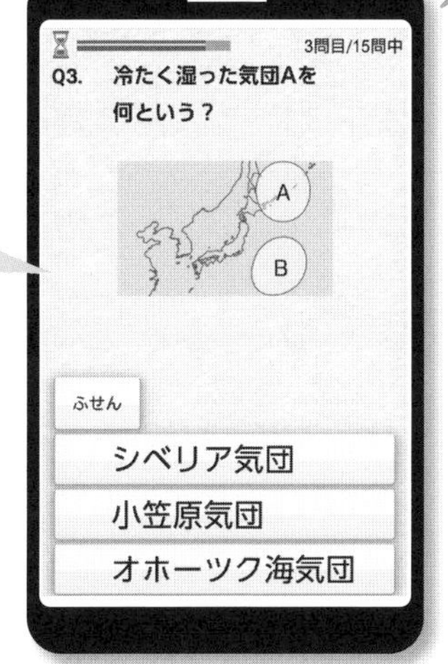


3問目/15問中
A3.
・オホーツク海気団は，冷たく湿った気団である。
・小笠原気団とともに，初夏に日本付近にできる停滞前線の原因となる。

ふせん　次の問題

× シベリア気団
× 小笠原気団
○ オホーツク海気団

ポイント解説つき

間違えた問題だけを何度も確認できる！

## 無料ダウンロード ホームページテスト

無料でダウンロードできます。
表紙カバーに掲載のアクセスコードを入力してご利用ください。
https://www.bunri.co.jp/infosrv/top.html

問題▶

テスト対策や復習に使おう！

▼解答

同じ紙面に解答があって，採点しやすい！

注意　●サービスやアプリの利用は無料ですが，別途各通信会社からの通信料がかかります。
●アプリの利用には iPhone の方は Apple ID，Android の方は Google アカウントが必要です。対応 OS や対応機種については，各ストアでご確認ください。
●お客様のネット環境および携帯端末により，ご利用いただけない場合，当社は責任を負いかねます。ご理解，ご了承いただきますよう，お願いいたします。

中学教科書ワーク

# 解答と解説

教育出版版

# 理科2年

この「解答と解説」は，取りはずして使えます。

## 単元1 化学変化と原子・分子

### 1章 化学変化と物質の成り立ち(1)

p.2〜3 ステージ1

●教科書の要点

❶ ①化学変化　②熱分解

❷ ①水素　②2：1　③電気分解

❸ ①分子　②原子　③元素　④周期表

❹ ①単体　②化合物

●教科書の図

1 ①水素　②音　③酸素　④炎

2 ①分割することができない
②変わらない
③質量

3 ①H　②O　③Cl　④Na　⑤Cu

4 ①混合物　②単体　③化合物

p.4〜5 ステージ2

❶ (1)炎をあげて激しく燃える。
(2)イ，ウ，エ　(3)銀，酸素　(4)熱分解

❷ (1)ウ　(2)陰極側
(3)陰極側…水素　陽極側…酸素
(4)2倍　(5)ア

❸ (1)イ，エ，オ
(2)①H　②炭素　③N　④酸素
⑤ナトリウム　⑥Mg　⑦硫黄　⑧Cl
⑨Ca　⑩鉄　⑪銅　⑫Ag

❹ ①ウ　②エ　③キ　④カ　⑤ケ

解説

❶ (1)酸化銀の熱分解で生じる気体は酸素である。酸素には物質を燃やすはたらきがあるので，火のついた線香を入れると，線香が炎をあげて激しく燃える。
(2)酸化銀の熱分解で生じる灰色の固体は銀である。銀は金属なので，こすると特有の輝きが生じる。また，たたくとうすく広がる，電気がよく流れるなどの，金属に共通した性質を示す。

❷ 注意 電源装置の＋極と接続した電極を陽極，－極と接続した電極を陰極ということを確認しておこう。
(1)純粋な水にはほとんど電流が流れないので，少量の水酸化ナトリウムを加えて電流が流れやすいようにする。
(2)(3)陰極側に集まった気体にマッチの火を近づけると，気体が音をたてて燃えることから，陰極側で発生した気体は水素だとわかる。陽極側に集まった気体に火のついた線香を入れると，線香が激しく燃えることから，陽極側で発生した気体は酸素だとわかる。

❸ (1)原子は，次のような性質をもつ。
・化学変化によってそれ以上分割できない。
・化学変化によって新しくできない。
・化学変化によってなくならない。
・化学変化によって他の種類の原子に変わらない。
・種類によって大きさや質量が決まっている。
(2)それぞれの原子には，アルファベット1文字(大文字1字)または，2文字(大文字＋小文字)を用いた記号が決められている。

❹ 図中のHは水素原子，Oは酸素原子，Cは炭素原子，Nは窒素原子を表している。
①㋐は水素原子を，㋒は水素分子を表す。
②㋑は酸素原子を，㋓は酸素分子を表す。
③水の化学式は$H_2O$である。
④二酸化炭素の化学式は$CO_2$である。1個の炭素原子に2個の酸素原子が結びつく。
⑤アンモニアの化学式は$NH_3$である。

## p.6~7 ステージ3

**1** (1)電流を流れやすくするため。
(2)陽極側
(3)①水素　②酸素　③2：1
(4)ウ
(5)電気分解

**2** (1)㋐ウ　㋑ア　㋒オ
(2)①酸素　②水素　③化合物　(3)単体
(4)混合物

**3** (1)①C　②Na　③S　④水素　⑤窒素
⑥亜鉛
(2)イ　(3)原子番号　(4)周期表
(5)②，④，⑥
(6)酸素原子が2個と炭素原子が1個

**4** (1)1種類の物質でできている物質。
(2)単体　(3)化合物
(4)イ，エ
(5)ア，ウ
(6)オ，カ

### 解説

**1** (1)純粋な水には，電流がほとんど流れない。水酸化ナトリウムを少量とかすと，電流が流れやすくなる。
(3)水に電流を流すと，陰極側に水素が，陽極側に酸素が，2：1の体積の比で発生する。

**2** (1)(2)水の電気分解を化学反応式に表すと，
$2H_2O \longrightarrow 2H_2 + O_2$
水分子は酸素原子1個と水素原子2個からできていて，分解すると酸素と水素になる。酸素も水素も，分子の状態で存在する。2個の水分子が分解したとき，2個の水素分子と1個の酸素分子になる。2個の水分子には水素原子が4個，酸素原子が2個あるので，化学変化の前後で原子の種類と数は変わっていない。
(3)(4)物質は，純粋な物質と混合物に分けることができる。純粋な物質は，1種類の元素でできている単体(酸素，水素など)と，2種類以上の元素でできている化合物(水など)に分けることができる。混合物は，いくつかの物質が混ざり合ったもの(食塩水，空気など)である。

**3** (4)周期表は原子番号の順に元素を並べて作成されていて，性質のよく似た物質が縦に並んでいる。
(5)分子というまとまりをもたない物質は，原子が多数集まってできている。
(6)二酸化炭素は炭素1個と酸素2個が結びついてできている。

**4** 1種類の物質でできているものを純粋な物質といい，2種類以上の物質が混ざり合ってできているものを混合物という。純粋な物質には，1種類の元素でできている単体と，2種類以上の元素でできている化合物がある。
(4)イ…食塩水は，塩化ナトリウムと水の混合物である。
エ…空気は，窒素や酸素などの混合物である。
オ，カ…硫化鉄や塩化水素は化合物である。

## 1章 化学変化と物質の成り立ち(2) 2章 いろいろな化学変化(1)

### p.8~9 ステージ1

**●教科書の要点**

❶ ①化学式 ②化学反応式 ③反応後 ④等しく

❷ ①二酸化炭素 ②赤色 ③アルカリ

❸ ①硫化銅 ②化合物 ③硫化鉄

**●教科書の図**

1 ①水素 ②$2H_2O$ ③$O_2$ ④酸素 ⑤$2Ag_2O$ ⑥4Ag

2 ①炭酸ナトリウム ②水 ③塩化コバルト紙 ④二酸化炭素 ⑤石灰水

3 ①水素 ②硫化鉄 ③つかない ④硫化水素

### p.10~11 ステージ2

❶ (1)ア，エ，オ，カ (2)イ，ウ，キ，ク (3)ウ，オ，カ，キ (4)単体 (5)ア，イ，エ，ク (6)化合物

❷ (1)酸素 (2)下図

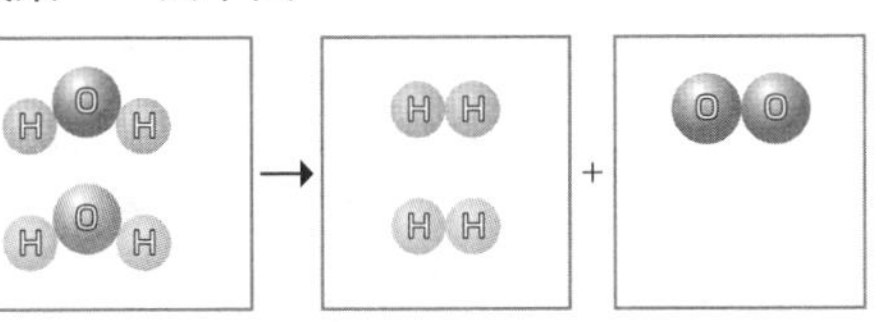


(3)$2H_2O \longrightarrow 2H_2+O_2$

❸ (1)塩化水素の分子
(2)鉄…Fe 硫黄…S
(3)$Fe+S \longrightarrow FeS$

❹ (1)ガラス曲管を水槽から取り出すこと。
(2)塩化コバルト紙 (3)水
(4)石灰水 (5)二酸化炭素
(6)炭酸ナトリウム (7)(6)の固体
(8)(6)の固体

❺ (1)ア，エ
(2)A…磁石につく。 B…磁石につかない。
(3)A…においがしない。(無臭である。)
B…特有の腐卵臭がある。
(4)硫化鉄 (5)化合物

#### 解説

❶ 純粋な物質には，次の4種類がある。
・分子が集まってできている単体
・分子が集まってできている化合物
・分子というまとまりをもたない単体
・分子というまとまりをもたない化合物

❷ 注意 化学反応式をつくるときは，→の左右で原子の種類と数が等しくなっているか，必ず確認しよう。

❸ (1)化学式の前に書く大きな数字は，化学式で表される物質がいくつあるかを表す。原子を表す記号の右下にある小さな数字は，その原子の数(割合)を表す。
(3)硫化鉄の化学式は，FeSである。

❹ (1)水槽の水が逆流しないように，ガラス曲管を水槽から取り出してから火を消すようにする。
(2)(3)炭酸水素ナトリウムの熱分解で生じる液体は水で，青色の塩化コバルト紙が赤色(桃色)に変わることで確認できる性質がある。
(4)(5)炭酸水素ナトリウムの熱分解で生じる気体は二酸化炭素で，石灰水を白くにごらせる性質がある。
(6)~(8)炭酸水素ナトリウムを加熱すると，炭酸ナトリウムができる。炭酸水素ナトリウムも炭酸ナトリウムも水にとけるとアルカリ性を示すが，炭酸ナトリウムの水溶液のほうが炭酸水素ナトリウムの水溶液よりもアルカリ性が強く，フェノールフタレイン液は濃い赤色を示す。また，炭酸ナトリウムのほうが水によくとける。

❺ (1)鉄と硫黄の混合物の上部を加熱すると，光や熱を出しながら，激しく反応する。いったん反応が始まると，加熱をやめても反応は進む。
(2)試験管Aの物質(混合物)には鉄が含まれているので，磁石につく。試験管Bの物質は鉄が硫化鉄に変化しているので，磁石につかない。
(3)試験管Aには鉄が含まれているので，うすい塩酸を入れると，水素が発生する。水素にはにおいがない。試験管Bの硫化鉄にうすい塩酸を加えると，特有の腐卵臭がある硫化水素が発生する。

### p.12~13 ステージ3

❶ (1)

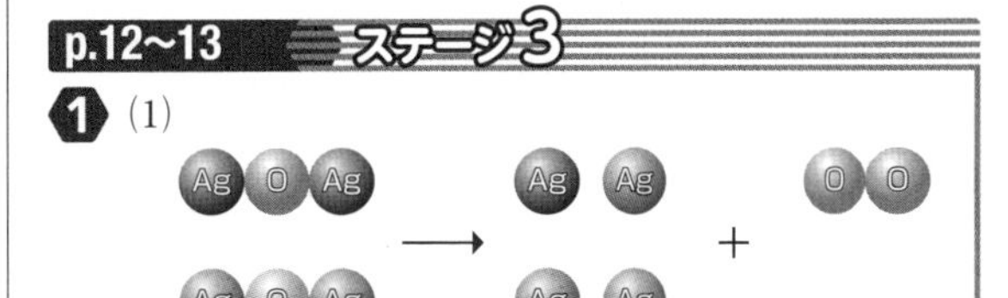


(2)$2Ag_2O \longrightarrow 4Ag+O_2$

(3)

H Cl + H Cl ⟶ H H + Cl Cl

(4) $2HCl \longrightarrow H_2+Cl_2$

❷ (1)硫化鉄　(2)硫化銅　(3)結びつく。
(4)化合物　(5)単体　(6)エ，オ

❸ (1)生じた液体が加熱部分に流れないようにするため。
(2)初めは試験管内の空気が出るため。
(3)青色から赤色(桃色)　(4)イ，ウ
(5)炭酸ナトリウム，水，二酸化炭素(順不同)

❹ (1)イ，エ　(2)硫化銅
(3) $Cu+S \longrightarrow CuS$
(4)化合物

**解説**

❶ (1)(2)酸化銀は，銀と酸素に分解される。
(3)(4)塩酸は塩化水素(HCl)が水にとけている。塩酸の電気分解によって，塩化水素は水素と塩素に分解される。

❷ (1)(2)鉄と硫黄が結びつくと硫化鉄ができ，銅と硫黄が結びつくと硫化銅ができる。
(3)穏やかな反応が起こり，銅板の表面に硫化銅が生じる。
(6)硫黄，塩素，鉄は単体，炭酸水素ナトリウム，二酸化炭素は化合物である。

❸ (1) 注意 「なぜか。」と理由を問われているので，「〜から。」「〜ため。」という形で答えよう。
発生した水が加熱部分に流れると，試験管が割れるおそれがある。
(3)水には，青色の塩化コバルト紙を赤色(桃色)に変える性質がある。
(4)炭酸ナトリウムは白色の固体で，水によくとけ，その水溶液は強いアルカリ性を示す。そのため，フェノールフタレイン液を加えると，濃い赤色になる。

❹ (1)(2)硫黄の蒸気に銅線を入れると，銅は硫黄と結びついて硫化銅となる。硫化銅は黒色をしていて折れやすいなど，銅とは異なる性質をもつ。
(3)硫化銅の化学式はCuSである。
(4)２種類以上の物質が結びついて別の物質ができる化学変化によってできた物質を化合物という。

## 2章　いろいろな化学変化(2)

### p.14〜15　ステージ1

**●教科書の要点**

❶ ①増え　②酸化銅　③酸化　④酸化物
⑤燃焼

❷ ①還元　②銅　③二酸化炭素　④銅　⑤酸化

❸ ①発熱反応　②吸熱反応　③反応熱

**●教科書の図**

1 ①酸化鉄　②増える　③流れない　④鉄
⑤酸化鉄

2 ①還元　②酸化　③酸化　④白

3 ①発熱　②吸熱

### p.16〜17　ステージ2

❶ (1)イ
(2)空気中の酸素と鉄が結びついたから。
(3)イ，ウ　(4)酸化　(5)酸化鉄

❷ (1)(熱や光を出す)激しい酸化
(2)燃焼　(3)イ　(4)①㋐　②㋐　③㋑

❸ (1)白くにごる。　(2)二酸化炭素
(3)石灰水が逆流しないようにするため。
(4)ア　(5)銅　(6)還元　(7)酸化
(8) $2CuO+C \longrightarrow 2Cu+CO_2$

❹ (1)ウ　(2)酸化鉄　(3)高くなる。
(4)発熱反応　(5)アンモニア
(6)低くなる。　(7)吸熱反応

**解説**

❶ (1)(2)空気中でスチールウール(鉄)を燃やすと，スチールウールが空気中の酸素と結びつくため，その分だけ質量が増える。
(3)〜(5)スチールウール(鉄)が酸化すると，酸化鉄ができる。酸化鉄は黒色で，電流が流れず，さわると崩れ，うすい塩酸に入れても変化が見られない。

❷ (1)(2)酸化には，光や熱を出しながら激しく起こる酸化と，穏やかな酸化がある。激しい酸化のことをとくに燃焼という。
(3)化学変化には，２種類以上の物質が結びつく化学変化(化合)と，２種類以上の別の物質に分かれる化学変化(分解)がある。状態変化は物質のすがたは変わるが物質そのものは変化しないので，化学変化ではない。

(4)①木炭を燃やすと，含まれる炭素が燃焼し，二酸化炭素ができる。
②水素と酸素の混合気体に火をつけると，水素が燃焼して水ができる。
③鉄くぎの表面がしだいにさびる変化は，穏やかな酸化である。

❸ (1)～(5)酸化銅と炭素の混合物を加熱すると，黒色の酸化銅が赤茶色の銅に変化する。このとき，二酸化炭素が発生する。二酸化炭素には，石灰水を白くにごらせる性質がある。
(6)(7)酸化物が酸素を失う化学変化を還元という。この実験では，炭素によって酸化銅が還元されて，銅になっている。酸化銅から酸素を取り除いた炭素は，酸化されて二酸化炭素になっている。このように，還元と酸化は化学変化の中で同時に起こる。

❹ (1)燃焼ではなくても，化学変化では熱の出入りをともなう。図1では，鉄の穏やかな酸化が起こっている。
(2)～(4)鉄が酸化し，酸化鉄ができる化学変化では，反応後の温度が反応前の温度よりも高くなっている。このように，まわりに熱を放出する反応を発熱反応という。
(5)～(7)水酸化バリウムと塩化アンモニウムを混ぜると，アンモニアが発生する。このとき，反応後の温度が反応前の温度よりも低くなっている。このように，まわりの熱を吸収する反応を吸熱反応という。

## p.18～19 ステージ3

❶ (1)白くにごる。 (2)二酸化炭素
(3)炭素 (4)$C+O_2 \longrightarrow CO_2$
(5)酸化 (6)酸化物

❷ (1)酸化物が酸素を失う化学変化。
(2)試験管に空気が入り込まないようにするため。
(3)酸化銅 (4)銅 (5)酸化
(6)炭素 (7)二酸化炭素
(8)$2CuO+C \longrightarrow 2Cu+CO_2$

❸ (1)$2Cu+O_2 \longrightarrow 2CuO$
(2)銅 (3)水
(4)$CuO+H_2 \longrightarrow Cu+H_2O$
(5)酸化鉄 (6)炭素

❹ (1)アンモニア (2)イ
(3)まわりから熱を吸収する反応。
(4)吸熱反応 (5)ウ (6)反応熱

### 解説

❶ (1)～(3)木炭を燃やすと，木炭の主な成分である炭素が空気中の酸素と結びつき，二酸化炭素ができる。二酸化炭素には石灰水を白くにごらせる性質があるため，集気びんをよく振ると，石灰水が白くにごる。

❷ (1)～(4)酸化銅は炭素によって酸素が取り除かれて，銅になっている。この化学変化を還元という。
(5)～(7)還元が起こるとき，同時に酸化も起こっている。炭素は，酸化銅から取り除いた酸素によって酸化されて，二酸化炭素になっている。

❸ (2)(3)加熱した酸化銅を水素に触れさせると，酸化銅を還元することができる。このとき，酸化銅は水素によって還元されて銅になる。同時に，水素は酸化銅から取り除いた酸素によって酸化されて，水になっている。
(5)(6)酸化鉄は炭素によって還元され，鉄になる。同時に，炭素は酸化鉄から取り除いた酸素によって酸化されて，二酸化炭素になる。

❹ (1)(2)水酸化バリウムと塩化アンモニウムを混ぜると，アンモニアが発生し，温度が低くなる。
(3)(4)まわりから熱を吸収して，反応前よりも温度が低くなる反応を吸熱反応という，反対に，まわりに熱を放出して，反応前よりも温度が高くなる反応を発熱反応という。

# 3章　化学変化と物質の質量

## p.20〜21　ステージ1

●教科書の要点

❶ ①二酸化炭素　②変化しない　③白
④硫酸バリウム　⑤変化しない　⑥数
⑦質量保存の法則

❷ ①酸素　②増える　③ある　④4：1
⑤3：2　⑥一定

●教科書の図

1 ①変化しない　②減少する

2 ①マグネシウム　②銅　③4：5　④3：5
⑤4：1　⑥3：2

## p.22〜23　ステージ2

❶ (1)二酸化炭素　(2)ア
(3)種類，数(順不同)
(4)質量保存の法則　(5)ウ
(6)容器の中の気体が空気中に出ていったから。

❷ (1)増えなくなる。(小さくなっていく。)
(2)限度があること。
(3)①0.15
②0.30
③0.45
④0.60
⑤0.75
(4)右図
(5)比例
(6)4：1
(7)1.05g
(8)5.25g　(9)3：2



### 解説

❶ (1)石灰石とうすい塩酸を反応させると，二酸化炭素が発生する。
(2)密閉した容器内で反応させると，二酸化炭素が容器の外へ出ていかないため，測定した質量は反応の前後で等しくなる。
(3)(4)化学変化では，物質をつくる原子の組み合わせは変化するが，化学変化に関係した物質全体の原子の種類や数は変わらない。そのため，化学変化の前後において，物質全体の質量は変化しない。この法則を質量保存の法則という。
(5)(6)密閉していない容器では，容器の中の気体(もともと容器に入っていた空気と，発生した二酸化炭素)の一部が容器の外に出ていくため，その分だけ測定した質量が減少する。

❷ (1)(2)加熱回数が少ないときは，反応が十分に起こっていない。そのため，加熱回数が増えるにしたがって粉末の質量も増えていく。やがて，全ての銅が酸素と結びついて酸化銅になると，加熱しても粉末の質量は増えなくなる。このことから，一定の量の銅と結びつく酸素の質量には，限度があることがわかる。
(3)結びついた酸素の質量は，加熱後の酸化銅の質量と加熱前の銅の質量の差から求める。
①0.75−0.60＝0.15〔g〕
②〜⑤も同様に求める。
(4) 注意 表の結果を点でグラフに記入し，点の並びが直線か曲線かを判断しよう。また，原点を通るかどうかも判断し，全ての点のなるべく近くを通る線を引こう。
(5)グラフが原点を通る直線になることから，比例の関係があることがわかる。
(6)表の結果より，銅の質量が0.60gのときに結びついた酸素の質量が0.15gなので，
銅：酸素＝0.60：0.15＝４：１
(7)結びついた酸素の質量を$x$gとすると，
4.20：$x$＝４：１　$x$＝1.05〔g〕
(8)銅の質量と結びついた酸素の質量の和が酸化銅の質量なので，
4.20＋1.05＝5.25〔g〕
(9)マグネシウムは，酸素と約３：２の質量の比で結びつく。

## p.24〜25　ステージ3

❶ (1)変化しない。
(2)物質全体の原子の種類や数が変わらないから。
(3)0.4g　(4)減少する。
(5)発生した二酸化炭素が空気中に出ていくから。

❷ (1)白色の沈殿が生じる。　(2)硫酸バリウム
(3)変化しない。　(4)質量保存の法則

❸ (1)酸素　(2)Cu，CuO　(3)CuO
(4)一定量の銅と結びつく酸素の質量には限度があるから。

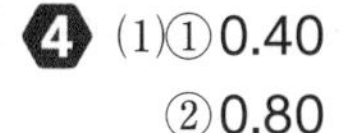

❹ (1)①0.40
②0.80
③1.20
④1.60
⑤2.00
(2)右図
(3)比例
(4)3：2
(5)2.80g
(6)7.00g

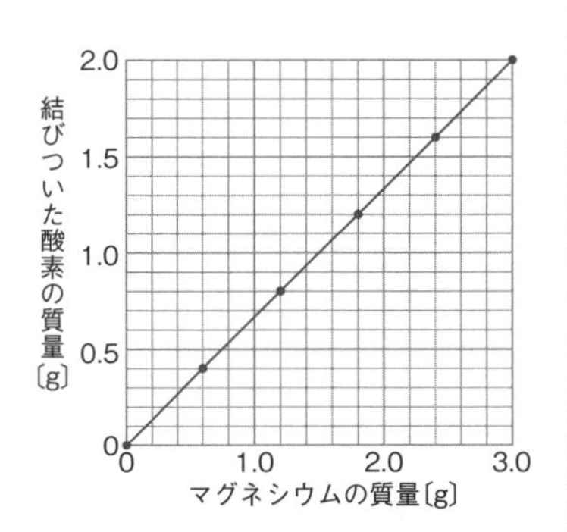


## 解説

❶ (1)スチールウールと酸素の化学反応が起こっている。密閉した容器の中で燃焼させているので，全体の質量は変化しない。

(2)化学変化の前後では，物質をつくる原子の組み合わせは変化しているが，化学変化に関わる物質全体の原子の種類や数は変化しない。そのため，質量保存の法則が成り立つ。

(3)酸化銀は銀と酸素に分解される。質量保存の法則より，酸化銀の質量と，銀と酸素の質量の合計は等しくなる。このことから，発生した酸素の質量は，分解前の酸化銀の質量と分解後の銀の質量の差で求められる。

5.8－5.4＝0.4〔g〕

❷ (1)～(3)うすい硫酸ナトリウム水溶液とうすい塩化バリウム水溶液を混ぜ合わせると，硫酸バリウムの白い沈殿ができる。

❸ (2)加熱回数が１回のときは，反応が十分に起こっていないので，ステンレス皿には，酸化していない銅(Cu)と酸化銅(CuO)がある。

(3)加熱回数が６回のときは，銅が完全に酸化して酸化銅(CuO)だけになっていると考えられる。

(4)一定量の銅と結びつく酸素の質量には限度があるため，加熱回数が増えるにしたがって，まだ反応していない銅が少なくなり，質量があまり増えなくなっていく。

❹ (1)結びついた酸素の質量は，加熱後の酸化マグネシウムの質量と加熱前のマグネシウムの質量の差から求める。

①1.00－0.60＝0.40〔g〕

②～⑤も同様に求める。

(4)表の結果より，マグネシウムの質量が0.60gのときに結びついた酸素の質量が0.40gなので，

マグネシウム：酸素＝0.60：0.40＝３：２

(5)結びついた酸素の質量を$x$gとすると，

4.20：$x$＝３：２　$x$＝2.80〔g〕

(6)マグネシウムの質量と結びついた酸素の質量の和が酸化マグネシウムの質量なので，

4.20＋2.80＝7.00〔g〕

p.26~27 《単元末総合問題

1》(1)$CO_2$

(2)ガラス管(ガラス曲管)

(3)㋐白い固体　㋑赤

(4)塩化コバルト紙

2》(1)進む。　(2)B　(3)A

(4)FeS

(5)$Fe+S \longrightarrow FeS$

(6)イ，ウ

3》(1)燃焼

(2)$C+O_2 \longrightarrow CO_2$

(3)$2H_2+O_2 \longrightarrow 2H_2O$

(4)㋐Cu　㋑$CO_2$

(5)A…還元　B…酸化

4》(1)0.8g

(2)0.3g

(3)1.0g

(4)3：2　(5)8：3

》解説《

1》炭酸水素ナトリウムを加熱すると，炭酸ナトリウム，二酸化炭素，水に分解される。炭酸ナトリウムは炭酸水素ナトリウムよりも水にとけやすく，その水溶液はアルカリ性が強いので，フェノールフタレイン液を加えるとより濃い赤色になる。水は塩化コバルト紙を青色から赤色(桃色)に変える性質がある。

2》鉄と硫黄が化学反応すると，硫化鉄ができる。硫化鉄は磁石につかず，うすい塩酸に入れると腐卵臭のある硫化水素が発生する。硫化鉄は硫黄原子と鉄原子からなる化合物で，分子というまとまりをもたない物質である。

3》(4)(5)酸化銅と炭素の混合物を加熱すると，酸化銅は還元されて銅に，炭素は酸化されて二酸化炭素になる。酸化と還元は同時に起こる。

4》(1)$2.0-1.2=0.8$〔g〕

(2)$1.5-1.2=0.3$〔g〕

(3)(4)マグネシウムの質量と結びついた酸素の質量の比は，1.2：0.8＝3：2

1.5gのマグネシウムと結びついた酸素の質量を$x$gとすると，

$1.5 : x=3 : 2$　$x=1.0$〔g〕

(5)マグネシウムの質量と結びついた酸素の質量の比が3：2であることから，3gのマグネシウムと結びついた酸素の質量は2gである。銅の質量と結びついた酸素の質量の比は1.2：0.3＝4：1である。2gの酸素と結びつく銅の質量を$x$gとすると，

$x : 2=4 : 1$　$x=8$〔g〕

よって，同じ質量の酸素と結びつく銅とマグネシウムの質量の比は8：3であることがわかる。

# 単元2 生物の体のつくりとはたらき

## 1章 生物の細胞と個体
## 2章 植物の体のつくりとはたらき(1)

### p.28〜29 ステージ1

●教科書の要点

❶ ①細胞 ②核 ③細胞質 ④細胞膜
⑤細胞壁 ⑥葉緑体 ⑦個体 ⑧組織
⑨器官 ⑩多細胞生物 ⑪単細胞生物
⑫細胞呼吸

❷ ①孔辺細胞 ②気孔 ③師管 ④道管

●教科書の図

1 ①植物 ②動物 ③液胞 ④核 ⑤細胞膜

2 ①器官 ②組織 ③細胞

3 ①表皮 ②維管束 ③道管 ④師管 ⑤気孔
⑥孔辺細胞

### p.30〜31 ステージ2

❶ (1)低倍率 (2)細胞
(3)酢酸オルセイン液(酢酸カーミン液)
(4)核 (5)細胞膜 (6)㋑ (7)細胞壁
(8)葉緑体

❷ (1)㋐核 ㋑細胞壁 ㋒細胞膜 ㋓葉緑体
㋔液胞 ㋕細胞膜 ㋖核
(2)㋑，㋓，㋔

❸ (1)㋐ゾウリムシ ㋑ミジンコ
(2)単細胞生物 (3)多細胞生物

❹ (1)葉脈 (2)維管束
(3)アジサイ…網状脈
ツユクサ…平行脈
(4)細胞 (5)㋐ (6)孔辺細胞
(7)気孔

#### 解 説

❶ (1)最初は，低倍率で広い範囲を観察し，その後，高倍率にして詳しく観察する。
(2)植物や動物の体は，小さな細胞が多数集まってできている。
(3)(4)細胞を観察するとき，染色液を使うと核を染めることができ，細胞の観察がしやすくなる。核を染める染色液には，酢酸オルセイン液(赤紫色に染まる)や酢酸カーミン液(赤色に染まる)がある。
(6)〜(8)㋐は，ヒトの頬の粘膜の細胞を観察したものである。ヒトの頬の粘膜の細胞には，オオカナダモの葉の細胞にある細胞壁が見られない。また，植物の緑色の部分の細胞には，光合成が行われる葉緑体が見られる。

❷ (2)核，細胞膜は動物の細胞と植物の細胞に共通したつくりである。植物の細胞には，細胞壁，葉緑体，液胞などの構造がある。

❸ (2)アメーバ，ミカヅキモ，ハネケイソウなども単細胞生物である。
(3)人，ムラサキツユクサなども多細胞生物である。

❹ (1)(2)植物の葉に通っている筋を葉脈といい，根や茎の維管束とつながっている。
(3)葉脈には，網の目のように広がっている網状脈(アジサイなど)と，平行に並んでいる平行脈(ツユクサなど)がある。
(5)葉の表側では，表皮の内側に細胞がたくさん並んでいる。

### p.32〜33 ステージ3

❶ (1)B
(2)a…細胞膜 b…核 c…細胞質
(3)㋐核 ㋑細胞壁 ㋒細胞膜 ㋓葉緑体
㋔細胞質 ㋕液胞
(4)b，㋐ (5)植物の体を支えるはたらき。
(6)見られない。

❷ (1)㋐ゾウリムシ ㋑ミドリムシ
(2)単細胞生物 (3)多細胞生物
(4)①組織 ②器官 ③個体

❸ (1)㋐，㋓，㋕ (2)ア
(3)名称…細胞膜 B…㋔ C…㋖
(4)記号…㋒，㋘ 名称…細胞壁
(5)記号…㋗ 名称…葉緑体
(6)A…ウ B…ア C…イ

❹ (1)細胞
(2)名称…道管
物質…(根から吸収された)水や養分
(3)維管束 (4)葉脈 (5)b

#### 解 説

❶ (3)㋑は細胞壁，㋓は葉緑体，㋕は液胞で，植物の細胞に特有のつくりである。
(6)㋓の葉緑体は緑色の粒である。葉緑体は葉肉細胞に見られるが，表皮細胞には見られない。

❷ (4)タマネギや人などは多細胞生物である。多細

胞生物は，さまざまな細胞が集まって組織をつくり，さまざまな組織が集まって器官をつくり，さまざまな器官が集まって個体をつくる。

❸ (1)酢酸オルセイン液などの染色液を使うと，核が染まり，細胞を観察しやすくなる。

(3)核のまわりの部分を細胞質といい，細胞質のいちばん外側のうすい膜を細胞膜という。

(6)A…細胞壁が見られないことから，動物の細胞だとわかる。

B…細胞壁は見られるが，葉緑体が見られないため，タマネギの表皮の細胞だとわかる。

C…細胞壁も葉緑体も見られるため，オオカナダモの葉の細胞だとわかる。

❹ (2)〜(4)では，道管が表側に，師管が裏側にある。道管の束と師管の束をあわせて維管束といい，これが葉の葉脈である。

(5)葉の表皮には，気孔という小さな隙間がある。気孔は，葉の裏側にあることが多い。また，葉の表側では，表皮の内側に細胞がたくさん並んでいることからも判断できる。

# 2章　植物の体のつくりとはたらき(2)

## p.34〜35　ステージ1

**●教科書の要点**

❶ ①葉緑体　②光合成　③二酸化炭素　④酸素

❷ ①師管　②果実　③種子(②，③は順不同)

❸ ①呼吸　②二酸化炭素　③酸素

❹ ①側根　②ひげ根　③根毛　④水　⑤道管　⑥師管　⑦維管束

**●教科書の図**

1 ①光　②道管　③二酸化炭素　④酸素　⑤気孔

2 ①主根　②側根　③ひげ根　④根毛

3 ①維管束　②道管　③師管

## p.36〜37　ステージ2

❶ (1)イ
(2)右図
(3)デンプン
(4)緑色の部分(葉緑体)に日光が当たること。

❷ (1)葉緑体　(2)ウ　(3)エ　(4)デンプン

❸ (1)実験結果のちがいがタンポポの葉のはたらきによるものであることを明確にするため。
(2)対照実験
(3)㋐変化しない。　㋑白くにごる。
(4)二酸化炭素　(5)水

❹ (1)㋑，㋒　(2)二酸化炭素　(3)呼吸
(4)㋑　(5)ウ

**解説**

❶ (4)緑色で日光が当たった部分と緑色で日光が当たらなかった部分を比べると，日光が当たった部分でだけデンプンがつくられている。このことから，光合成には日光が必要であることがわかる。また，緑色で日光が当たった部分と斑の部分で日光が当たった部分を比べると，緑色の部分でだけデンプンがつくられている。このことから，光合成は緑色の部分(葉緑体)で行われることがわかる。

❷ (2)葉が緑色に見えるのは，葉緑体があるからである。エタノールによって葉緑体が脱色されるので，ヨウ素液による反応が見やすくなる。

(3)(4)葉に日光が当たって葉緑体にデンプンができ

ているので，ヨウ素液によって葉緑体が青紫色に変化する。

❸ (1)(2)結果を比較するために，調べようとしている条件以外の条件を全て同じにして行う実験を対照実験という。対照実験を行うことで，結果のちがいが調べようとしている条件によるものであることを明確にできる。

(3)息を吹き込むと，二酸化炭素を増やすことができる。㋐ではタンポポが光合成をして二酸化炭素が使われたので，石灰水が変化しない。一方，㋑では二酸化炭素が減っていないので，石灰水が白くにごる。

❹ (1)～(3)若い葉を暗い場所に置くと，光合成ができないので，呼吸だけを行う。また，発芽中の種子も呼吸をしている。呼吸では酸素を取り入れて二酸化炭素を出すため，㋑，㋒の袋では二酸化炭素の割合が増え，石灰水に通したときに白くにごる。

(4)(5)若い葉を明るい場所に置くと，光合成と呼吸の両方のはたらきを行う。光合成で出入りする気体のほうが呼吸で出入りする気体よりも多いので，全体では二酸化炭素を取り入れ，酸素を出しているように見える。そのため，石灰水に通しても白くにごらないと考えられる。

## p.38～39 ステージ2

❶ (1)ひげ根
(2)B　(3)体を支えるはたらき。
(4)a…師管　b…道管
(5)(葉でつくられた)栄養分
(6)(根から吸収された)水や養分
(7)維管束　(8)D　(9)維管束
(10)アジサイ　(11)網状脈

❷ (1)タンポポ　(2)㋐側根　㋑主根
(3)根毛　(4)(非常に)大きくなる。
(5)水や養分が効率よく吸収される点。

❸ (1)B　(2)㋐道管　㋑師管　(3)㋐
(4)①㋐　②㋑　(5)維管束

### 解説

❶ (1)(2)スズメノカタビラの根はBのひげ根である。Aのような主根と側根からなる根をもつのは，アブラナなどである。

(3)～(6)根から吸収された水や養分は，道管を通って体全体に運ばれる。葉でつくられた栄養分は，師管を通って運ばれる。

(7)(8)茎の維管束には，全体に散らばっているもの(C)と円形に並んでいるもの(D)がある。トウモロコシなどはC，アブラナなどはDのようになっている。

(9)～(11)葉の筋を葉脈といい，茎の維管束につながっている部分である。アジサイなどの葉脈は網状脈，ムラサキツユクサなどの葉脈は平行脈である。

❷ (1)(2)タンポポのように主根と側根からなる根をもつものと，スズメノカタビラのようにひげ根をもつものがある。

(3)～(5)根には，体を支えるはたらきや，水や養分を吸収するはたらきがある。根毛があることで，根の表面積が非常に大きくなり，水や養分を効率よく吸収することができる。

❸ (1)茎の維管束の分布には，Aのように全体に散らばっているもの(トウモロコシなど)と，Bのように円形に並んでいるもの(ホウセンカなど)がある。

(2)茎の内側に道管が，外側に師管がある。

(3)(4)染色液にさしておくと，根から吸収された水や養分が通る道管が染まる。師管は，葉でつくられた栄養分が通る管である。

## p.40～41 ステージ3

❶ (1)㋐酸性　㋑アルカリ性
(2)二酸化炭素　(3)光合成
(4)二酸化炭素が減少した(使われた)から。
(5)光合成では二酸化炭素が使われていること。

❷ (1)対照実験
(2)結果のちがいが，葉のはたらきによるものであることを確認するため。
(3)㋒
(4)㋐では光合成と呼吸が行われ，㋒では呼吸だけが行われた。

❸ (1)光合成　(2)呼吸　(3)㋑，㋓，㋕
(4)光合成による気体の出入り

❹ (1)A…光合成　B…呼吸　C…蒸散
(2)記号…㋐　名称…師管
(3)気孔　(4)①ア，イ，エ　②ア，イ

解説

❶ (1)(2)息の中に含まれている二酸化炭素が水にとけると炭酸水になり，酸性を示すので，BTB液は黄色になる。

(3)〜(5)日光を当てると，オオカナダモが光合成を行って二酸化炭素を取り入れるため，水にとけている二酸化炭素が減少する。すると，BTB液の色は黄色からもとの色(青色)に戻る。

❷ (1)(2)葉を入れていない袋を用意して，葉を入れた袋の結果と比較することで，実験結果のちがいが葉のはたらきによるものであることを確認できる。このような実験を対照実験という。

(3)葉が光合成を行わず，呼吸だけを行っていたㇷ゚の袋の中の空気で，最も二酸化炭素が多くなっている。

(4)日光が当たった葉では，光合成も呼吸も行われているが，光合成のほうがさかんであるため，光合成だけを行っているように見える。

❸ 植物は，昼も夜も，絶えず呼吸を行い，酸素を取り入れ，二酸化炭素を出している。また，日光が当たっているときは光合成も行い，二酸化炭素を取り入れ，酸素を出している。昼は光合成と呼吸の両方が行われているが，光合成のほうが盛んであるため，光合成で出入りする気体のほうが呼吸で出入りする気体よりも多い。そのため，全体としては二酸化炭素を取り入れ，酸素を出しているように見える。

❹ Aは，日光の当たった葉緑体で行われる光合成を表している。光合成では，根から吸収した水と，気孔から取り入れた二酸化炭素を原料に，デンプンなどの栄養分がつくられる。このとき，酸素もできる。デンプンは水にとけやすい物質に変化し，師管を通って体全体に運ばれる。酸素は気孔から出ていく。

Bは，絶えず行われている呼吸を表している。呼吸では気孔から酸素を取り入れ，二酸化炭素を出している。

Cは，蒸散を表している。根から吸収した水は，主に葉にある気孔から水蒸気となって植物の体の外へ出ていく。

## 3章　動物の体のつくりとはたらき(1)

### p.42〜43　ステージ1

**●教科書の要点**

❶ ①器官系　②消化　③呼吸　④循環　⑤排出

❷ ①消化　②消化液　③消化管　④消化器官　⑤ブドウ糖　⑥アミノ酸　⑦脂肪酸

❸ ①柔毛　②毛細血管　③毛細血管

**●教科書の図**

1 ①消化　②呼吸　③循環　④排出

2 ①肝臓　②大腸　③胃　④すい臓　⑤リンパ管

3 ①唾液　②胃液　③すい液　④脂肪　⑤ブドウ糖　⑥アミノ酸

### p.44〜45　ステージ2

❶ (1)デンプン　(2)C

(3)80〜90℃の湯の中に5分間入れる。

(4)B

(5)デンプンは唾液のはたらきによって分解されること。

(6)対照実験

❷ (1)消化管

(2)㋐唾液腺　㋑食道　㋒肝臓　㋓胃　㋔大腸　㋕胆のう　㋖すい臓　㋗小腸

(3)㋐，㋒，㋕，㋖

(4)①消化液…唾液(またはすい液)
消化酵素…アミラーゼ
②消化液…胃液　消化酵素…ペプシン

(5)㋒　(6)脂肪

(7)①ブドウ糖　②アミノ酸
③脂肪酸，モノグリセリド

(8)㋗　(9)㋔

❸ (1)小腸　(2)柔毛　(3)①C　②B　③B

(4)B…毛細血管　C…リンパ管

(5)非常に大きくなる。

解説

❶ (1)(2)デンプンがあるとき，ヨウ素液を加えると青紫色に変化する。唾液を加えたAではデンプンが分解されているため，色は変化しない。唾液を加えていないCでは，デンプンがそのまま残っているため，色が変化する。

(3)(4)デンプンが分解されてできた，ブドウ糖がいくつか結合したものがあるとき，ベネジクト液を加えて加熱すると赤褐色の沈殿ができる。唾液を加えたBでは，デンプンが分解されているため，色が変化する。唾液を加えていないDでは，デンプンが分解されていないので，色が変化しない。

(5)(6)唾液以外の条件を全て同じにして実験を行うことで，実験結果のちがい(デンプンが分解されたこと)が唾液のはたらきによるものであることが明らかになる。このような実験を対照実験という。

**2** (1)(3)口，食道，胃，小腸，大腸など，口から肛門までの食物の通り道を消化管という。消化管ではないが，消化に関わる唾液腺，肝臓，胆のう，すい臓などの器官も含め，消化系という。

(5)(6)胆汁は，肝臓でつくられ，胆のうを経て小腸に分泌される。消化酵素を含まないが，脂肪の分解を助けるはたらきがある。

**3** 小腸の内側の壁にはたくさんのひだがあり，その表面には柔毛というたくさんの微小な突起がある。柔毛があることで表面積が非常に大きくなり，栄養分を効率よく吸収することができる。ブドウ糖やアミノ酸は，柔毛から吸収されて毛細血管に入り，肝臓を通って全身にいきわたる。脂肪酸とモノグリセリドは，柔毛から吸収され，再び脂肪となってからリンパ管に入り，さらに血管に入って全身にいきわたる。

## p.46〜47 ステージ3

**1** (1)A…エ　B…ア　C…イ
(2)消化酵素　(3)小腸
(4)すい臓

**2** (1)消化管　(2)㋐，㋒，㋓，㋕，㋘，㋙
(3)㋒胃液　㋔唾液　㋗すい液
(4)㋒イ　㋔ア　㋗ア，イ，ウ
(5)胆汁　(6)ウ　(7)ア，イ
(8)食物を体内に吸収されやすい栄養分に分解するはたらき。

**3** (1)小腸　(2)大腸　(3)柔毛
(4)ブドウ糖　(5)㋐　(6)アミノ酸
(7)㋐　(8)脂肪酸，モノグリセリド
(9)再び脂肪となって㋑(リンパ管)に入る。
(10)肝臓を通ったあと，全身の細胞にいきわたる。

**4** (1)炭水化物(デンプン)　(2)○
(3)消化液　(4)○　(5)○
(6)ベネジクト液

### 解説

**1** (1)唾液には，デンプンを分解する消化酵素しか含まれていない。また，胃液には，タンパク質を分解する消化酵素しか含まれていない。すい液には，デンプン，タンパク質，脂肪の消化を行う消化酵素が含まれている。

**2** デンプンは，唾液中のアミラーゼ，すい液中のアミラーゼ，小腸の壁の消化酵素などのはたらきによって，ブドウ糖にまで分解される。
タンパク質は，胃液中のペプシン，すい液中のトリプシン，小腸の壁の消化酵素などのはたらきによって，アミノ酸にまで分解される。
脂肪は，胆汁のはたらきや，すい液中のリパーゼのはたらきによって，脂肪酸とモノグリセリドにまで分解される。

**3** ㋐は毛細血管を，㋑はリンパ管を表している。
(10)ブドウ糖やアミノ酸は，柔毛から吸収されて毛細血管に入り，肝臓を通ってから全身に運ばれる。

**4** (1)(2)食物に含まれる有機物のうち，炭水化物や脂肪は主に生命を維持するエネルギー源になり，タンパク質は主に体をつくる原料となる。食物に含まれる無機物のうち，カルシウムは骨の原料に，鉄は血液の成分の原料になる。また，ナトリウム，カリウム，銅，ビタミンなどは体の状態を整えるはたらきをする。
(3)胃液やすい液のことを消化液といい，消化液に含まれる，消化の手助けをするペプシンなどのことを消化酵素という。
(4)柔毛によって，小腸の表面積は非常に大きくなっている。そのため，消化された栄養分を効率よく吸収できる。
(5)肝臓では，ブドウ糖の一部がグリコーゲンに合成され，蓄えられる。
(6)ヨウ素液はデンプンに反応し，青紫色になる。ベネジクト液はデンプンが分解されたブドウ糖や麦芽糖などがあると，加熱したときに赤褐色の沈殿を生じる。

## 3章　動物の体のつくりとはたらき(2)

### p.48〜49　ステージ1

**●教科書の要点**

❶ ①細胞呼吸(内呼吸)　②外呼吸　③肺胞

❷ ①静脈　②毛細血管　③体循環　④肺循環　⑤静脈血

❸ ①赤血球　②白血球　③組織液　④尿素

**●教科書の図**

1 ①気管　②肺　③気管支　④肺胞

2 ①大静　②肺静　③肺動　④肺静　⑤大動　⑥動脈　⑦静脈

3 ①腎臓　②輸尿管　③ぼうこう　④大動脈

### p.50〜51　ステージ2

❶ (1)エネルギー　(2)酸素
(3)㋑二酸化炭素　㋒水
(4)細胞呼吸(内呼吸)

❷ (1)気管　(2)A…肺胞　B…毛細血管
(3)▲…酸素　○…二酸化炭素
(4)えら　(5)非常に大きくなっている。
(6)よくなる。　(7)横隔膜　(8)㋐

❸ (1)㋐血小板　㋑白血球　㋒赤血球　㋓血しょう
(2)㋐イ　㋑ウ　㋓ア，エ　(3)ヘモグロビン
(4)①多い　②少ない　③細胞

❹ (1)肝臓　(2)尿素　(3)腎臓　(4)ぼうこう
(5)大静脈　(6)汗(あせ)

#### 解説

❶ 細胞の活動には，エネルギーが必要である。このエネルギーを取り出すためのはたらきを細胞呼吸(内呼吸)といい，肺で行われる呼吸のことを外呼吸という。ヒトは，外呼吸によって酸素を取り入れ，二酸化炭素を出している。

❷ (1)(2)空気は，鼻や口から吸いこまれて，気管を通って肺に入る。肺の内部には気管が枝分かれした気管支があり，気管支の先端には肺胞とよばれる小さい袋がある。肺胞の周囲には，毛細血管が張りめぐらされている。
(3)肺胞で血液中に酸素を取り込み，血液中からは二酸化炭素が出される。
(5)(6)肺胞がたくさんあることで，空気にふれる部分の表面積が非常に大きくなり，酸素と二酸化炭素を効率よく交換することができる。
(7)(8)肺には筋肉がないため，自ら膨らんだり縮んだりすることができない。空気を吸うときは，横隔膜(おうかくまく)を下げて肋骨を上げることで，胸腔が広がり，肺に空気が入る(㋐)。空気を吐くときは，横隔膜を上げて肋骨を下げることで，胸腔がせばまり，肺から空気が出される(㋑)。

❸ ヒトの血液の成分には，固形の成分である赤血球，白血球，血小板と，液体の成分である血しょうがある。赤血球にはヘモグロビンが含まれ，酸素を運ぶはたらきがある。白血球には，体内に入った細菌などの異物を分解するはたらきがある。血小板には，出血したときに血液を固めて出血を止め，血管を修復するはたらきがある。血しょうには，栄養分や二酸化炭素などをとかして運ぶはたらきがある。

❹ (1)(2)有害なアンモニアは，血液に取り込まれて肝臓に運ばれる。肝臓では，アンモニアが無害な尿素などにつくりかえられる。
(3)(4)尿素は血液によって腎臓に運ばれる。腎臓では，水などとともに尿素が血液からこし出され，尿がつくられる。尿は，輸尿管を通ってぼうこうに一時ためられたあと，体外に排出される。
(5)腎臓で尿素が取り除かれるため，腎臓に向かう(大動脈を流れる)血液よりも，腎臓を通ったあとの(大静脈を流れる)血液のほうが，含まれている尿素の割合が少ない。
(6)尿素は，皮膚の汗腺(かんせん)からも汗として排出されている。

### p.52〜53　ステージ3

❶ (1)肺胞
(2)表面積が非常に大きくなり，効率よく気体の交換ができる点。
(3)㋐
(4)①A　②肋骨　③上が　④横隔膜　⑤下が

❷ (1)ア→ウ→イ
(2)血液の逆流を防ぐはたらき。
(3)ア，オ

❸ (1)A…心臓　B…小腸
(2)①肺動脈　②二酸化炭素
(3)①a　②e　③f　(4)毛細血管

(5)組織液　(6)リンパ液

❹ (1)二酸化炭素，アンモニア

(2)無害な物質(尿素)につくりかえられる。

(3)腎臓　(4)①汗腺　②汗

## 解説

❶ (3)心臓から肺に送られる血液(㋐)には，全身の細胞でできた二酸化炭素が多く含まれる。肺では血液中から二酸化炭素を出し，血液中に酸素を取り込むので，肺から心臓に戻る血液(㋑)には酸素が多く含まれている。

(4)横隔膜(㋔)が下がり，肋骨(㋓)が上がることで，胸腔が広がるため，肺の中に空気が吸いこまれる。

❷ 注意 図1は，心臓を正面から見たものなので，自分の体の右側にあるものは図の左側に見え，自分の体の左側にあるものは図の右側に見えることに注意しよう。

(1)血液を送り出す部屋が心室，血液が流れ込む部屋が心房である。ヒトの心臓は2心房2心室というつくりをしていて，心房と心室が縮んだりゆるんだりすることで血液を循環させている。

(3)ネコとハトは四つの部屋に分かれた心臓をもっているが，フナの心臓は1心房1心室で，えらで酸素を取り入れた血液は心臓にもどらず，全身に流れる。

❸ (2)血管Pは，全身を流れてきて心臓に戻り，心臓から肺に向かう血液が流れているため，二酸化炭素を多く取り込んでいる。

(3)①動脈血は，肺で酸素を取り込み，心臓に戻り，心臓から全身へ送られる血液のことである。肺静脈と大動脈を流れる。

②尿素などの不要な物質は，腎臓でこし出されるため，腎臓を通ったあとの血液で最も少なくなっている。

③消化された栄養分は小腸から吸収されるので，小腸から肝臓に向かう血液で最も多くなっている。

(5)細胞のまわりを満たす組織液は，毛細血管の血しょうの一部がしみ出したものである。組織液は，血液と細胞の間での物質のやり取りのなか立ちをしている。組織液の一部は毛細血管ではなく，リンパ管に取り込まれ，リンパ液となる。

❹ (1)全身の細胞では，酸素を使って栄養分を分解し，エネルギーを取り出している。このとき，二酸化炭素やアンモニアなどの不要な物質が出される。

(2)(3)不要な物質のうち，二酸化炭素は肺で酸素と交換される。有害なアンモニアは肝臓で無害な尿素につくりかえられる。尿素は腎臓でこし出されぼうこうにためられたあと，尿として体から排出される。

## 3章　動物の体のつくりとはたらき(3)

### p.54〜55　ステージ1

**●教科書の要点**

❶ ①感覚器官　②感覚神経　③脳　④網膜
⑤うずまき管　⑥中枢神経　⑦末しょう神経
⑧反射　⑨運動器官　⑩関節

**●教科書の図**

1 ①聴神経　②うずまき管　③鼓膜
④レンズ(水晶体)　⑤瞳孔　⑥網膜
⑦嗅神経　⑧舌神経　⑨圧力　⑩神経

2 ①中枢　②脊髄　③末しょう　④頭骨
⑤肋骨　⑥骨盤

### p.56〜57　ステージ2

❶ (1)㋐虹彩　㋑レンズ(水晶体)　㋒網膜
㋓視神経
(2)①㋒　②㋐　③㋑　(3)脳
(4)①鼻　②舌　③皮膚

❷ (1)感覚神経　(2)運動神経
(3)末しょう神経　(4)脊髄　(5)背骨
(6)脳　(7)中枢神経　(8)反射　(9)脊髄

❸ (1)光…目　音…耳　温度…皮膚
(2)感覚器官　(3)感覚細胞　(4)脳
(5)図1…脳　図2…脊髄　(6)反射
(7)㋐感覚神経　㋑運動神経
(8)末しょう神経
(9)神経細胞　(10)中枢神経

❹ (1)㋐関節　㋑腱　(2)図1…A　図2…B
(3)内骨格

#### 解説

❶ (1)〜(3)光の伝わり方は次の通りである。
レンズ(㋑)で光を屈折させ，網膜(㋒)上に像を結ばせる。→網膜にある細胞が光の刺激を信号に変換する→信号が視神経(㋓)から脳へ伝わる。
(4)においの刺激は鼻で，味の刺激は舌で受け取る。圧力や温度，痛みなどの刺激は皮膚で受け取る。

❷ (6)意識して起こす反応では，脳に刺激の信号が伝えられて感覚が生じ，脳から反応の命令が出される。
(8)(9)無意識に起こる反応(反射)では，刺激の信号が脊髄に伝わると，脊髄から直接運動神経に命令が出される。このとき，同時に脳にも刺激の信号が送られているため，おくれて感覚が生じる。

❸ (1)光は目で，音は耳で，温度や圧力などは皮膚で，においは鼻で，味は舌で受け取る。
(3)(4)目では視覚，耳では聴覚など，感覚器官の感覚細胞はそれぞれ特定の刺激だけを受け取る。刺激は信号に変換されて，神経を伝わって送られた脳で感覚が生じる。

❹ (1)骨と骨が結合している部分を関節という。筋肉の両端の丈夫な構造を腱といい，骨格と筋肉をつなぐはたらきをしている。
(2)Aは腕を曲げるときにはたらく筋肉で，Bは腕をのばすときにはたらく筋肉である。腕を曲げるとき，Aが縮み，Bがもとに戻る。

### p.58〜59　ステージ3

❶ (1)記号…㋐　名称…虹彩
(2)記号…㋑　名称…レンズ(水晶体)
(3)記号…㋓　名称…網膜
(4)記号…㋔　名称…視神経
(5)①㋐　②㋓
(6)におい…鼻　音…耳　圧力…皮膚
(7)腱　(8)関節　(9)縮む。

❷ ①空気　②鼓膜　③耳小骨　④うずまき管
⑤聴神経

❸ (1)記号…㋐　名称…冷点
(2)記号…㋒　名称…温点
(3)記号…㋔　名称…うずまき管　(4)ウ

❹ (1)脊髄　(2)中枢神経
(3)B…感覚神経　C…運動神経
(4)ア…皮膚　イ…B　ウ…脳　エ…C
オ…筋肉
カ…皮膚　キ…B　ク…A　ケ…C
(5)反射　(6)ア，エ

#### 解説

❶ (1)〜(4)虹彩によって瞳孔(どうこう)の大きさを変え，目に入る光の量を調節する。目に入った光は，レンズによって屈折し，網膜上に像を結ぶ。網膜には感覚細胞がたくさんあり，光の刺激が信号に変えられる。信号は，視神経を通って脳に伝えられる。
(5)しぼりは，カメラに入る光の量を調節する部分である。撮像素子は，入ってきた光の像が結ばれるところである。

❷ 音は，空気の振動として鼓膜でとらえられ，耳

小骨を通してうずまき管に伝えられる。うずまき管には感覚細胞がたくさんあり，音の刺激が信号に変えられる。信号は，聴神経を通って脳に伝えられる。

**3** (1)~(3)㋐は冷点，㋑は圧力や接触(せっしょく)に関する感覚点，㋒は温点，㋓は鼓膜，㋔はうずまき管，㋕は耳小骨を表している。皮膚への刺激は皮膚にある感覚点で受け取られ，音の刺激はうずまき管にある感覚細胞で受け取られる。

**4** (1)~(3)脳と脊髄を中枢神経という。中枢神経から枝分かれして広がる，感覚神経や運動神経などを末しょう神経という。神経系は，中枢神経と末しょう神経からなる。

(4) **注意** **意識して起こる反応と反射のちがいを整理しておこう。**

①意識して起こる反応では，感覚器官で受け取った刺激が感覚神経を通って脊髄に伝わり，脳に伝えられる。脳では反応の命令が出される。命令の信号は，脊髄に伝わり，運動神経を通って運動器官に伝えられる。

②反射では，感覚器官で受け取った刺激が感覚神経を通って脊髄に伝えられると，脊髄から直接，反応の命令が出される。命令の信号は，運動神経を通って運動器官に伝えられる。

(6)イは，ボールが飛んでいったことを意識して，ボールをとろうと判断し，走るという反応を起こしている。ウは，ぼうしが飛ばされそうになったことを意識して，飛ばされないようにおさえると判断し，手でおさえるという反応を起こしている。

p.60~61 **単元末総合問題**

**1** (1)㋑　(2)細胞膜　(3)㋒，㋓，㋔
(4)葉緑体

**2** (1)①A　②E　③D　(2)AからD
(3)血液の逆流を防ぐはたらき。
(4)表面積が非常に大きいから。
(5)ア…ブドウ糖
イ…脂肪酸，モノグリセリド
(6)B　(7)腎臓

**3** (1)脊髄　(2)中枢神経
(3)X…感覚神経　Y…運動神経　(4)反射
(5)Ⅰ…ア　Ⅱ…ウ

**4** (1)葉緑体　(2)①水　②二酸化炭素
(3)石灰水，A　(4)酸素　(5)イ，ウ，カ

**解説**

**1** ㋐は細胞膜，㋑は核，㋒は細胞壁，㋓は葉緑体，㋔は液胞を表している。動物の細胞にも植物の細胞にもあるつくりは，核，細胞膜である。核は酢酸オルセイン液によく染まる。

**2** (1)Aは肺，Bは肝臓，Cは大腸，Dは心臓，Eは小腸を表している。①は肺の説明で，小さな袋とは肺胞のことである。②は小腸，③は心臓の説明である。

(2)心臓から肺に血液が送られ，肺で二酸化炭素を出し，酸素を取り入れ，再び心臓に戻り，全身へと送られる。

(4)表面積が大きくなることで，肺ではより多くの気体と触れ合い，小腸ではより多くの栄養分を吸収することができる。

(5)デンプンはブドウ糖に，脂肪は脂肪酸とモノグリセリドに分解される。

(6)(7)アンモニアは肝臓で尿素につくりかえられ，腎臓でこし出されたのち，体外に排出される。

**3** (3)感覚神経や運動神経などをまとめて，末しょう神経という。

(4)(5)危険から身を守るときなどに起こる反射では，刺激に対する反応の命令の信号が脊髄から出される。意識して起こる反応では，刺激に対する反応の命令の信号が脳から出される。

**4** (1)(2)光合成は，葉緑体に光が当たることで行われる。このとき，根から道管を通って運ばれた水と，気孔を通して空気中から取り入れられた二酸化炭素を原料にして，デンプンなどの栄養分と酸

素がつくられる。このとき，酸素もできる。栄養分は水にとけやすい物質に変えられ，師管を通って体全体に運ばれ，酸素は気孔を通して空気中に出される。

⑶タンポポの葉を入れた試験管Aの中の二酸化炭素は，タンポポの葉での光合成に使われる。そのため，試験管Aの石灰水は試験管Bの石灰水ほど白くにごらない。

⑸光合成は光の当たる昼にのみ行われている。呼吸は，昼も夜も，絶えず行われている。

# 単元3 気象とのその変化

## 1章 気象の観測

### p.62～63 ステージ1

●教科書の要点

❶ ①気象要素 ②圧力 ③気圧 ④ヘクトパスカル ⑤大気圧

❷ ①当たらない ②湿度表 ③16 ④アネロイド気圧計

●教科書の図

1 ①小さく ②大きく

2 ①乾湿 ②乾 ③乾 ④湿 ⑤54 ⑥アネロイド

3 ①○ ②◎ ③● ④晴れ ⑤曇り ⑥晴れ ⑦曇り

### p.64～65 ステージ2

❶ ⑴①ウ ②ア ③イ ⑵圧力 ⑶B ⑷①大きさ ②面積 ⑸5Pa ⑹100Pa

❷ ⑴大気圧 ⑵ヘクトパスカル ⑶1気圧 ⑷イ ⑸イ ⑹あらゆる向き

❸ ⑴乾球…30℃ 湿球…27.5℃ ⑵82% ⑶晴れ ⑷2～8

❹ ⑴B ⑵大きい。 ⑶高い。 ⑷下がる。

#### 解説

❶ ⑴①スポンジをおす力は，水を満たした三角フラスコにはたらく重力と等しいので，AとBで同じである。

②③スポンジをおす力が同じであるとき，スポンジに力がはたらく面積が小さいほどスポンジのへこみ方が大きくなる。

⑸$\dfrac{10[\mathrm{N}]}{2[\mathrm{m}^2]}=5\,[\mathrm{Pa}]$

⑹ 注意 圧力を求めるときは，単位をNと$\mathrm{m}^2$に変えてから計算しよう。

$1\,\mathrm{m}^2=10000\mathrm{cm}^2$ より，$500\mathrm{cm}^2=0.05\mathrm{m}^2$

$\dfrac{5[\mathrm{N}]}{0.05[\mathrm{m}^2]}=100[\mathrm{Pa}]$

❷ ⑷その地点より上にある空気は，高度が上がるほど少なくなる。

⑸大気圧は空気にはたらく重力による圧力なので，

高度が上がって空気にはたらく重力が小さくなるほど，大気圧も小さくなる。

❸ (2)乾球と湿球の差は，30−27.5＝2.5〔℃〕なので，右の図のようにして求める。

| 乾球 | 乾球と湿球との差〔℃〕 | | | | | |
|---|---|---|---|---|---|---|
| | 0.5 | 1.0 | 1.5 | 2.0 | 2.5 | 3.0 |
| 31 | 96 | 93 | 89 | 86 | 82 | 79 |
| 30 | 96 | 92 | 89 | 85 | 82 | 78 |
| 29 | 96 | 92 | 89 | 85 | 81 | 78 |
| 28 | 96 | 92 | 88 | 85 | 81 | 77 |
| 27 | 96 | 92 | 88 | 84 | 81 | 77 |

(3)(4)空全体を10としたとき，0～1を快晴，2～8を晴れ，9～10を曇りとする。

❹ 晴れの日は，昼に気温が上がり，湿度が下がる。曇りや雨の日は，晴れの日に比べて気温と湿度の変化が小さく，湿度は高めであることが多い。また，気圧が低いときには曇りや雨になりやすい。

## p.66～67 ステージ3

❶ (1)500gのおもり
(2)スポンジにはたらく力の大きさが大きくなるほど，圧力は大きくなること。
(3)25cm²の板
(4)スポンジに力がはたらく面積が小さくなるほど，圧力は大きくなること。

❷ (1)A…0.12m²　B…0.20m²　C…0.15m²
(2)6N
(3)A…6N　B…6N　C…6N
(4)A…50Pa　B…30Pa
C…40Pa
(5)大気圧(気圧)
(6)約1気圧(約1013hPa)

❸ (1)北西　(2)1015hPa　(3)12.0℃
(4)43%　(5)5　(6)晴れ

❹ (1)最高…14時　最低…9時
(2)雨の日　(3)雨の日

### 解説

❶ (1)(2)板の面積が等しいとき，おもりの質量が大きいほど，スポンジを押す力が大きくなり，へこみ方も大きくなる。
(3)(4)おもりの質量(重さ)が等しいとき，力のはたらく面積が小さいほどスポンジのへこみ方が大きくなる。

❷ (1)A…0.4〔m〕×0.3〔m〕＝0.12〔m²〕
B…0.5〔m〕×0.4〔m〕＝0.2〔m²〕
C…0.5〔m〕×0.3〔m〕＝0.15〔m²〕
(3)どの面を下にしてもおす力の大きさは変わらない。

(4)A…$\frac{6〔N〕}{0.12〔m^2〕}$＝50〔Pa〕

B…$\frac{6〔N〕}{0.2〔m^2〕}$＝30〔Pa〕

C…$\frac{6〔N〕}{0.15〔m^2〕}$＝40〔Pa〕

❸ (1)風向は風が吹いてくる方向であることに注意する。北西から吹いてきているので，風向は北西である。
(2)1010と1020のまん中なので1015，単位はhPa(ヘクトパスカル)である。
(3)乾湿計の乾球の値がそのときの気温である。
(4)湿度表の行の読みは乾球の12℃，列の読みは，乾球−湿球＝12.0−7.0＝5.0〔℃〕
行と列の交わる値の43が湿度となる。
(5)(6)雲量は，空全体を10としたときの雲が占める面積の割合を示したもので，0，1の場合は快晴，2～8の場合は晴れ，9，10の場合は曇りとされる。図では雲量がおよそ5なので，晴れとなる。

❹ (1)晴れの日に気温が最高になるのは13～14時頃，最低になるのは夜明け前で，夜明けとともに少しずつ気温が上がっていく。
(2)(3)雨の日は1日を通しての温度の変化は小さく，晴れの日に比べて湿度は高い。

## 2章　空気中の水の変化

### p.68～69　ステージ1

●教科書の要点

❶ ①飽和　②飽和水蒸気量　③露点　④凝結
⑤湿度　⑥飽和水蒸気量

❷ ①霧　②低　③上昇　④露点　⑤雲
⑥雨　⑦水蒸気　⑧太陽

●教科書の図

1 ①水蒸気　②水　③100　④飽和水蒸気

2 ①水蒸気　②露点　③0　④雲　⑤雪

### p.70～71　ステージ2

❶ (1)飽和水蒸気量　(2)大きくなる。
(3)6.6g　(4)62%　(5)下がる。
(6)4.8g　(7)12℃　(8)100%

❷ (1)下がる。　(2)(空気中の)水蒸気
(3)下がったとき。　(4)雲

❸ (1)体積…膨張する。(大きくなる。)
温度…下がる。
(2)露点　(3)水滴　(4)氷の粒
(5)液体…雨　固体…雪

❹ (1)①㋐　②㋓　③㋔　④㋑　⑤㋒
(2)水蒸気(気体)　(3)㋐　(4)太陽

#### 解説

❶ (1)(2) 1 $m^3$の空気に含むことができる水蒸気の最大の量を飽和水蒸気量といい，空気の温度が高いほど大きい。

(3)20℃のときの飽和水蒸気量が17.3g/$m^3$，実際に含まれている水蒸気量が10.7g/$m^3$なので，
$17.3-10.7=6.6$〔g/$m^3$〕

(4)$\frac{10.7〔g/m^3〕}{17.3〔g/m^3〕}\times100=61.8\cdots$より，62%

(5)空気の温度が高くなると，飽和水蒸気量が大きくなるので，湿度が下がる。

(6)3℃のときの飽和水蒸気量が5.9g/$m^3$なので，
$10.7-5.9=4.8$〔g/$m^3$〕の水滴が生じる。

(7)「露点での飽和水蒸気量」=「空気中に含まれている水蒸気量」であることから考えよう。

(8)露点に達したときの湿度は100%である。

❷ (2)ぬるま湯の上の空気は水蒸気を多く含んでいる。この空気が冷気によって冷やされ露点より温度が低くなるので，水蒸気が水滴となる。

(3)(4)雲も霧も，空気中の水蒸気が冷やされて水滴になったものである。霧は地表付近にでき，雲は上空にできる。

❸ (1)上空では気圧が下がるため，空気が膨張して体積が大きくなる。空気が膨張すると，温度が下がる。

(2)～(4)空気の温度が下がり，露点に達すると，水滴ができ，雲ができ始める。そして，さらに冷やされて0℃以下になると，水滴は氷の粒になる。

(5)水滴や氷の粒はとても小さく，空気中を漂っている。しかし，これらの粒が成長して一定の大きさになると，雨や雪として落ちてくるようになる。

❹ 太陽のエネルギーによって温められた水は蒸発し，水蒸気になる。水蒸気の一部は雲をつくり，雨や雪などの降水として地表に降る。

### p.72～73　ステージ3

❶ (1)①凝結　②13g
(2)湿度…76%　露点…15℃

❷ (1)①C　②A　③A　④CとD
(2)イ，ウ，オ

❸ (1)ウ　(2)ア　(3)上昇している。
(4)A

❹ (1)①膨張　②露点　③水滴　(2)エ，カ

#### 解説

❶ (1)水滴ができたときの温度が露点なので，この空気の露点は15℃とわかる。露点のときの飽和水蒸気量が，空気に含まれている水蒸気の量に等しいので，この空気1 $m^3$中に含まれている水蒸気の量は，13gである。

(2)空気に含まれている水蒸気の量が13g/$m^3$であり，20℃の空気の飽和水蒸気量は17g/$m^3$なので，湿度は，
$\frac{13〔g/m^3〕}{17〔g/m^3〕}\times100=76.4\cdots$より，76%

❷ (1)①湿度は，空気1 $m^3$に含まれている水蒸気の量と飽和水蒸気量との差が大きくなるほど低くなる。最も差があるのは，Cの空気である。

②露点は，含まれている水蒸気の量が多いほど高くなる。最も多くの水蒸気が含まれているのは，Aの空気である。

③含まれている水蒸気の量が多いほど，水滴もたくさん生じる。

④含まれている水蒸気の量が等しい空気は，露点が等しい。

⑵ア…空気の温度が同じであるとき，湿度は，露点が高いほど高くなる。

エ…湿度が同じであるとき，温度が低いほど含まれている水蒸気の量は少ない。したがって，露点も低くなる。

❸ ⑵山頂付近では気圧が低くなり，菓子袋の中の空気が膨張するので，袋が膨らむ。

⑷雲のでき始める高さが，露点に達した高さである。Aよりも低い位置では雲ができていないので，Aの地点で露点に達したと考えられる。

❹ ⑵ア，イ，オ…空気が冷やされたことで空気中の水蒸気が水滴になった。

ウ…浴室内の水蒸気の量が多くなり，飽和水蒸気量を超えた分が水滴となってたちこめた。

ア，イ，ウ，オでは，空気が膨張していないので，実験の仕組みとは異なる。

# 3章　低気圧と天気の変化

## p.74~75 ステージ1

**●教科書の要点**

❶ ①等圧線　②高気圧　③低気圧　④天気図　⑤気圧配置　⑥狭い　⑦下降　⑧上昇

❷ ①前線面　②前線　③温暖前線　④寒冷前線　⑤停滞前線　⑥閉塞前線　⑦上がる　⑧下がる

**●教科書の図**

1 ①高　②下降　③低　④上昇　⑤高　⑥低

2 ①寒　②暖　③積乱　④暖　⑤寒　⑥乱層

3 ①温暖　②寒冷　③下がる　④北

## p.76~77 ステージ2

❶ ⑴寒気　⑵㊀　⑶寒冷前線

❷ ⑴A　⑵a…温暖前線　b…寒冷前線　⑶㋐乱層雲　㋑積乱雲　⑷ア，ウ，エ

❸ ⑴吹き込んでいるところ。　⑵上昇気流　⑶低気圧　⑷停滞前線　⑸ウ　⑹天気…晴れ　風向…北東　風力…3　⑺1012hPa　⑻①イ　②ウ　③イ

**解説**

❶ ⑵暖気と寒気が接している境目を前線面，前線面と地表が接しているところを前線という。

⑶寒気によって暖気がおし上げられるようになっているので，寒冷前線付近に似ている。

❷ ⑵寒冷前線は，前線面の傾きが急で，寒気が暖気をおし上げるようにして進む。一方，温暖前線では前線面の傾きがゆるやかで，暖気が寒気の上にはい上がるように進む。

⑶⑷寒冷前線付近では積乱雲が発達し，温暖前線付近では乱層雲が発達する。そのため，寒冷前線付近では激しい雨が短い時間降り，温暖前線付近では，弱い雨が長時間降る。

❸ ⑴~⑶Aの南側にある天気の記号を見ると，風向が南よりで，Aに向かって風が吹き込んでいることがわかる。このことから，Aは低気圧の中心で，まわりから風が吹き込み，上昇気流が発生していると考えられる。

⑷⑸停滞前線はほとんど移動しないため，雨や曇りの日が長期間続くと考えられる。

⑺気圧の単位はhPaを用いる。等圧線は4hPaご

とに引かれ，20hPaごとに太い線で引かれていることから読み取る。

(8)寒冷前線付近では，寒気によって暖気が急激におし上げられて積乱雲が発達する。そのため，強い雨が短い時間降る。また，寒冷前線が通過すると，風向が南寄りから北寄りに変わり，気温が急に下がる。

## p.78~79 ステージ3

❶ (1)気圧配置　(2)低気圧
(3)B
(4)天気…曇り　風向…北西　風力…4
(5)細い線…4hPa　太い線…20hPa
(6)1016hPa

❷ (1)風　(2)b　(3)A
(4)①A　②B　③B　④A

❸ (1)A…気温　B…気圧
(2)ウ
(3)急に下がった。
(4)北寄りに急変した。
(5)寒冷前線
(6)積乱雲　(7)イ
(8)等圧線
(9)狭い場合

### 解説

❶ (2)(3)等圧線が閉じていて，まわりより気圧が高いところを高気圧，まわりより気圧が低いところを低気圧という。

(5)◎は曇りを表す。矢が北西にのびていることから，風向は北西だとわかる。また，はねの数が4本なので，風力は4だとわかる。

(7)等圧線は，1000hPaを基準に4hPaごとに引かれることから読み取る。

❷ (2)等圧線の間隔が狭いところほど，強い風が吹く。

(3)(4)北半球の高気圧の中心付近では，下降気流が生じ，地表付近では時計回りに風が吹き出している。低気圧の中心付近では上昇気流が生じ，地表付近では反時計回りに風が吹き込んでいる。上昇気流が起きると，雲ができやすく，曇りや雨になりやすい。下降気流が起きると，雲ができにくく，晴れになりやすい。

❸ (2)~(7)寒冷前線が通過するとき，積乱雲が発達し，短時間に激しい雨が降る。また，風向が北寄りに急変し，気温が急に下がる。

(9)等圧線の間隔が狭いところほど，強い風が吹いている。

## 4章 日本の気象 5章 大気の躍動と恵み

### p.80～81 ステージ1

**●教科書の要点**

**1** ①偏西風 ②西 ③東

**2** ①シベリア ②海風 ③陸風 ④西高東低 ⑤移動性 ⑥オホーツク海 ⑦梅雨前線 ⑧小笠原 ⑨南高北低 ⑩熱帯 ⑪秋雨前線 ⑫気象衛星

**●教科書の図**

**1** ①移動 ②梅雨 ③小笠原 ④台風

**2** ①等圧線 ②シベリア ③水蒸気 ④乾燥し

### p.82～83 ステージ2

**1** (1)A…シベリア気団
B…オホーツク海気団
C…小笠原気団
(2)A…ア B…イ C…エ
(3)移動性高気圧 (4)偏西風 (5)C
(6)積乱雲 (7)A (8)西高東低

**2** (1)梅雨前線 (2)つゆ(梅雨)
(3)オホーツク海気団，小笠原気団
(4)秋雨前線

**3** (1)A (2)シベリア気団
(3)日本海側…雪 太平洋側…晴れ
(4)㋐ (5)小笠原気団 (6)南高北低
(7)南東 (8)(蒸し暑い)晴れの日
(9)㋒ (10)熱帯低気圧 (11)偏西風
(12)気象庁
(13)テレビ，ラジオ，新聞，携帯情報端末，インターネットサイト などから１つ

**解説**

**1** (1)(2)北の方では冷たい気団が，南の方では暖かい気団ができる。また，海上では湿った気団が，陸上では乾いた気団ができることから考えよう。
A…冷たく乾いたシベリア気団である。
B…冷たく湿ったオホーツク海気団である。
C…暖かく湿った小笠原気団である。
(3)(4)低気圧と移動性高気圧が，偏西風の影響を受けて，交互に日本付近を西から東へと通過するため，周期的に天気が変化する。
(5)(6)小笠原気団から，暖かく湿った季節風が吹き込むため，蒸し暑い日が続く。また，強い日差しによって地表付近の大気が温められ，局地的な上昇気流が生じて積乱雲が発達し，一時的な激しい雷雨が起こることがある。
(7)冬には，大陸で気温が低くなり，シベリア気団ができる。シベリア気団では下降気流が起き，気圧が高くなる。その結果，大陸から海洋に向かう，北西の季節風が吹く。
(8)日本列島の東の太平洋上に低気圧，西の大陸に高気圧があることから，西高東低の気圧配置とよばれる。

**2** オホーツク海気団と小笠原気団が接するところに停滞前線が現れ，ぐずついた雨の日が続くことがある。夏が近づくころに現れる停滞前線を梅雨前線といい，９月頃に現れる停滞前線と秋雨前線という。

**3** (3)冬の季節風は冷たく乾燥しているが，日本海上を通過するときに水蒸気を含む。そして，日本列島の山脈にぶつかって上昇気流となり，雲が発達して，日本海側に雪を降らせる。水蒸気を失った風は山脈をこえ，太平洋側に乾燥した晴天をもたらす。
(7)夏には，大陸よりも太平洋上で気温が低くなり，下降気流が起こって高気圧ができる。その結果，海洋から大陸に向かう，南東の季節風が吹く。
(10)(11)最大風速が17.2m/s以上になった熱帯低気圧を台風という。夏から秋にかけて発生した台風は，最初は西に向かって進み，途中で偏西風の影響を受けて，小笠原気団の西のへりに沿って進路を北東に変えながら日本に近づくものが多い。

### p.84～85 ステージ3

**1** ①○ ②× ③× ④○ ⑤×

**2** (1)㋐陸風 ㋑海風 (2)陸
(3)気温…低くなっている。
気圧…高くなっている。
(4)図２

**3** (1)季節風 (2)北西 (3)㋐，㋒
(4)日本海側…雪が降る。
太平洋側…晴れになる。
(乾燥した晴れの日が多い。)

**4** (1)ウ (2)小笠原気団 (3)南東
(4)積乱雲 (5)南高北低
(6)蒸し暑い晴れの日が続く。

**5** ⑴㋐イ　㋑エ　㋒ウ
⑵㋐梅雨前線　㋒秋雨前線
⑶西高東低　⑷㋑
⑸①小笠原高気圧　②偏西風

## 解説

**1** ①②太陽から受けるエネルギーが多く，強く温められる赤道付近では，上昇気流が生じる。太陽から受けるエネルギーが少ない北極付近では，下降気流が発生する。
③④海よりも陸の方が温まりやすく冷めやすいので，海岸では海風や陸風が吹き，夏や冬には季節風が吹く。
⑤梅雨前線は，オホーツク海気団と小笠原気団がぶつかり合ってできる停滞前線である。

**2** ⑴海岸で陸から海へ吹く風を陸風，海から陸へ吹く風を海風という。
⑶⑷海よりも陸の方が温まりやすいので，晴れた日の昼は，海上よりも陸上の温度の方が高くなり，陸上で上昇気流が起き，陸上の気圧が低くなる。その結果，図2のような海風が吹く。晴れた日の夜間は，陸上よりも海上の温度の方が高くなり，海上で上昇気流が起き，海上の気圧が低くなる。その結果，図1のような陸風が吹く。

**3** ⑵冬は，大陸のシベリア気団から北西の季節風が吹く。
⑶大陸での空気(㋐)は乾いているが，日本海を通過するときに水蒸気が供給されるので，日本海側(㋑)では空気が湿っている。しかし，日本海側での降水によって水蒸気を失い，山脈をこえた太平洋側(㋒)では空気が乾いている。

**4** ⑴日本の南の太平洋上に大きな高気圧があることから，夏の天気図であることがわかる。
⑵⑶夏は，小笠原気団からの南東の季節風が吹く。
⑹小笠原気団から，暖かく湿った季節風が吹き込むため，蒸し暑い晴れの日が続く。また，昼に地表付近の大気が温められ，上昇気流が生じて積乱雲が急速に発達することがある。

**5** ⑴㋐日本付近に長く停滞前線がのびていることから，つゆ(梅雨)だとわかる。
㋑等圧線の間隔が狭い，西高東低の気圧配置になっているので，冬だとわかる。
㋒日本付近には，低気圧と高気圧があり，南の海上には台風もあることから秋だとわかる。
⑷日本の北東に低気圧の雲のかたまりがあり，北西の季節風に沿った筋状の雲も見られるので，冬の雲画像だとわかる。
⑸夏から秋にかけて発生した台風は西に進み，途中で偏西風の影響を受けて，小笠原高気圧の西のへりに沿って，しだいに北東に進路を変えることが多い。

## p.86～87 単元末総合問題

**1** ⑴イ　⑵7.5g　⑶ア　⑷㋐→㋒→㋑
**2** ⑴A　⑵ア
⑶偏西風の影響を受けるから。　⑷イ
**3** ⑴積乱雲　⑵シベリア気団　⑶ア
⑷ア
⑸天気…曇り　風向…西北西　風力…4

## 解説

**1** ⑴空全体を10としたときの雲の割合を雲量といい，雲量が0～1で快晴，2～8で晴れ，9～10で曇りと決められている。
⑵3月13日午前6時の気温は10℃，湿度は80%なので，空気1 $m^3$中に含まれていた水蒸気の量は，$9.4[g/m^3] \times 0.8 = 7.52[g/m^3]$より，7.5g。
⑶気温，湿度がともに高いと，空気中に含まれる水蒸気の量が多くなり，露点が高くなる。
⑷低気圧は偏西風の影響を受けて，西から東に移動していく。

**2** ⑴等圧線の間隔が狭いところほど，強い風が吹く。
⑵⑶日本付近の低気圧は，日本付近の上空に吹いている西寄りの風である偏西風の影響を受け，西から東へと移動していくことが多い。
⑷低気圧のまわりでは，低気圧の中心に向かって反時計回りに風が吹き込む。

**3** ⑴日本付近の低気圧の中心からは，西に向かって寒冷前線が，東に向かって温暖前線がのびる。寒冷前線付近では積乱雲ができる。
⑵～⑷シベリア気団からの北西の季節風による筋状の雲ができていることから，冬の雲画像であることがわかる。シベリア気団は冷たく乾いているが，日本海を通過する間に水蒸気が供給され，日本列島の日本海側に雪を降らせる。水蒸気を失った空気は山脈をこえ，太平洋側に乾いた晴れの天気をもたらす。

# 単元4 電気の世界

## 1章 電流と電圧(1)

p.88〜89 ステージ1

**●教科書の要点**

❶ ①回路 ②しない ③電源 ④電源電圧 ⑤ボルト ⑥回路図

❷ ①アンペア ②ミリアンペア ③直列 ④等しく

❸ ①電圧 ②並列 ③等しい ④抵抗 ⑤電熱線

**●教科書の図**

1 ①電池(直流電源) ②電球 ③スイッチ ④抵抗器(電熱線) ⑤電流計 ⑥電圧計

2 ①－ ②＋ ③並列 ④－ ⑤＋

3 ①－ ②＋ ③直列 ④－ ⑤＋

p.90〜91 ステージ2

❶ (1)反対向きになる。
(2)㋐

❷ (1)㋐
(2)直列につなぐ。
(3)＋極側
(4)ウ
(5)並列につなぐ。
(6)＋極側
(7)ア
(8)① 240V ② 360mA

❸ (1)並列つなぎ (2)直列つなぎ
(3)b
(4)㋑

❹ (1)イ…125mA ウ…125mA エ…125mA オ…125mA
(2)1.5V
(3)イ…250mA ウ…250mA エ…250mA オ…250mA
(4)3V

**解説**

❶ (2)発光ダイオードは，長いほうのあしを＋極，短いほうのあしを－極につないだときに点灯する。反対のつなぎ方では点灯しない。

❷ (1)文字盤を見て，Aとあるのが電流計，Vとあるのが電圧計である。
(2)(3)電流計は回路に直列につなぐ。このとき，＋端子は電源の＋極側の導線，－端子は電源の－極側の導線につなぐ。
(4)(7)最初に最も大きい電流や電圧がはかれる端子につなぎ，振れ方が小さければ次に大きい電流や電圧がはかれる端子につなぐ。
(5)(6)電圧計は回路に並列につなぐ。このとき，電流計と同じように，＋端子は電源の＋極側の導線，－端子は電源の－極側の導線につなぐ。

❸ (1)(2)複数の乾電池を１本の道筋でつなぐつなぎ方を直列つなぎ，枝分かれさせてつなぐつなぎ方を並列つなぎという。
(3)電流は乾電池の＋極から出て，－極に流れる。
(4)乾電池の数が増えたときに電圧が変わるのは，乾電池を直列つなぎにしたときである。

❹ (1)回路に流れる電流は，どこを測定しても同じ値になる。
(2)〜(4)電池を２個つないだ回路では，電池が１個の回路と同じように，回路のどこを測定しても電流は同じ値になる。電池１個の電圧は1.5Vで，２個を直列につなぐと3.0Vとなる。電源と同じ電圧がつないである電球にかかる。導線にかかる電圧は０Vと考えてよい。

## p.92~93 ステージ3

**1** (1)㋐スイッチ　㋑電球　㋒電池(直流電源)
　㋓電流計　㋔抵抗器(電熱線)　㋕電圧計
(2)A…電圧計　B…電流計

**2** (1)直列につなぐ。　(2)ボルト
(3)電流計…㋒　電圧計…㋔
(4)350mA
(5)1.50V

**3** (1)$I_1=I_2=I_3=I_4$
(2)800mA
(3)$I_5=I_6=I_7=I_8$
(4)700mA
(5)

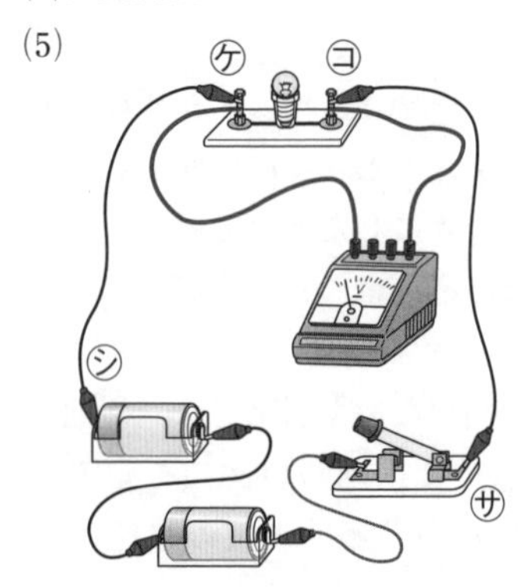


(6)0V　(7)エ
(8)

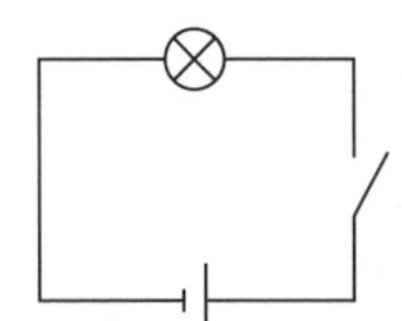

### 解説

**1** (1)電池の電気用図記号は，長いほうが＋極を表している。⊗は電球，─□─は抵抗器または電熱線を表す。
(2)Aは回路に並列につながれているので電圧計，Bは回路に直列につながれているので電流計とわかる。

**2** (1)電流計は測定しようとする部分に直列につなぎ，電圧計は測定しようとする部分に並列につなぐ。
(3)－端子に書かれている単位から，㋐～㋓は電流計の端子，㋔～㋗は電圧計の端子だとわかる。どちらも，最初，－端子は最も大きな値をはかれる端子につなぐ。
(4)500mAの端子につないだときは，目盛りの右端が500mAとなるように目盛りを読む。
(5)3Vの端子につないだときは，目盛りの右端が3Vとなるように目盛りを読む。

**3** (1)(2)1つの道筋でつながっている回路なので，電流の値はどこをはかっても同じになる。㋐が800mAならば，㋒でも800mAになる。
(3)(4)図2は1つの道筋でつながっている乾電池を直列つなぎにした回路なので，電流はどこをはかっても同じ値となる。したがって，㋔が700mAならば㋖も700mAとなる。
(5)電圧計は回路に並列につなぐ。電圧の大きさが予想できないときは，一番大きな値の300Vの端子につなぎ，指針が示す値が小さければ，順に15V，3Vの端子につなぎかえる。
(6)(7)㋑㋒間には導線しかないので，電圧は0となる。㋖㋗間には電池が2つ直列につないであるので，かかる電圧は3.0Vとなる。
(8)回路図では，直列につないだ乾電池も1つの記号で表す。また，電源は長いほうが＋極を表す。回路図の中で，枝分かれのしかたが同じならば，記号の位置がちがっていてもよい。

## 1章　電流と電圧(2)

### p.94〜95　ステージ1

**●教科書の要点**

**1** ①オームの法則　②電気抵抗　③電圧　④電流　⑤導体　⑥不導体　⑦和

**2** ①電力　②ジュール　③電力量　④ワット時

**●教科書の図**

1 ①比例　②オーム　③やすい　④小さい　⑤にくい　⑥大きい

2 ①＋　②小さい　③$\frac{1}{R_1}$　④$\frac{1}{R_2}$

3 ①電力　②1　③比例　④比例　⑤電力　⑥J

### p.96〜97　ステージ2

**1** (1)

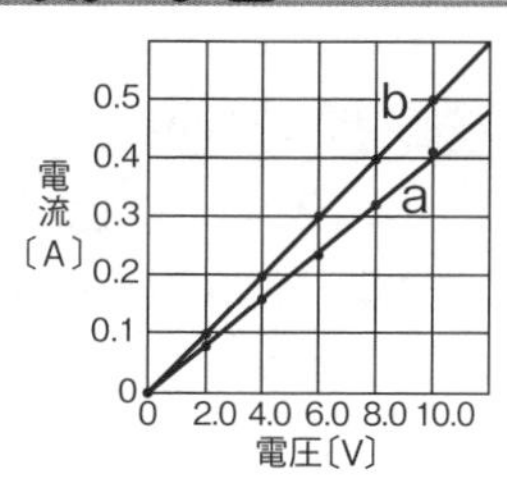


(2)比例　(3)オームの法則

(4)0.20A　(5)0.25A　(6)電熱線a

(7)電熱線a　(8)電気抵抗(抵抗)

(9)$R=\frac{V}{I}$　(10)$V=R\times I$

**2** ①0.3A　②9V　③15Ω

**3** (1)A…0.12A　B…0.12A

(2)A…2.4V　B…3.6V　(3)6.0V

(4)50Ω

(5)それぞれの抵抗の和。

(6)A…6.0V　B…6.0V

(7)A…0.3A　B…0.2A

(8)0.5A　(9)12Ω　(10)小さくなる。

#### 解説

**1** (1) 注意 グラフは，次の手順で表そう。

①横軸には実験で変化させた量を，縦軸には実験の結果変化した量をとる。

②目盛りをつけ，単位を書く。

③測定値を点で記入し，グラフの形を判断する。

④直線であれば，全ての点のなるべく近くを通るように直線を引く。

横軸が電圧，縦軸が電流となるように値を記入する。このグラフは，原点を通る直線となる。

(2)(3)電熱線を流れる電流の大きさは，電熱線に加える電圧の大きさに比例するという法則を，オームの法則という。

(4)(5)グラフより読み取る。または，オームの法則が成り立っているので，表から計算してもよい。

(6)〜(8)電流の流れにくさの程度を電気抵抗(抵抗)という。電気抵抗の大きい電熱線ほど電流が流れにくく，同じ電圧を加えたときに流れる電流は小さくなる。

(9)(10)オームの法則は，次のような式で表すことができる。

$$V=R\times I,\ R=\frac{V}{I},\ I=\frac{V}{R}$$

**2** ①$\frac{6[V]}{20[\Omega]}=0.3[A]$

②$30[\Omega]\times0.3[A]=9[V]$

③$\frac{3[V]}{0.2[A]}=15[\Omega]$

**3** (1)直列回路なので，どの部分を流れる電流も等しい。120mA＝0.12A

(2)A…$20[\Omega]\times0.12[A]=2.4[V]$

B…$30[\Omega]\times0.12[A]=3.6[V]$

(3)$2.4+3.6=6.0[V]$

(4)$\frac{6.0[V]}{0.12[A]}=50[\Omega]$

(5)全体の電気抵抗(50Ω)は，各抵抗(20Ω，30Ω)の和に等しくなっている。

(6)並列回路なので，各電熱線に加わる電圧は全体の電圧に等しく，6.0Vである。

(7)A…$\frac{6.0[V]}{20[\Omega]}=0.3[A]$

B…$\frac{6.0[V]}{30[\Omega]}=0.2[A]$

(8)$0.3+0.2=0.5[A]$

(9)$\frac{6.0[V]}{0.5[A]}=12[\Omega]$

(10)全体の電気抵抗(12Ω)は，それぞれの抵抗(20Ω，30Ω)よりも小さくなっている。

## p.98~99 ステージ2

**1** (1)流れやすい。　(2)導体
(3)不導体(絶縁体)

**2** (1)0.5A　(2)2V　(3)4V　(4)4V
(5)0.4A　(6)10Ω　(7)4V　(8)40Ω
(9)12Ω

**3** (1)電力　(2)ワット(W)　(3)ウ
(4)300W　(5)3A

**4** (1)㋐1A　㋑1.5A　㋒3A
(2)㋐6Ω　㋑4Ω　㋒2Ω
(3)㋒　(4)ある。　(5)ある。
(6)㋐1800J　㋑2700J　㋒5400J

**5** (1)360Wh　(2)1.5kWh
(3)1800000J

### 解説

**2** (1)抵抗Bと抵抗Cを一つの抵抗Dとみなすと，抵抗Aと抵抗Dは直列つなぎである。直列回路では，どの部分でも電流の大きさが等しいので，抵抗Aに流れる電流は0.5Aである。
(2)4〔Ω〕×0.5〔A〕＝2〔V〕
(3)(4)(7)抵抗Aに加わる電圧が2Vなので，抵抗Dに加わる電圧は6－2＝4〔V〕である。抵抗Bと抵抗Cは並列つなぎなので，どちらにも同じ4Vの電圧が加わる。
(5)抵抗Bと抵抗Cに流れる電流の和が0.5Aであることから，抵抗Bに流れる電流は，
0.5－0.1＝0.4〔A〕である。

(6)$\frac{4〔V〕}{0.4〔A〕}$＝10〔Ω〕

(8)$\frac{4〔V〕}{0.1〔A〕}$＝40〔Ω〕

(9)$\frac{6〔V〕}{0.5〔A〕}$＝12〔Ω〕

**3** (4)(5)「100V－300W」とあるので，100Vの電圧を加えると，300Wの電力を消費する。
電力＝電圧×電流より，電流＝電力÷電圧なので，流れる電流は，
300〔W〕÷100〔V〕＝3〔A〕

**4** (1)㋐6〔W〕÷6〔V〕＝1〔A〕
㋑9〔W〕÷6〔V〕＝1.5〔A〕
㋒18〔W〕÷6〔V〕＝3〔A〕

(2)㋐$\frac{6〔V〕}{1〔A〕}$＝6〔Ω〕

㋑$\frac{6〔V〕}{1.5〔A〕}$＝4〔Ω〕

㋒$\frac{6〔V〕}{3〔A〕}$＝2〔Ω〕

(4)(5)電流による発熱量は，電力と電流を流した時間の両方に比例する。
(6)発熱量＝電力×時間。5分間＝300秒間。
㋐6〔W〕×300〔s〕＝1800〔J〕
㋑9〔W〕×300〔s〕＝2700〔J〕
㋒18〔W〕×300〔s〕＝5400〔J〕

**5** (1)180〔W〕×2〔h〕＝360〔Wh〕
(2)電気がま以外の電力の合計は，
20×2＋180＋40×2＝300〔W〕　よって，
300〔W〕×5〔h〕＝1500〔Wh〕＝1.5〔kWh〕
(3)1時間＝3600秒間なので，
500〔W〕×3600〔s〕＝1800000〔J〕

## p.100~101 ステージ3

**1** (1)0.4A　(2)12V　(3)比例
(4)オームの法則　(5)電熱線A
(6)電熱線B
(7)A…15Ω　B…30Ω

**2** (1)0.2A　(2)15Ω　(3)2.0V
(4)0.2A　(5)10Ω　(6)25Ω
(7)$R=R_1+R_2$

**3** (1)0.2A　(2)9.0V　(3)45Ω
(4)0.3A　(5)9.0V　(6)30Ω
(7)18Ω　(8)$\frac{1}{R}=\frac{1}{R_1}+\frac{1}{R_2}$

**4** (1)1A
(2)4Ω
(3)3240J
(4)㋒
(5)右図
(6)比例

水の上昇温度〔℃〕 0 1 2 3 4 5 6
電力〔W〕 0 2 4 6 8 10 12 14 16 18

### 解説

**1** (3)(4)グラフが原点を通る直線になっていることから，比例の関係があることがわかる。これをオームの法則という。

(7)A…$\frac{6.0〔V〕}{0.4〔A〕}$＝15〔Ω〕

B…$\frac{6.0〔V〕}{0.2〔A〕}$＝30〔Ω〕

❷ (1)(4)直列回路では，どの部分の電流も等しい。

(2)$\frac{3.0[V]}{0.2[A]}=15[\Omega]$

(3)5.0−3.0＝2.0〔V〕

(5)$\frac{2.0[V]}{0.2[A]}=10[\Omega]$

(6)$\frac{5.0[V]}{0.2[A]}=25[\Omega]$

別解 直列回路では，回路全体の抵抗はそれぞれの抵抗の和になるので，15＋10＝25〔Ω〕

❸ (2)(5)並列回路では，どの電熱線に加わる電圧も等しい。

(3)$\frac{9.0[V]}{0.2[A]}=45[\Omega]$

(4)0.5−0.2＝0.3〔A〕

(6)$\frac{9.0[V]}{0.3[A]}=30[\Omega]$

(7)$\frac{9.0[V]}{0.5[A]}=18[\Omega]$

❹ (1)6〔W〕÷6〔V〕＝1〔A〕

(2)電熱線㋑に6Vの電圧を加えると，
9〔W〕÷6〔V〕＝1.5〔A〕の電流が流れるので，

$\frac{6[V]}{1.5[A]}=4[\Omega]$

(3)3分間＝180秒間なので，
18〔W〕×180〔s〕＝3240〔J〕

(6)熱量は，電力と電流を流した時間の両方に比例する。

# 2章　電流と磁界

## p.102〜103 ステージ1

●教科書の要点

❶ ①磁力　②磁界　③磁界の向き　④磁力線
⑤同心円　⑥強く　⑦力　⑧電流

❷ ①電磁誘導　②誘導電流　③速く
④直流　⑤交流　⑥周波数

●教科書の図

1 ①磁力線　②磁界　③強い

2 ①電流　②磁界　③電流　④磁界　⑤磁力

3 ①←　②←　③→

## p.104〜105 ステージ2

❶ (1)磁力　(2)磁界　(3)磁力線　(4)a
(5)B…㋓　C…㋓　(6)強い。

❷ (1)同心円状　(2)A…㋐　B…㋓　C…㋒
(3)A…㋒　B…㋑　C…㋐
(4)強くなる。
(5)D…㋓　E…㋑　F…㋓　G…㋑
H…㋓

❸ (1)A　(2)A　(3)B
(4)磁界を強くする。
電流を大きくする。

❹ (1)右　(2)右　(3)左　(4)大きくなる。
(5)流れない。　(6)電磁誘導
(7)誘導電流

❺ (1)㋑　(2)直流　(3)交流

### 解説

❶ (3)〜(5)磁力線は磁針のN極がさす向き(磁界の向き)に矢印をかく。
(6)磁力線の間隔が狭いところほど，磁界が強くなっている。

❷ (1)まっすぐな導線のまわりでは，ねじが進む向きに電流が流れているとすると，ねじを回す向きの磁界ができる。
(2)磁針のN極がさす向きは，磁界の向きと同じである。
(3)(4)電流の向きが逆になると，磁界の向きも逆になる。電流が大きくなると，磁界の強さも強くなる。
(5)右手の4本の指先を電流の向きに合わせたとき，親指の向きがコイルの内側の磁界の向きになる。コイルの外側の磁界は，棒磁石のつくる磁界によく似た形になる。

❸ (1)〜(3)電流の向きと磁界の向きのいずれかを逆にすると，コイルの動く向きは逆になる。電流の向きと磁界の向きの両方を逆にすると，もとと同じ向きに動く。
(4)磁界を強くしたり，電流を大きくしたりすると，電流が磁界から受ける力は大きくなる。

❹ (1)〜(3)磁石を動かす向き，磁石の極のいずれか一つを変えると誘導電流の向きは逆になり，二つ変えるともとと同じ向きになる。
(4)磁石を速く動かすと，磁界の変化が大きくなり，誘導電流は大きくなる。
(5)磁石を動かさないとき，磁界が変化しないので，誘導電流が発生しない。

❺ (1)発光ダイオードは決まった向きに電流が流れたときだけ光る。交流は電流の向きと大きさが周期的に変わるため，発光ダイオードも周期的に，交互に点灯する。直流は電流の向きが一定方向なので，一方の発光ダイオードだけが点灯する。

## p.106〜107 ステージ3

❶ (1)N極　(2)A…㋒　B…㋓　C…㋓
(3)b　(4)強くなっている。

❷ (1)㋑　(2)電流の向きを逆にする。
(3)大きくする。　(4)導線の近く　(5)b
(6)多くする。

❸ (1)ア　(2)下向き　(3)上向き　(4)㋐

❹ (1)図2…㋐　図3…×　図4…㋑
(2)誘導電流
(3)磁石を速く動かす。
磁界を強くする。

❺ (1)㋐
(2)流れる電流の向きが一定である電流。
(3)㋑
(4)流れる電流の向きと大きさが周期的に変わる電流。

### 解説

❶ (1)㋐の右に置かれた磁針のS極が引かれているので，㋐はN極であることがわかる。
(2)(3)磁界の向きはN極から出てS極に入る向きで，これは磁針のN極がさす向きのことである。

❷ (1)電流が下から上に向かって流れているので，導線を中心に同心円状で，反時計回りの向きの磁界ができる。図の磁針は導線の手前側に置いているので，N極は右側をさす。よって，㋑の向きに振れることがわかる。
(2)〜(4)磁界の向きは電流の向きによって決まる。また，磁界の強さは導線に近いほど強く，電流が大きいほど強くなる。
(5)コイルの内側の磁界の向きが，左から右への向きだとわかる。右手の親指をこの向きに合わせると，他の4本の指がコイルに流れる電流の向きを表す。

❸ (2)磁界に対して，電流の向きがABとCDでは逆になるので，加わる力も逆向きになる。
(3)図1と図2では，コイルに流れる電流の向きが切り替わっている。
(4)半回転ごとにコイルに流れる電流の向きを切りかえることで，同じ向きに回転する力がはたらき続けるようになっている。

❹ (1)図1，図2…N極を近づけたときとS極を遠ざけたときには，磁石の極と動く向きの両方が逆になっているので，電流の向きは変わらない。
図3…磁界が変化しないときは，電流が流れない。
図4…コイルからN極を遠ざけたときと同じことである。図1とは逆向きの電流が流れる。

❺ 直流は流れる電流の向きと大きさが一定の電流である。交流は流れる電流の向きと大きさが周期的に変わる電流で，向きと大きさが変わる周期を周波数という。東日本では50Hz，西日本では60Hzである。

# 3章　静電気と電流

## p.108～109　ステージ1

**●教科書の要点**

**1** ①静電気　②引き合う　③反発し合う　④静電気力　⑤いない　⑥－　⑦電子　⑧電流

**2** ①放電　②真空放電　③－　④陰極線　⑤－　⑥電子　⑦放射線

**●教科書の図**

1 ①反発し　②引き　③光る

2 ①－　②＋　③電子　④－　⑤＋

3 ①電子　②＋

## p.110～111　ステージ2

**1** (1)静電気　(2)反発し合う。　(3)ア　(4)引き合う。　(5)－の電気　(6)イ　(7)ストロー…－の電気　紙袋…＋の電気　(8)イ　(9)ポリ塩化ビニルの表面から電子が移動し，蛍光灯を流れたから。

**2** (1)ア　(2)真空放電　(3)㋐－極　㋑＋極　(4)－極　(5)できない。

**3** (1)陰極線　(2)電子　(3)－極から＋極　(4)㋐　(5)－の電気　(6)下のほうに進路が曲がる。

### 解説

**1** (1)異なる種類の物質を摩擦すると，一方は＋の電気，もう一方は－の電気を帯びる。この電気を静電気という。

(2)～(4)ストローＡとストローＢは同じ種類の電気を帯び，紙袋はストローとは異なる種類の電気を帯びる。同じ種類の電気の間には反発し合う力がはたらき，異なる種類の電気の間には引き合う力がはたらく。

(5)～(7)ストローと紙袋をこすり合わせると，紙袋からストローに－の電気が移動する。そのため，ストローは－の電気を，紙袋は＋の電気を帯びる。

(8)(9)ポリ塩化ビニルの管にたまっていた，電気をもつ粒子(電子)が蛍光灯を流れるとき，蛍光灯が光る。しかし，たまっていた電気は一瞬のうちに移動してなくなるため，光るのは一瞬だけである。

**2** (1)(2)圧力を十分に小さくした気体の中を放電する現象を真空放電という。

(3)(4)放電管内の圧力を十分に小さくしたものをクルックス管という。クルックス管で真空放電を起こすと，－極から＋極に向かって何かが飛び出していることがわかる。－極から出たものが十字形の板に当たって進行を妨げられ，背後に影をつくっている。

(5)ガラス面を光らせるものは－極から出て＋極に向かうので，図の電極のつなぎ方を逆にすると十字形の板に当たらず，影ができない。

**3** (1)(2)－極から飛び出しているものを陰極線といい，その正体は電子の流れであることから，電子線とよばれることもある。

(4)(5)電子は－の電気をもっているので，＋極の方に引かれる。よって，陰極線が曲がった上側が＋極であるとわかる。

(6)上側が－極，下側が＋極となったときも，＋極のほうに引かれるため，下の方に折れ曲がる。

## p.112～113　ステージ3

**1** (1)－の電気　(2)＋の電気　(3)㋐　(4)引き合う。　(5)①ティッシュペーパー　②－　③ストロー

**2** (1)真空放電　(2)Ａ…－極　Ｂ…＋極　(3)Ａ…＋極　Ｂ…－極　(4)－極から出て＋極に向かって流れること。

**3** (1)－極　(2)陰極線　(3)㋒＋極　㋓－極　(4)陰極線は－の電気をもつものの流れであること。　(5)下の方に進路が曲がる。　(6)電子の流れ

**4** (1)帯びていない。　(2)電子　(3)A　(4)B　(5)金属中に自由に動き回ることができる電子があるから。

### 解説

**1** (1)(2)ストローＡが－の電気を帯びたことからストローＢも－の電気を帯び，ティッシュペーパーは＋の電気を帯びたことがわかる。

(3)(4)ストローＡとストローＢは同じ種類の電気を帯びているので，反発し合う。ストローＡとティッ

シュペーパーは異なる種類の電気を帯びているので，引き合う。

**2** 電子は－極から飛び出し，＋極に向かって流れる。図1では，－極(A)から飛び出して直進してきた電子が金属板に当たって進行を妨げられ，金属板の背後のガラス面に影ができている。
図2では，－極(B)から飛び出した電子は金属板に当たらず，影ができない。

**3** (1)スリットを通りぬけた電子が蛍光板に当たり，陰極線となって現れることから，電子は，電極㋐から電極㋑に向かっていることがわかる。電子は－極から＋極へ向かって移動することから，電極㋐は－極だとわかる。
(3)陰極線が＋極のほうに折れ曲がることから，電極㋒が＋極，電極㋓が－極だとわかる。
(4)陰極線は，－極から出て＋極に向かうことや，＋極側に引かれて曲がる性質があることから，－の電気をもっていることがわかる。
(5)電極㋒を－極，電極㋓を＋極にしたときも，陰極線は＋極の方へ折れ曲がる。電極㋓が＋極なので，下の方に折れ曲がる。

**4** (1)電子は－の電気をもっているが，金属中にはそれを打ち消す＋の電気も存在するので，金属全体としては電気的を帯びていない。
(3)(4)電子は－の電気を帯びていて，金属中には自由に動くことができる電子がたくさんある。電流が流れるとき，電子は電源の－極から＋極に向かって移動する。電子が－極から＋極に向かって移動するのに対し，電流の向きは電源の＋極から－極に向かう向きと決められている。

## p.114～115 《 単元末総合問題

**1》** (1)50Ω　(2)480mA　(3)㋓　(4)イ
(5)電磁誘導　(6)ア
**2》** (1)並列回路　(2)A　(3)2.5A
(4)1.5A　(5)イ
**3》** (1)1.6V　(2)12Ω　(3)8Ω
(4)同じ向きに大きく動く。

### 》解説《

**1》** (1)図2より，電流の大きさは320mAである。

$\frac{16[V]}{0.32[A]}=50[\Omega]$

(2)並列回路なので，抵抗P，Qにはそれぞれ16Vの電圧が加わる。抵抗Qは50×2＝100[Ω]であることから，抵抗Qを流れる電流は，

$\frac{16[V]}{100[\Omega]}=0.16[A]$

したがって，全体の電流の大きさは，
0.32＋0.16＝0.48[A]＝480[mA]
(3)電流は図4のコイルを左から右に流れるから，コイルの内側の磁界の向きは右向きになる。
(4)抵抗Qを外すと，回路全体の抵抗が大きくなり，流れる電流が小さくなるので，コイルの磁界は弱くなる。
(6)S極をコイルに近づけると，誘導電流の向きは逆になる。S極をコイルに速く近づけると，磁界の変化が大きくなり，誘導電流は大きくなる。

**2》** (2)電熱線の発熱量は，電力に比例する。
(3)電熱線M，Nは並列つなぎになるので，
1.5＋1＝2.5[A]
(4)電熱線Mにだけ電流が流れるので，1.5A。
(5)どちらのときも6Vの電圧が加わっているので，電力は同じである。

**3》** (1)4.0－2.4＝1.6[V]

(2)$\frac{2.4[V]}{0.2[A]}=12[\Omega]$

(3)$\frac{1.6[V]}{0.2[A]}=8[\Omega]$

(4)並列につなぐと，回路全体の抵抗は，直列につないだときよりも小さくなる。したがって，コイルに流れる電流は，直列につないだときよりも大きくなる。電流が大きくなれば，コイルにはたらく力が大きくなる。

## プラスワーク

p.116〜118 計算力UP

**1** (1)3.0g　(2)4.5g　(3)2.4g
**2** (1)2.2cm³　(2)1.6cm³　(3)3.8cm³
**3** (1)30N　(2)500Pa　(3)3倍
(4)4500g　(5)1000cm²
**4** (1)①40.7%　②73.4%　③100%
④2.6g
(2)6.4g　(3)20℃
**5** (1)①250mA　②100mA　③30Ω
④48Ω
(2)①20Ω　②36Ω　③22.5Ω
**6** (1)2A　(2)3600J

### 解説

**1** (1)マグネシウム3.0gから酸化マグネシウム5.0gができたことから，マグネシウム3.0gと結びつく酸素は，5.0－3.0＝2.0〔g〕とわかる。
よって，酸化マグネシウムでは，マグネシウムと酸素の質量の比は3：2とわかる。
したがって，4.5gのマグネシウムと結びつく酸素の質量を$x$〔g〕とすると，
3：2＝4.5：$x$　$x$＝3.0〔g〕
(2)加熱前後の質量の差は，マグネシウムと結びついた酸素の質量を示しているので，マグネシウムと結びついた酸素は，7.0－6.0＝1.0〔g〕である。酸素1.0gと結びついたマグネシウムの質量を$x$〔g〕とすると，3：2＝$x$：1.0　$x$＝1.5〔g〕
よって，反応せずに残っているマグネシウムの質量は，6.0－1.5＝4.5〔g〕
(3)加熱前の混合物中のマグネシウムの質量を$x$〔g〕とすると，銅の質量は(4.0－$x$)〔g〕と表せる。ここで，マグネシウムと酸素は質量の比が3：2で結びつくので，マグネシウム$x$〔g〕と結びついた酸素の質量は，$\frac{2}{3}x$〔g〕と表わせる。…㋐
また，銅と酸素は質量の比が4：1で結びつくので，銅(4.0－$x$)〔g〕と結びついた酸素の質量は，
$\frac{1}{4}(4.0-x)$〔g〕と表せる。…㋑
加熱前後の質量の差が6.0－4.0＝2.0〔g〕なので，マグネシウムと銅の混合物と結びついた酸素の質量は2.0gである。…㋒
酸素の質量に注目すると，㋐，㋑，㋒より，
$\frac{2}{3}x+\frac{1}{4}(4.0-x)=2.0$
これを解くと，$x$＝2.4〔g〕

**2** (1)枝㋐〜㋒の蒸散のようすをまとめると，次の表のようになる。

| | 枝㋐ | 枝㋑ | 枝㋒ |
|---|---|---|---|
| 葉の表側 | ○ | × | ○ |
| 葉の裏側 | ○ | ○ | × |
| 茎 | ○ | ○ | ○ |
| 全蒸散量〔cm³〕 | 5.8 | 4.2 | 2.0 |

○は蒸散あり，×は蒸散なしを表す。

表から，葉の表側と裏側の蒸散量の差は，葉の表側と裏側の蒸散のようすが異なる枝㋑と枝㋒を比べればよいので，4.2－2.0＝2.2〔cm³〕とわかる。
(2)葉の表側からの蒸散量は，(1)の表で，葉の表側以外の蒸散のようすが同じものどうしを比べればよいので，枝㋐と枝㋑を比べると，
5.8－4.2＝1.6〔cm³〕とわかる。
(3)葉の裏側からの蒸散量は，(1)の表で，葉の裏側以外の蒸散のようすが同じものどうしを比べればよいので，枝㋐と枝㋒を比べると，
5.8－2.0＝3.8〔cm³〕とわかる。

**3** (1)質量100gの物体にはたらく重力の大きさが1Nなので，3kg＝3000gの物体にはたらく重力の大きさは，1〔N〕×$\frac{3000}{100}$＝30〔N〕
(2)力がはたらく面積は，0.20〔m〕×0.30〔m〕＝0.06〔m²〕なので，圧力の大きさは，$\frac{30〔N〕}{0.06〔m^2〕}$＝500〔Pa〕
(3)B面の面積は，0.10〔m〕×0.20〔m〕＝0.02〔m²〕なので，圧力の大きさは，$\frac{30〔N〕}{0.02〔m^2〕}$＝1500〔Pa〕
よって，B面を下にしたときの圧力の大きさは，A面を下にしたときの1500Pa÷500Pa＝3倍
**別解**
力の大きさが一定のとき，圧力の大きさは力がはたらく面積に反比例する。B面の面積はA面の面積の$\frac{1}{3}$なので，圧力は3倍となる。
(4)物体とおもりをあわせたものが床をおす力の大きさを$x$〔N〕とすると，$\frac{x}{0.06〔m^2〕}$＝1250〔Pa〕

$x=1250〔Pa〕\times 0.06〔m^2〕=75〔N〕$となる。
物体が床をおす力の大きさが30Nなので，おもりが床をおす力の大きさは75－30＝45〔N〕
よって，おもりの質量は4500g
⑸板の面積を$x$〔$m^2$〕とすると，
$\frac{30〔N〕}{x〔m^2〕}=300〔Pa〕$　$x=30\div 300=0.1〔m^2〕$
$1m^2=10000cm^2$より，$0.1m^2=1000cm^2$

**4** ⑴①25℃の飽和水蒸気量は$23.1g/m^3$なので，
湿度は，$\frac{9.4〔g/m^3〕}{23.1〔g/m^3〕}\times 100=40.69\cdots$より，40.7%
②15℃の飽和水蒸気量は$12.8g/m^3$なので，
湿度は，$\frac{9.4〔g/m^3〕}{12.8〔g/m^3〕}\times 100=73.43\cdots$より，73.4%
③10℃の飽和水蒸気量は$9.4g/m^3$なので，空気中に含まれている水蒸気の質量と飽和水蒸気量が等しくなるため，湿度は100%になる。
④５℃の飽和水蒸気量は$6.8g/m^3$なので，水滴に変化する水蒸気の質量は，9.4－6.8＝2.6〔g〕
⑵15℃の飽和水蒸気量は$12.8g/m^3$なので，湿度50%の空気$1m^3$に含まれている水蒸気の質量を$x$〔g〕とすると，$\frac{x〔g〕}{12.8〔g/m^3〕}\times 100=50$
$x=50\div 100\times 12.8=6.4〔g/m^3〕$
⑶25℃の飽和水蒸気量は$23.1g/m^3$なので，湿度75%の空気$1m^3$に含まれている水蒸気の質量を$x$〔g〕とすると，$\frac{x〔g〕}{23.1〔g/m^3〕}\times 100=75$
$x=75\div 100\times 23.1=17.325〔g/m^3〕$である。
気温20℃の飽和水蒸気量が$17.3g/m^3$なので，露点は約20℃とわかる。

**5** ⑴①20Ωの抵抗器に流れる電流の大きさは150mA＝0.15Aなので，加わる電圧の大きさは，
20〔Ω〕×0.15〔A〕＝３〔V〕　よって，36Ωの抵抗器には12－３＝９〔V〕の電圧が加わる。したがって，36Ωの抵抗器に流れる電流は，
$\frac{9〔V〕}{36〔Ω〕}=0.25〔A〕=250〔mA〕$
②20Ωの抵抗器と抵抗器$R$に流れる電流の和と36Ωの抵抗器に流れる電流は等しいので，抵抗器$R$に流れる電流は，250－150＝100〔mA〕
③20Ωの抵抗器と抵抗器$R$は並列につながれているので，抵抗器$R$にも３Vが加わる。抵抗器$R$に流れる電流は100mA＝0.1Aなので，抵抗は，
$\frac{3〔V〕}{0.1〔A〕}=30〔Ω〕$
④回路全体の電圧は12V，全体を流れる電流は0.25Aなので，抵抗は，$\frac{12〔V〕}{0.25〔A〕}=48〔Ω〕$

**別解**
20Ωと抵抗器$R$の並列部分の合成抵抗を$R_x$とすると，$\frac{1}{R_x}=\frac{1}{20}+\frac{1}{30}=\frac{1}{12}$より，$R_x=12〔Ω〕$
よって，回路全体の抵抗は，12＋36＝48〔Ω〕
⑵①40Ωの抵抗器に流れる電流の大きさは，
$\frac{12〔V〕}{40〔Ω〕}=0.3〔A〕$なので，抵抗器$R_1$にも0.3Aの電流が流れる。また，抵抗器$R_1$に加わる電圧は，18－12＝６〔V〕である。
よって，抵抗器$R_1$の抵抗は，$\frac{6〔V〕}{0.3〔A〕}=20〔Ω〕$
②500mA＝0.5Aより，$\frac{18〔V〕}{0.5〔A〕}=36〔Ω〕$
③回路全体の電圧は18V，回路全体を流れる電流は，0.3＋0.5＝0.8〔A〕なので，抵抗は，
$\frac{18〔V〕}{0.8〔A〕}=22.5〔Ω〕$

**別解**
40Ωと抵抗器$R_1$の直列部分の合成抵抗は，
40＋20＝60〔Ω〕である。
回路全体の抵抗を$R_x$とすると，
$\frac{1}{R_x}=\frac{1}{60}+\frac{1}{36}=\frac{2}{45}$より，$R_x=\frac{45}{2}=22.5〔Ω〕$

**6** ⑴電熱線に６Vの電圧を加えると消費電力が12Wとなるので，流れる電流は，12〔W〕÷６〔V〕＝２〔A〕
⑵　12〔W〕×(60×５)〔s〕＝3600〔J〕

**p.119 作図力UP**

**7** (1)

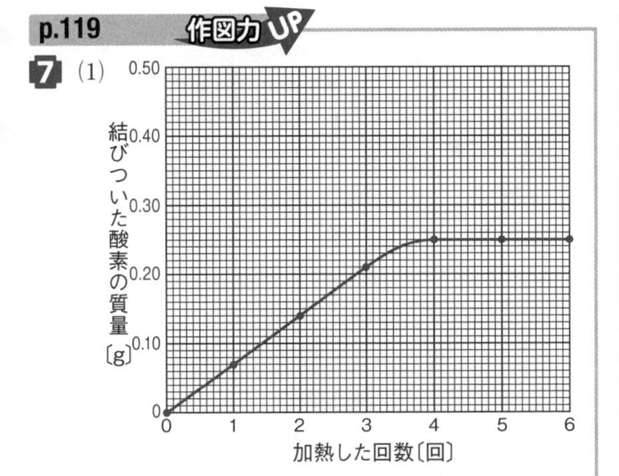


(2)

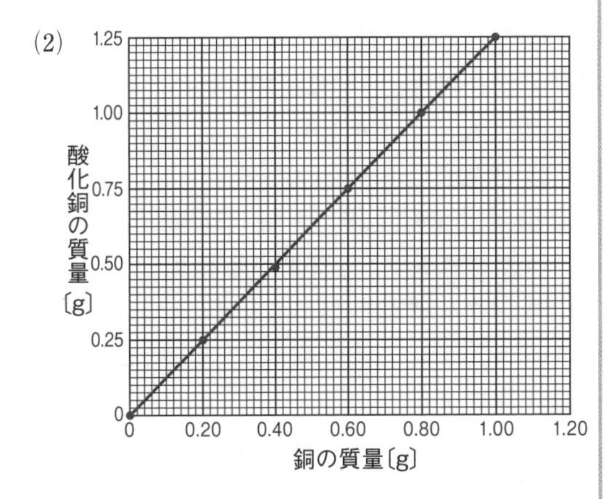


**8**

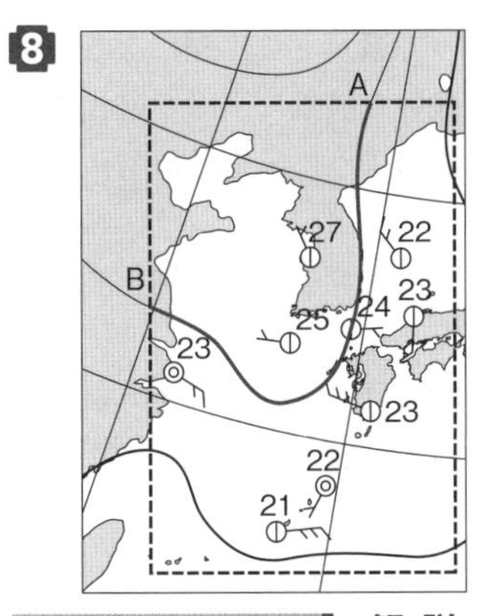


**＋ 解説 ＋**

**7** (1)結びついた酸素の質量は，ステンレス皿の中の物質の質量から加熱前の銅の粉末の質量1.00gを引いた値となる。また，4回目から質量が変化しなくなっているので，4回目以降は完全に酸化銅に変化したと考えられる。このグラフでは，4回目までは・を通るなめらかな曲線(0から3回目までは直線になる。)を引く。

(2)銅と酸素が結びついて酸化銅ができるとき，銅と酸素の質量の比は一定(銅：酸素＝4：1)になるので，銅と酸化銅の質量の比も一定になる。よって，グラフは原点を通る直線となる。直線は，全ての・のなるべく近くを通るように引く。

**8** 等圧線は4hPaごとに引いてあるので，等圧線Aと等圧線Bは1024hPaを示している。1024hPaの等圧線は，1025hPaと1023hPaの中間を通るように引く。

**p.120 記述力UP**

**9** 鉄と硫黄が反応するときに熱が発生するから。

**10** 細胞の形を維持して，植物の体を支えることに役立っている。

**11** それぞれの葉で(十分に)日光を受けて光合成をすることができるようにするため。

**12** 赤血球に含まれるヘモグロビンは，酸素の多いところでは酸素と結びつき，酸素の少ないところでは酸素を放す性質をもっているため。

**13** 空き缶の中の圧力が，大気圧よりも小さくなるから。

**＋ 解説 ＋**

**9** 鉄と硫黄が反応して硫化鉄ができる化学変化は発熱反応である。反応によって発生した熱で，加熱をやめても反応は進んでいく。

**10** かたくて丈夫な細胞壁は細胞の形を維持し，骨格がない植物の体を支えることに役立っている。

**11** 葉が重ならないようについていることで，それぞれの葉が十分に光合成に必要な日光を受けることができる。

**12** ヘモグロビンは酸素の多い肺で酸素と結びつき，酸素の少ない全身で酸素を放すことで酸素を運んでいる。

**13** 空き缶の中の水が沸騰して水蒸気になると体積が大きくなり，空き缶内にあった空気がおし出される。その後，加熱をやめてラップシートでくるむと，空き缶の中の気体が冷やされて体積が小さくなり，圧力が小さくなる。

# 定期テスト対策 得点アップ！予想問題

## p.122〜123 第1回

1 (1)白くにごる。 (2)ウ (3)白色
(4)アルカリ性 (5)赤色(桃色)
(6)炭酸ナトリウム，二酸化炭素，水

2 (1)分解 (2)熱分解 (3)原子
(4)ドルトン (5)単体 (6)化合物
(7)分子 (8)化学式

3 (1)電気分解 (2)水酸化ナトリウム
(3)線香が激しく燃える。
(4)気体が音をたてて燃える。
(5)陽極…酸素 陰極…水素
(6)陽極：陰極＝1：2
(7)$2H_2O \longrightarrow 2H_2+O_2$

4 (1)進む。
(2)硫化鉄 (3)A (4)A…ウ B…イ
(5)$Fe+S \longrightarrow FeS$

### 解説

1 (1)二酸化炭素を石灰水に通すと白くにごる。
(2)二酸化炭素には，物質を燃やす性質や自身が燃える性質はない。
(3)炭酸水素ナトリウムも炭酸ナトリウムも白色の固体である。
(5)青色の塩化コバルト紙に水をつけると赤色(桃色)に変わる。

2 (5)(6)1種類の原子からなる水素や酸素などを単体，2種類以上の原子からなる水や塩化ナトリウムなどを化合物という。

3 (2)純粋な水では，電流はほとんど流れない。
(3)〜(6)陽極では酸素が，陰極では水素が発生する。酸素には物質を燃やす性質があるため，火のついた線香は炎をあげて激しく燃える。水素には燃える性質があるため，火のついたマッチを近づけると，水素が音をたてて激しく燃える。水の電気分解で発生する水素の体積は，酸素の約2倍である。

4 (3)(4)Aは鉄，Bは硫化鉄との反応を考える。鉄は磁石につく。また，鉄にうすい塩酸を加えると水素が発生する。硫化鉄は磁石につかない。また，硫化鉄にうすい塩酸を加えると，特有の腐卵臭のある硫化水素が発生する。

## p.124〜125 第2回

1 (1)酸化 (2)燃焼 (3)酸化マグネシウム
(4)黒色 (5)酸化鉄 (6)酸化物

2 (1)石灰水 (2)イ
(3)液体(石灰水)の逆流を防ぐため。
(4)① a…還元 b…酸化
②㋐銅 ㋑二酸化炭素

3 (1)変化しない。 (2)質量保存の法則
(3)減少している。
(4)容器の中の気体が空気中に出ていくため。

4 (1)銅を酸素と十分に反応させるため。
(2)0.4g (3)4：1 (4)3：2
(5)$2Cu+O_2 \longrightarrow 2CuO$

### 解説

1 (3)マグネシウムを燃焼させると，白色の酸化マグネシウムができる。
(4)(5)スチールウール(鉄)を燃焼させると，黒色の酸化鉄になる。

2 (1)石灰水には，二酸化炭素を通すと白くにごる性質がある。
(4)酸化銅は炭素によって還元され，銅になる。炭素は酸化銅から取り除いた酸素によって酸化され，二酸化炭素になる。このように，還元は酸化と同時に起こる。

3 石灰石をうすい塩酸に入れると，二酸化炭素が発生する。

4 (2)銅1.6gを加熱すると2.0gの酸化銅ができていることから，2.0−1.6＝0.4〔g〕の酸素と反応したことがわかる。
(3)1.6：0.4＝4：1
(4)マグネシウム1.2gを加熱すると2.0gの酸化マグネシウムができていることから，2.0−1.2＝0.8〔g〕の酸素と反応したことがわかる。
1.2：0.8＝3：2

## p.126〜127 第3回

1 (1)B
(2)酢酸オルセイン液(酢酸カーミン液)
(3)細胞壁　(4)イ　(5)多細胞生物
(6)①組織　②器官

2 (1)網状脈　(2)平行脈
(3)①細胞　②B…道管　C…師管
③気孔
④植物の体から水が水蒸気になって出ていく現象。

3 (1)㋐主根　㋑側根　㋒ひげ根　(2)根毛
(3)水や養分を効率よく吸収すること。
(4)道管　(5)維管束　(6)根…A　茎…D
(7)根…B　茎…C

4 (1)㋑ア　㋒イ　(2)㋐　(3)㋑
(4)気孔は,(葉の表側よりも)葉の裏側に多くあるから。

### 解説

1 (3)動物の細胞と植物の細胞に共通したつくりは,核と細胞膜である。また,植物の細胞に特徴的なつくりは,細胞壁,葉緑体,液胞である。核と細胞壁以外の部分をまとめて細胞質という。タマネギの表皮には,葉緑体が見られない。
(5)多細胞生物に対し,1個の細胞で体がつくられている生物を単細胞生物という。

2 (3)②道管と師管をまとめて維管束という。葉脈は葉の維管束で,茎の維管束とつながっている。道管は葉の表側,師管は葉の裏側を通っている。
③2個の孔辺細胞に囲まれた隙間を気孔といい,気体が出入りしている。

3 (4)根から吸収された水や養分は,道管を通って体全体に移動している。
(6)ホウセンカは主根と側根をもち,茎の維管束は円形に並んでいる。
(7)トウモロコシはひげ根をもち,茎の維管束は全体に散らばっている。

4 (1)葉にワセリンを塗ると,気孔がふさがれて,その部分では蒸散が起こらなくなる。
(3)(4)㋑の水の減少量は葉の裏側と茎からの蒸散量,㋒の水の減少量は葉の表側と茎からの蒸散量である。ふつう,気孔は,葉の表側よりも裏側に多くあるため,葉の表側よりも裏側からの蒸散量が多くなる。

## p.128〜129 第4回

1 (1)ウ
(2)記号…B
変化…青紫色になった。
(3)記号…C
変化…赤褐色の沈殿ができた。
(4)デンプンを分解し,別のもの(ブドウ糖などの糖)に変えるはたらき。

2 (1)A…赤血球　B…酸素
(2)細胞呼吸(内呼吸)
(3)血しょう　(4)組織液
(5)①赤　②結びつき　③放す

3 (1)肺　(2)肺胞　(3)二酸化炭素
(4)酸素
(5)表面積が非常に大きくなるので,効率よく気体の交換ができる点。
(6)横隔膜

4 (1)b　(2)①イ　②エ　(3)反射
(4)①は②よりも反応が起こるまでの時間が短い。

### 解説

1 (1)唾液に含まれる消化酵素のアミラーゼは,体温に近い温度で最もよくはたらく。
(2)(3)デンプンがあると,ヨウ素液を加えたときに青紫色に変化する。デンプンが唾液によって分解されていると,ベネジクト液を加えて加熱したときに赤褐色の沈殿が生じる。
(4)唾液によってデンプンがブドウ糖や麦芽糖,ブドウ糖が数個結合したものに変化したことがわかる。

2 血しょうは毛細血管からしみ出し,組織液となって細胞のまわりを満たしている。組織液には栄養分や酸素がとけている。細胞は,組織液をなか立ちとして栄養分や酸素を取り込み,二酸化炭素やアンモニアなどを出している。組織液は再び毛細血管に取り込まれて血しょうとなる。組織液の一部はリンパ管に取り込まれてリンパ液になる。

3 (1)(2)吸い込まれた空気は,気管を通って肺に入る。肺には気管が細かく枝分かれした気管支があり,その先には肺胞がある。
(6)横隔膜が下がり,肋骨が上がることで胸腔が広がると,肺に空気が入る。横隔膜が上がり,肋骨が下がることで胸腔がせばまると,肺から空気が出される。

4 反射では，感覚器官→感覚神経→脊髄と刺激の信号が伝わる。脊髄では反応の命令が出され，その信号が脊髄→運動神経→運動器官と伝わる。意識して起こる反応では，感覚器官→感覚神経→脊髄→脳と刺激の信号が伝わる。脳では反応の命令が出され，その信号が脳→脊髄→運動神経→運動器官と伝わる。

## p.130〜131 第5回

1 (1)最大…面B　最小…面A
(2)24N　(3)4000Pa
(4)ア，エ

2 (1)61%　(2)13℃　(3)露点　(4)霧
(5)①低い　②膨張　③下

3 (1)73%　(2)31%　(3)21g　(4)㋒

4 (1)下がる。(低くなる。)
(2)白く曇る。
(3)水蒸気が水滴になるから。
(4)上がる。(高くなる。)
(5)曇りが消える。
(6)水滴が水蒸気になるから。
(7)露点

### 解説

1 (3)面Bの面積は，
6〔cm〕×10〔cm〕=60〔$cm^2$〕=0.006〔$m^2$〕
よって，圧力は，

$$\frac{24〔N〕}{0.006〔m^2〕}=4000〔Pa〕$$

2 (1)乾球の温度17℃の行を横に見ていき，乾球と湿球の示度の差4℃のところの数字を読み取る。
(2)湿球の示度は乾球と同じか乾球より低くなる。乾球が14℃のとき，湿度が89%となるのは乾球と湿球の示度の差が1℃のときである。
14−1=13〔℃〕
(4)地表付近でできる雲が霧である。

3 (1)気温15℃，露点10℃の空気の湿度は，

$$\frac{9.4〔g/m^3〕}{12.8〔g/m^3〕}\times 100=73.4\cdots より，73\%$$

(2)気温30℃，露点10℃の空気の湿度は，

$$\frac{9.4〔g/m^3〕}{30.4〔g/m^3〕}\times 100=30.9\cdots より，31\%$$

(3)表より，気温30℃の空気の飽和水蒸気量は30.4g/$m^3$，実際に含まれている水蒸気量は9.4g/$m^3$，したがって，含むことができる水蒸気量は，
30.4−9.4=21.0〔g〕
(4)横軸に温度，縦軸に飽和水蒸気量をとってグラフをかいてみると，温度が上がるにしたがって，飽和水蒸気量の増え方が大きくなる。

4 (1)〜(6)ピストンを引くとフラスコ内の空気が膨張して温度が下がり，露点以下になる。このときフラスコ内の空気に含まれる水蒸気が凝結して水滴になり，白く曇る。この後，ピストンをおすと，フラスコ内の空気が圧縮され，温度が上がって，水滴が水蒸気になり，白い曇りは消える。

## p.132〜133 第6回

1 (1)低気圧 (2)992hPa (3)図4
(4)上昇気流 (5)イ

2 (1)図2 (2)移動性高気圧
(3)梅雨前線

3 (1)イ (2)寒冷前線 (3)積乱雲
(4)ア (5)㋐

4 (1)エ (2)西高東低 (3)シベリア気団
(4)閉塞前線
(5)天気…晴れ 気圧…1004hPa
(6)㋒，㋓
(7)天気…雪 風向…北西 風力…3
(8)①西 ②東 ③偏西風

### 解 説

1 高気圧では風がまわりに吹き出し，下降気流ができるので，雲ができにくく晴れることが多い。低気圧では，風がまわりから吹き込み，上昇気流ができるので，雲ができやすく曇りや雨になることが多い。

2 (1)日本付近に停滞前線ができるのは，つゆの時期と8月下旬から10月上旬にかけてである

3 寒冷前線は，寒気団が暖気団をおし上げるように進み，積乱雲が発達し，強いにわか雨が降る。そして，通過すると気温が急に下がり，風向が南寄りから北寄りに変わる。

4 冬はシベリア気団が発達し，北西の季節風が強く吹く。等圧線の間隔が狭い，西高東低の気圧配置になる日が多い。日本海側は雪，太平洋側は乾燥した晴れの日が多くなる。

## p.134〜136 第7回

1 (1)図1…直列回路 図2…並列回路
(2)

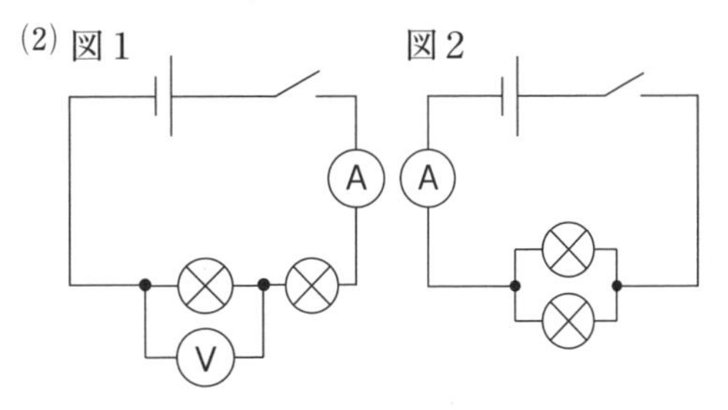


(3)㋐ (4)㋑ (5)ウ (6)350mA
(7)ウ (8)ウ

2 (1)右図
(2)比例
(3)オームの法則

3 (1)b
(2)10Ω
(3)12V
(4)600mA

4 (1)8W (2)5400J (3)電力

5 (1)16Ω
(2)磁石…B コイル…C
(3)ア (4)イ (5)イ

6 (1)電子 (2)＋極 (3)－の電気

### 解 説

1 (3)(4)電子の移動する向きは－極から＋極の向きである。一方，電流の向きは＋極から－極の向きと決められている。
(5)電圧計は測定したい部分に並列につなぎ，電流計は測定したい部分に直列につなぐ。また，大きさが予想できないときは，いちばん大きな値の－端子につなぐようにする。指針の振れが小さいときは，次に大きい値の－端子につなぎ替える。

3 (1)同じ電圧を加えたとき，電熱線aよりも電熱線bに流れる電流のほうが小さい。このことから，電熱線bのほうが電流は流れにくく，抵抗が大きいことがわかる。
(2)電熱線aでは，2Vの電圧を加えたときに0.2Aの電流が流れているので，電熱線aの抵抗は，

$$\frac{2〔V〕}{0.2〔A〕}=10〔\Omega〕$$

(3)電熱線bでは，6Vの電圧を加えたときに0.2Aの電流が流れているので，電熱線bの抵抗は，

$\frac{6〔\mathrm{V}〕}{0.2〔\mathrm{A}〕}=30〔\Omega〕$

直列つなぎでは，どの部分にも同じ大きさの電流が流れるので，電熱線 b には400mA＝0.4A の電流が流れる。よって，電熱線 b に加わる電圧は，
30〔Ω〕×0.4〔A〕＝12〔V〕

⑷電熱線 b を流れる電流が200mA＝0.2A なので，加わる電圧は，
30〔Ω〕×0.2〔A〕＝６〔V〕
並列につないでいるので，電熱線 a にも６V の電圧が加わる。よって，このとき流れる電流は，

$\frac{6〔\mathrm{V}〕}{10〔\Omega〕}=0.6〔\mathrm{A}〕=600〔\mathrm{mA}〕$

4 ⑴４V の電圧を加えると２A の電流が流れるので，
４〔V〕×２〔A〕＝８〔W〕

⑵６V の電圧を加えると３A の電流が流れるので，
６〔V〕×３〔A〕＝18〔W〕
５分間＝300秒間なので，
18〔W〕×300〔s〕＝5400〔J〕

5 ⑴$\frac{8〔\mathrm{V}〕}{0.5〔\mathrm{A}〕}=16〔\Omega〕$

⑶抵抗が小さい電熱線にかえると，回路を流れる電流が大きくなる。電流の大きさが大きいほど，磁界の中で電流が受ける力は大きい。

⑷⑸電流が受ける力の向きは，電流の向きと磁界の向きによって決まる。このうち１つが逆になれば，電流が受ける力の向きは逆になる。２つとも逆になれば，電流が受ける力の向きはもとのままである。

6 ⑴陰極線は，－の電気を帯びた電子の流れであり，電子線ともいう。

⑵陰極線が上に曲がったことから，上の X が＋極である。

6 5 4 3 2
D C B A